1+X 职业技能等级证书培训考核配套教材

增材制造模型设计（制件与后处理技术）

北京赛育达科教有限责任公司　组编

主　编　潘　露　姜亚楠　耿东川

副主编　王　微　王春香　李旭鹏　章　青　陈玲芝　劳佳锋

参　编　李　奎　李晓静　成良平　张新建　陈　飞　孙　静

李文超　肖方敏　赵庆鑫　尚　鹏　马洪伟　卢新祖

机 械 工 业 出 版 社

本书是 1+X 增材制造模型设计职业技能等级证书标准的课证融通教材，内容对应增材制造模型设计制件与后处理技术部分。全书从增材制造模型设计应用能力要求出发，依据产品开发流程设计内容，主要包括主流增材制造技术成形原理、基本制件操作、精度检测、制件质量和力学性能测试等。

本书采用"校企合作"模式，同时运用了"互联网 +"形式，详细介绍了 FDM、LCD/SLA、SLM、SLS、EBSM、WAAM 等增材制造技术后处理的工艺原理、工艺过程和相应的设备、工具、材料等内容，并将理论和案例实践紧密结合，案例具有典型性、实用性和指导性。本书以理论知识为基础，实践操作为主线，深入浅出，通俗易懂，方便零基础的读者入门到掌握增材制造模型设计制件与后处理技术的知识和技能，通过系统学习达到 1+X 增材制造模型设计职业技能等级的考核要求。

本书适合职业院校机械、机电、汽车等相关专业开展书证融通、进行模块化教学及考核评价使用，也可作为从事增材制造工作的技术人员的参考用书。

为便于教学，本书配套有电子课件、教学视频、习题答案等教学资源，选择本书作为教材的教师可来电（010-88379193）索取，或者登录机械工业出版社教育服务网（www.cmpedu.com），注册、免费下载。

图书在版编目（CIP）数据

增材制造模型设计. 制件与后处理技术 / 北京赛育达科教有限责任公司组编；潘露，姜亚楠，耿东川主编. —北京：机械工业出版社，2023.3

1+X职业技能等级证书培训考核配套教材

ISBN 978-7-111-72391-2

Ⅰ. ①增… Ⅱ. ①北…②潘…③姜…④耿… Ⅲ. ①快速成型技术－职业技能－鉴定－教材 Ⅳ. ①TB4

中国国家版本馆CIP数据核字（2023）第010607号

机械工业出版社（北京市百万庄大街22号 邮政编码100037）
策划编辑：黎 艳 责任编辑：黎 艳 赵文婕
责任校对：陈 越 李 杉 封面设计：张 静
责任印制：任维东
北京富博印刷有限公司印刷
2023年5月第1版第1次印刷
210mm×285mm · 11.25印张 · 297千字
标准书号：ISBN 978-7-111-72391-2
定价：49.00元

电话服务 网络服务
客服电话：010-88361066 机 工 官 网：www.cmpbook.com
010-88379833 机 工 官 博：weibo.com/cmp1952
010-68326294 金 书 网：www.golden-book.com
封底无防伪标均为盗版 机工教育服务网：www.cmpedu.com

前　言

PREFACE

增材制造技术被列入“十四五”战略性新兴产业的科技前沿技术，是推动智能制造的关键技术。产业发展靠人才，人才培养靠教育。为了更好地发挥职业教育作用，服务国家战略，根据国务院出台的《国家职业教育改革实施方案》（简称“职教 20 条”），教育部启动了“学历证书 + 若干职业技能等级证书”（简称“1+X 证书”）制度试点工作，以期更好地对接行业企业对技术技能型人才需求，不断提升技术技能型人才培养质量，为产业转型升级储备高素质复合型技术技能人才。

增材制造模型设计职业技能等级证书主要面向增材制造模型设计领域的产品设计与制造、设备制造与维修、行业应用、技术服务和衍生服务等企业的产品设计、增材制造工艺设计、增材制造设备操作、质量与生产管理等岗位，持证人员可从事三维建模、数据处理、产品优化设计、增材制造工艺制订、3D 打印件制作、产品质量分析检测等工作，也可从事增材制造技术推广、实验实训和 3D 打印教育科普等工作。

为支持增材制造模型设计职业技能等级证书培训与考核，由北京赛育达科教有限责任公司组织，相关院校和企业的技术专家参与，共同开发了系列教材。该系列教材的特点是针对证书标准和考核要求，采取“项目引领、任务驱动”设计内容结构，通过知识点、案例、实际操作的有机结合，强化学生对增材制造技术的理解，培养学生的实际应用和实践能力。

本书具有以下特色：

1. 紧扣证书标准要求，以“流程”为脉络设计任务

内容对应增材制造模型设计制件与后处理技术部分，在编写过程中，从增材制造模型设计应用能力要求出发，依据产品开发流程设计任务，强化技术应用，使学生可在较短的时间内获得增材制造模型设计初、中、高级证书设计操作部分的知识和技能。

2. 校企合作，共同开发立体化教材

在编写过程中，得到了北京汇天威科技有限公司、北京德荟智能科技有限公司、杭州中测科技有限公司等企业提供的案例、应用经验和技术支持。

3. 精选职业素养案例，提升学生的综合技能和职业素养

精选融入科研精神、劳模精神、大国工匠、职业素养、创新意识等元素的案例，引导学生坚定技能报国的理想信念，传承工匠精神，提升综合技能和职业素养。

4. 数字化资源丰富，方便学生学习

教材附有多媒体教学课件，配有设备操作、案例实施方面的微课视频，以及案例和练习的数据模型，以方便学生自主学习和练习。

本书编写团队由一线骨干教师和企业资深技术人员组成，由潘露、姜亚楠、耿东川任主编。

由于编者水平有限，书中难免存在不当之处，恳请读者予以批评指正。

编　者

目 录

CONTENTS

第1章　熔融沉积（FDM）增材制造技术

【学习目标】

知识目标：（1）掌握熔融沉积（FDM）增材制造技术的概念

（2）掌握熔融沉积（FDM）增材制造技术所用模型正确性的鉴别方法

（3）了解熔融沉积（FDM）增材制造设备的基本结构

（4）了解熔融沉积（FDM）增材制造设备的维护与保养方法

技能目标：（1）能够正确操作熔融沉积（FDM）增材制造设备

（2）能够对三维模型进行切片

（3）能够分析三维模型的结构，并判断模型是否适合打印

（4）能够完成熔融沉积（FDM）增材制造设备的基本维护

（5）能够对增材制造的产品进行后处理

素养目标：（1）具备学习思考、分析问题、解决问题的能力

（2）具备认真、细心的学习态度和精益求精的工匠精神

【考核要求】

通过学习本章内容，能够系统地了解 FDM 技术和工艺，掌握三维建模与结构优化、3D 打印前处理、FDM 设备的操作方法、过程监控、后处理支撑去除与表面处理等工作流程。

1.1　熔融沉积（FDM）增材制造工艺

1.1.1　熔融沉积（FDM）增材制造技术的基本概念

1. 增材制造的定义

增材制造（Additive Manufacturing，AM）又称 3D 打印，是融合了计算机辅助设计、材料加工与成形技术，以数字模型文件为基础，通过软件与计算机控制系统将专用的金属材料、非金属材料以及医用生物材料，按照挤压、烧结、熔融、光固化、喷射等方式逐层堆积，制造出实体物品的制造技术。与传统的对原材料进行去除（切削）、组装的加工模式不同，增材制造技术是一种通过对材料进行“自下而上”累加的制造方法。

在本书中，出现的“3D 打印”字样如无特别说明，则泛指“增材制造”。

简单来说，3D 打印的过程就是把三维模型通过逐层打印的方式，把材料累积叠加成一个实物的过程。如图 1-1 所示，在使用喷墨打印机打印文件和资料的时候，其实就是将图像和文字信息转移到平面载体上的过程，可以把它称为 2D 打印。而 3D 打印是把三维数字模型通过分层逆向重建，转化为实体模型的过程，如图 1-2 所示。

图 1-1　喷墨打印机

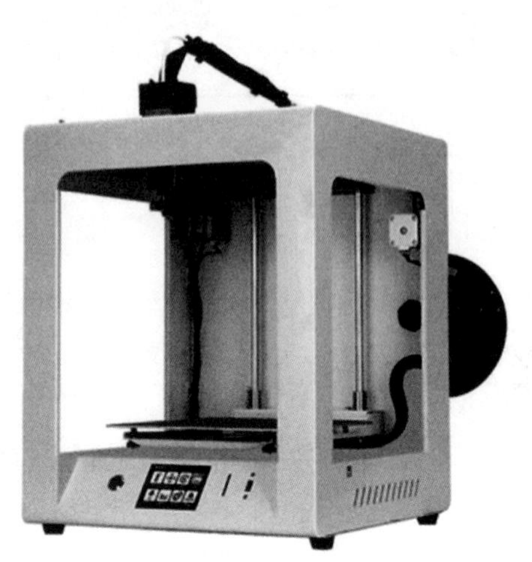

图 1-2　3D 打印机

2D 打印和 3D 打印的区别见表 1-1。首先，2D 打印的打印对象是文字和图片这些传达信息的内容，而 3D 打印的打印对象是三维数字模型。如果从打印所需要的材料来看，2D 打印的主要耗材是油墨和纸张，3D 打印的耗材可以是塑料、金属粉末、陶瓷粉末、石膏粉末、巧克力等。最后，2D 打印所能得到的是带有文字或图像的一张纸，而 3D 打印得到的结果是一个立体的实物，例如 3D 打印了一个杯子，可以直接用它喝水。

表 1-1　2D 打印和 3D 打印的区别

打印类型	2D 打印	3D 打印
打印对象	图文信息	三维数字模型
打印耗材	纸张、油墨	塑料、金属粉末、陶瓷粉末等
输出结果	平面图像	立体实物模型

2. FDM 工艺与 FDM 3D 打印机

根据使用的硬件和技术的不同，可将增材制造技术划分为光固化成形技术、熔融沉积成形技术（FDM 工艺）、选择性激光烧结技术（SLS 工艺）、三维印刷技术（3DP 工艺）等，其中 FDM 工艺凭借着易用性和安全性，得到了较为广泛的应用。

FDM 工艺的 3D 打印机，其工作方式可以用一个简单的例子来帮助理解，如图 1-3 所示，在购买冰淇淋时，一只手压下冰淇淋机的手柄，挤出口会挤出冰激凌，另一只手拿着蛋卷托，通过缓慢轻微的移动，一个螺旋向上的冰激凌就制作完成了。

图 1-3　冰淇淋成形过程

如果在 FDM 3D 打印机中，如图 1-4 所示，冰淇淋其实就是所使用的耗材，也就是热熔性塑料，如 PLA、ABS 等；以 XYZ 型 FDM 3D 打印机为例，线状的耗材会通过齿轮状的送料器，将耗材送往打印头喷嘴处，途经加热块时，高温会将耗材熔化为半流体状态；而通过手的移动来塑造冰激凌的形状，其实就是根据计算机切片软件中规划的移动路径，控制打印头进行前后左右的移动；随着冰激凌的堆积，手逐渐向下移动对应了打印平台在工作过程中进行的上下移动，通过两者之间的互相配合，以点成线、以线成面、以面成体，最终完成三维数字模型的打印过程。

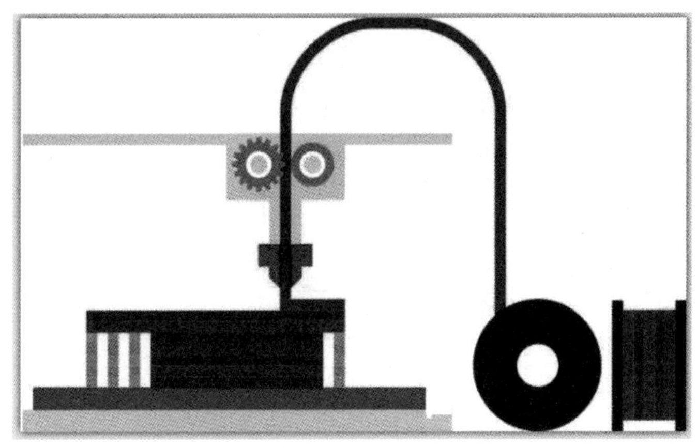

图 1-4　FDM 3D 打印机

3. 增材制造技术与传统制造技术的关系

以传统方式制造零部件的工艺主要分为两种，第一种是车、铣、刨、磨等采用去除（切削）的方式对材料进行加工生产，其主要特点就是在传统机械加工过程中通过对整块材料的处理，去除不需要的部分，留下最终的产品；第二种是以模具为基础，对等量的材料进行重新塑形的铸造生产，基本的生产流程是把熔融材料倒入提前制作好的模具中，等待材料冷却、凝固、成型后，拆除模具获得产品。根据加工过程中的材料变化，一般将二者称为减材制造和等材制造。

从原料利用率来看，减材制造在生产过程中会浪费很多材料。对于内部结构复杂的零件，减材制造很难完成加工甚至是无法加工。等材制造虽然在制造过程中几乎没有材料的浪费，但其前期制作模具成本较高，同时还需要花费大量的时间。铸造工艺对于大批量、单一产品的生产具有绝对的优势，但对于小批量、个性化产品生产而言，高成本就是其很难被忽视的重要问题。相对来说，增材制造技术中材料的利用率要高很多，其优势在于可以制造结构复杂的模型，生产过程可以直接将三维数字模型转化为实体模型。对于产品的前期研发而言，采用增材制造技术，省去了铸模的过程，既能节省时间，又能节约成本。

1.1.2　增材制造技术的历史及现状

1. 增材制造技术的历史

3D 打印的概念起源于 19 世纪末的美国，由于当时技术条件的限制，直到在 20 世纪 80 年代开始 3D 打印才得到进一步的发展与推广。经过几十年的发展与不断改进，增材制造技术已经从最早的光固化成形技术，发展出熔融沉积成形技术（FDM 工艺）、选择性激光烧结技术（SLS 工艺）、三维印刷技术（3DP 工艺）等多种制作快速成形产品的工艺。

增材制造技术发展于 20 世纪 80 年代，Chuck Hull 提出了第一种 3D 打印概念，称为立体光刻（Stereolithography，SLA）。立体光刻系统使紫外线光源集中到一个存放液体聚合物的料液池，在紫外线光源的照射下，聚合物层被固化形成一定的形状，其他没有被固化的材料则继续存于料液池，同时为将要固化的部分提供原料。当该层打印完成后，已经固化的聚合物层随打印平台向下移动，下一层聚合物在该层的顶部继续重复上述过程。整个过程按照计算机提前规划的路径进行，最终逐层打印出产品。

Scott Crump 和他的妻子 Lisa Crump 开发出一种依靠机械动力的增材制造技术——熔融沉积（Fused Deposition Modeling，FDM）成形技术。这项技术是将热塑性材料加热到半流体状态并沉积到打印平台上，打印完一层之后，平台向下移动，根据计算机规划的路径继续打印第二层，以此类推。该技术也因为使用门槛低，操作简单，所以使用范围广泛。

几乎在同一时间里，Carl Deckard 和 Joe Beaman 开始研究一种被称为选择性激光烧结（Selective Lasers Sintering，SLS）的新技术。这项技术的工作原理是把粉末状的材料铺在料槽里，利用激光束烧结指定区域的粉末状材料，之后平台下降一层，由辊筒刷将新的粉末材料铺展在平台上，继续进行选择性激光烧结，重复上面的步骤，直到形成一个粉末烧结的零件。

上面说的这些技术都只是在那个时期发展出来的一些原始的快速成形技术。这些技术的发明者们也并不是全世界唯一看到增材制造技术特殊性的人群，该技术在其他国家也逐渐得到了发展。而后，全球各地的许多公司都陆续开始开发增材制造设备，并不断地发展出新的加工工艺。

2. 增材制造技术的现状

现阶段的增材制造技术已经发展到一个准备实现工业化应用的状态。与传统的加工工艺相比，它的优势在于很多不同的行业都可以应用增材制造技术制作不同的产品。增材制造设备可以通过逐层增加的方式来制造复杂的几何体，虽然分类出了不同类型的工艺和设备，但这些设备加工的流程基本相同。

首先，通过三维建模软件制作一个三维数字模型，再把该模型文件的格式转化为 STL 格式。STL 格式是目前增材制造领域使用最广泛的标准文件格式。然后在计算机上使用专用的切片软件，对将要打印的 STL 格式模型文件进行逐层分割，同时根据工艺的不同使材料沉积或凝固，最终逐层叠加，直到整个零件制作完成。

增材制造系统可以用多种材料和相对简单的制造方式制作出结构复杂的零件，以往不能使用传统工艺方法制作的零件，现在也可以使用 3D 打印技术完成。增材制造技术在艺术、航空航天、医疗等领域都有广泛的应用，也正是因为这个原因，增材制造技术才被整合到现有的供应生产系统中，使它成为一种很有前景的新型加工工艺。

1.1.3 基于熔融沉积（FDM）增材制造工艺的设备分类

1. FDM 设备的机械结构——XYZ 结构（笛卡儿结构）

在 FDM 成形技术中，XYZ 结构的 3D 打印机是最常用的，如图 1-5 所示。它的基本结构特点是在移动端，打印头和打印平台通过三个电动机控制，X、Y、Z 三个方向至少有一个电动机控制该方向的运动。这种形式可以有很多的变化，如打印头可以由一个电动机控制其在一个方向上运动，也可以由两个电动机分别控制它在同一个平面上运动，还有 Z 轴由电动机控制的系统。

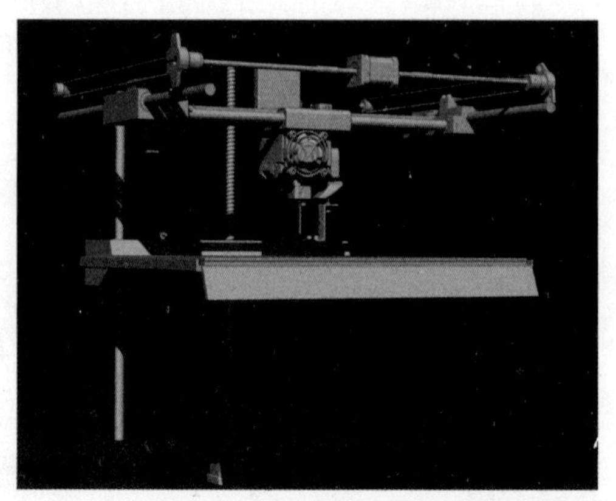

图 1-5 笛卡儿结构

2. FDM 设备的机械结构——CoreXY 结构

CoreXY 结构类似于 XYZ 结构，如图 1-6 所示。其原理是通过两个电动机同时控制 X、Y 方向的运动，两个电动机同向时，沿 X 轴方向移动，两个电动机反向时，沿 Y 轴方向移动。两个电动机同时作用的力量比单个电动机的控制要稳定，还能减少 XY 平面上一个电动机的重量。

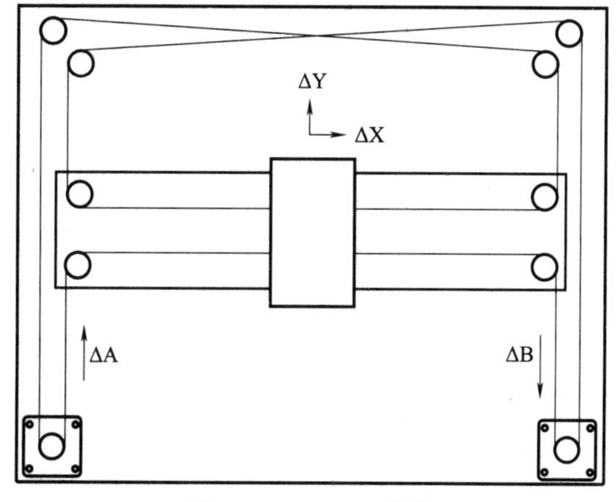

图 1-6　CoreXY 结构

从图 1-6 所示的顶视图来看，这种类型的设备有两根传动带，它们看上去是相交的，其实是在上下两个不同的平面。在 X、Y 方向移动的滑轨上安装了两个步进电动机，使得滑轨的移动更加精确和稳定。

3. FDM 设备的机械结构——并联臂结构

如图 1-7 所示，并联臂结构的传动方式采用了一系列互相连接的平行四边形来控制打印头在 X、Y、Z 方向的运动，这种结构很像工业领域自动化设备的机械臂。三组并联臂一端被安装在三个垂直的滑轨上，另一端连接到打印头处，三个臂协同配合可以精确控制打印头在整个打印区域内的运动。相比其他结构的机型，并联臂结构的 FDM 3D 打印机占地面积更小，结构也相对简单。

并联臂结构的 FDM 3D 打印机可以迅速完成打印过程中的变速和换向。这种打印机的 Z 轴扩展能力很强，通过延长三个垂直滑轨的长度，可以增大 Z 轴的打印范围。XYZ 结构的 FDM 3D 打印机对打印精度有一定的要求，例如 X 轴、Y 轴最小精度是 0.01mm，Z 轴最小精度是 0.05mm，而并联臂结构的设备就没有这种区分，X、Y、Z 轴具有一样的打印精度，因此打印过程更加稳定，打印速度更快。

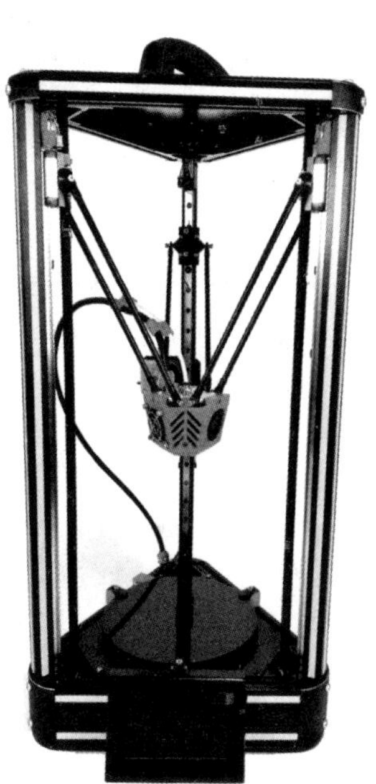
图 1-7　并联臂结构

1.1.4　增材制造工艺材料的选用及特性

1. FDM 工艺材料的特点

1）FDM 工艺所使用的材料为线状，主要分为 1.75mm、2.85mm、3.0mm 三种规格的线径。从重量来看，市面上常见的有 500g、1000g 两种不同规格。

2）FDM 工艺所使用的材料为热塑性材料，经过高温加热，材料会熔化。FDM 3D 打印机的打印头有加热块，能依据设定的温度将材料熔化，如果材料的耐热性大于设备加热块能提供的温度，则无法被熔化的耗材因不能被向下继续挤出而卡在喷嘴的位置，该材料将无法在 FDM 3D 打印机上正常使用。

3）FDM 工艺所使用的材料被挤出后，当温度下降时，能够快速凝固，并保持一定的形状。在打印过程中，打印件是由一层一层的热熔耗材逐渐堆积起来的，如果下面的一层被挤出后无法快速凝固，则上一层就会在未凝固的底层上继续打印，导致打印件表面质量差，严重的还会导致打印失败。

2. “绿色塑料”PLA（聚乳酸）

PLA 是可生物降解的热塑性塑料，它使用可再生的植物资源（如玉米、甜菜、木薯和甘蔗）

所提炼出的淀粉原料制成，如图 1-8 所示，淀粉原料经糖化得到葡萄糖，再由葡萄糖及一定的菌种发酵制成高纯度乳酸，然后通过化学合成方法最终聚合成 PLA。

PLA（聚乳酸）是一种新型的生物基及可再生生物降解材料，具有良好的生物可降解性，使用后能被自然界中微生物在特定条件下完全降解，最终生成二氧化碳和水，是公认的环保材料。

PLA 线材应用于 3D 打印领域中基本可以满足大部分三维数字模型的打印需求，如图 1-9 所示，凭借着可降解、价格低、打印时无异味、不易翘边等特性，受到了广大 3D 打印爱好者的青睐。由于 PLA 材料的综合性能较差，抗紫外线等级低，耐热性能差（最高受热温度范围为 50~60℃），所以在特殊领域应用较少。

图 1-8　PLA 塑料

图 1-9　PLA 线材

3. ABS 塑料（丙烯腈 - 丁二烯 - 苯乙烯）

ABS 塑料是丙烯腈（A）- 丁二烯（B）- 苯乙烯（S）的三元共聚物。它综合了三种成分的性能，其中丙烯腈具有高的硬度、强度、耐热性和耐蚀性；丁二烯具有抗冲击性和韧性；苯乙烯具有表面高光泽性、易着色性和易加工性。上述三组分的特性使 ABS 成为一种“质坚、性韧、刚性大”的综合性能良好的热塑性塑料。

ABS 是受欢迎程度仅次于 PLA 的 FDM 工艺 3D 打印材料。它是一种石油衍生物，具有价格低廉、稍有弹性、容易挤出、质量轻等特点，特别适合 FDM 工艺的 3D 打印机使用。但是 ABS 在打印时比较难控制，必须使用加热平台，目的是防止打印第一层时材料冷却速度太快，避免 ABS 在模型制造完成之前发生翘曲和收缩。ABS 的另一个缺点是在打印期间会散发出非常刺鼻的气味。

4. TPU 材料

TPU（Thermoplastic polyurethanes）具有卓越的高张力、高拉力、强韧和耐老化的特性，是一种成熟的环保材料。目前，TPU 已广泛应用于医疗卫生、电子电器、工业及体育等方面，其具有其他塑料无法比拟的耐磨、耐寒、耐油、耐水、耐老化、耐气候等特性，兼具高防水、透气、防寒、抗菌、防霉、保暖、抗紫外线性能以及能量释放等功能。

对于一些有柔性需求的打印件，TPU 材料无疑是最好的选择之一。现阶段 TPU 应用最多的 3D 打印需求是制作、生产运动鞋鞋面，网格状的鞋面使用 TPU 材料进行 FDM 工艺的 3D 打印方式制作，相比传统的材料工艺，具有耐用性高、透气性好、强度大、防水等优点。

1.1.5　熔融沉积（FDM）增材制造工艺的特点

1. 熔融沉积（FDM）增材制造工艺的优点

1）无论是应用于传统生产中的工业机床还是应用于增材制造中的光固化设备，都很难在封闭的小空间内使用。FDM 工艺在这方面就有很大的优势，FDM 工艺 3D 打印机操作环境干净、安全，材料无毒，可以在办公室、家庭环境下使用，没有产生毒气和化学污染的风险，相对而言使用门槛更低。

2）无论是中等尺寸以上的光固化 3D 打印设备，还是金属粉末材料的 3D 打印设备，都需要激光器之类的贵重元器件，导致了这类 3D 打印设备整体购置成本非常高。FDM 工艺 3D 打印机的出现，让人们有了更多的选择，同样大小的成形空间，设备成本和使用成本都低了很多。

3）FDM 工艺的 3D 打印机所使用的材料价格低廉，无须提前填充耗材，使用完毕后耗材回收简单。可备选的材料种类丰富，例如 PLA、ABS、TPU、碳纤维、PETG、PC、HIPS 等材料。

2. 熔融沉积（FDM）增材制造工艺的缺点

1）FDM 工艺 3D 打印机生产的产品表面存在横向、均匀的条纹，后期上色效果相对较差，往往需要配合表面后处理。这也就导致了很少会直接使用其作为最终产品。

2）FDM 工艺 3D 打印机的打印头需要通过 X、Y 轴的不断变化来实现打印或是两个悬空结构之间的移动，打印速度相对于使用光电元器件的设备会慢一些。

3）在打印时，模型的悬空部分需要单独打印支撑结构，FDM 工艺 3D 打印机所需要的支撑数量相对较多，在拆除的时候，支撑面质量很难得到保证。

1.2　熔融沉积（FDM）增材制造设备

XYZ 结构熔融沉积（FDM）增材制造设备的基本结构

FDM 工艺的 3D 打印机主要由打印头集成、传动系统、电控系统三部分构成。

1. 打印头集成

传统的打印头集成由风扇、送料器和热端三部分构成。

送料器部分又包含了送料电动机、送丝轮、弹簧、U 型轴承。整个送料器部分的用途是将耗材从打印头上方经热端运送至打印喷嘴处，在打印时，旁边的弹簧向左顶住 U 型轴承，从而夹紧耗材，电动机带动送丝轮向下转动，耗材就逐渐被送入到热端。

热端主要包括喉管、聚四氟乙烯（俗称铁氟龙）管、加热块和喷嘴。在整个热端中，喉管、加热块、喷嘴的顺序是由上至下的，其中，喉管内部包裹着铁氟龙管，主要目的是为了隔热，防止加热块的热量向上传递，导致耗材在喉管处提前熔化。位于喉管下端的加热块，其内部有一个加热棒，主要作用是给加热块升温，保证所打印的耗材能够在这个位置被充分地熔化。还有一个热敏电阻位于加热块内部，可以实时地测量加热块的温度，配合电控系统控制打印头温度。

最下方的喷嘴一般是铜制的，有不同的规格，一般情况下，默认喷嘴直径是 0.4mm，如果要打印较为精细的模型，可以考虑把喷嘴直径更换为 0.2mm。

打印头一般会有两种风扇，一种是位于前方的打印头散热风扇，主要目的是给喉管部分散热，防止加热块的热量向上传递过多，导致耗材提前熔化。提前熔化的耗材会堵塞在热端的喉管处，导致设备出现故障，打印头不出料。

另一种风扇一般位于打印头的右侧，出风口会朝向喷嘴的下方，主要目的是给刚打印出来的模型散热，防止材料冷却速度过慢而导致在打印时底部材料没有彻底冷却，下一层的料丝就开始继续打印，使得每一层打印时都处于不稳定的状态，最终使模型表面质量变差或者无法正常打印出模型。当然，对于一些特殊材料，如 ABS、PC 就无法在打印时使用侧风扇，因为这些材料的冷却收缩性非常强，如果使用侧风扇对这种材料进行冷却，会导致模型翘边，导致打印失败。

2. 传动系统

FDM 工艺的 3D 打印机是由打印头和成形平台两套传动系统协同来完成打印工作的，如图 1-10 所示，打印头在 XY 平面运动，成形平台在 Z 轴方向上下运动。每打印一层，打印平台就会向下移动一层。这种三轴独立控制的结构，使得设备稳定性好、打印精度高、打印速度快。

如图 1-11 所示，每一层的打印过程是由打印头在前、后、左、右方向上的移动实现的，打印头被固定在 X 轴滑块上，由 X 轴电动机带动传动带沿左右方向运动。整个 X 轴系统被固定在 Y 轴滑块上，由 Y 轴电动机带动传动带沿前后方向运动。

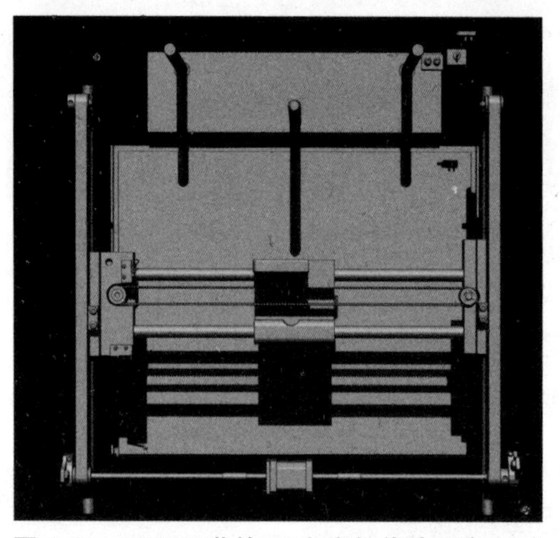

图 1-10　FDM 工艺的 3D 打印机传动系统（一）

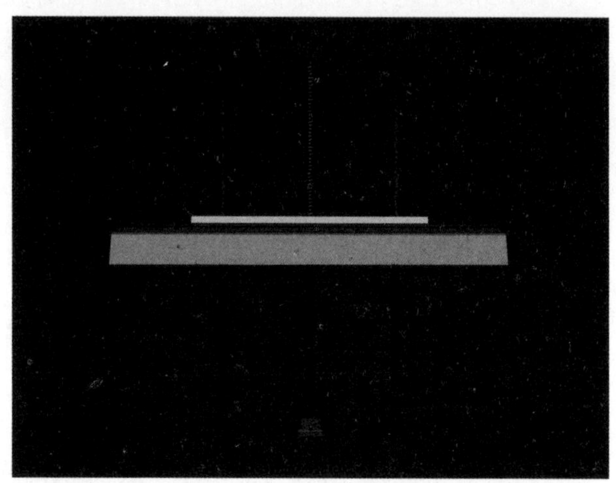

图 1-11　FDM 工艺的 3D 打印机传动系统（二）

打印平台由 1~3 个 Z 轴电动机提供上下移动的动力，电动机带动 Z 轴丝杠转动，沿上下方向进行平稳运动。单独的丝杠很难保证平台移动过程中的稳定性，一般都会加配两根光杠作为辅助。

3. 电控系统

电控系统主要由主板、操作屏幕和各个传感器构成。在 X 轴和 Y 轴的末端会放置一个限位开关，主要是为了限制打印头的移动范围，保证打印头在前后、左右移动时是在规定的范围之内。Z 轴会单独安装限位开关或压敏开关，防止打印平台在向上移动时，与打印喷头碰撞在一起。

当想要对 3D 打印机进行三轴复位时，在操作屏幕上单击三轴复位的按钮，操作屏幕会把相关的指令传递至主板上，主板发送命令控制打印头进行前后、左右方向的移动，在移动过程中碰触到各个末端的限位开关，从而标定打印头的位置，使其能够恢复到初始位置。

1.3　熔融沉积（FDM）制件基本操作

1.3.1　切片软件的原理及基本功能

1. 切片原理

切片软件可以根据用户的设置，将 STL 等格式的三维数字模型文件进行水平切割，从而得到一个个独立的平面结构，并计算打印过程需要消耗的耗材用量及打印时间。然后把这些信息统一存入（后缀名为 GCode）的文件中。

综上，3D 打印机的工作过程是分层离散、逐层进行的，因此切片原理是先要把模型进行逐层拆分，将每一层转换为机器能够读取的语言（G 代码），生成可以控制打印头运动的路径文件，指示和控制打印头移动的位置、挤出热熔丝的时间，以及挤出量，最后将 3D 模型逐层打印出来，通过这些层的逐步叠加就形成了最终的实物，如图 1-12 所示。

a)

b)

c)

图 1-12　切片原理

2. 切片软件的基本功能

切片软件除了具有基本的切片功能外，还具有一些简单的模型编辑功能和模型摆放功能，熟练掌握切片软件的功能之后，可以帮助用户更好地完成后面的切片任务。

（1）模型居中　如图 1-13 所示，单击“模型居中”按钮，可以将其他位置的模型放置于打印平台的正中心，这主要是为了快速摆放模型。

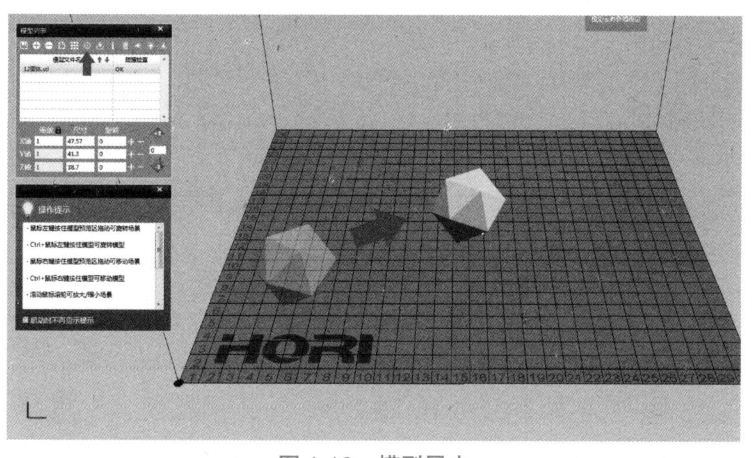

图 1-13　模型居中

（2）置于平面　如图 1-14 所示，单击“置于平面”按钮，可以将悬空的模型下降到与打印平台接触的位置，保证切片时不会出现太多不必要的支撑结构。

（3）模型复制　如图 1-15 所示，单击“复制”按钮，在弹出的对话框中输入想要增加的模型数量，单击“确认”按钮后，软件会在平台上复制出对应数量的模型。

（4）X 轴切割　图 1-16 所示为模型编辑栏中的“X 轴切割”功能，选择模型单击该功能按钮后，在模型上找到要切割的位置，单击鼠标左键确认切割，模型会被切分为左、右两个部分。

（5）Y 轴切割　图 1-17 所示为模型编辑栏中的“Y 轴切割”功能，选择模型单击该功能按钮后，在模型上找到要切割的位置，单击鼠标左键确认切割，模型会被切分为前、后两个部分。

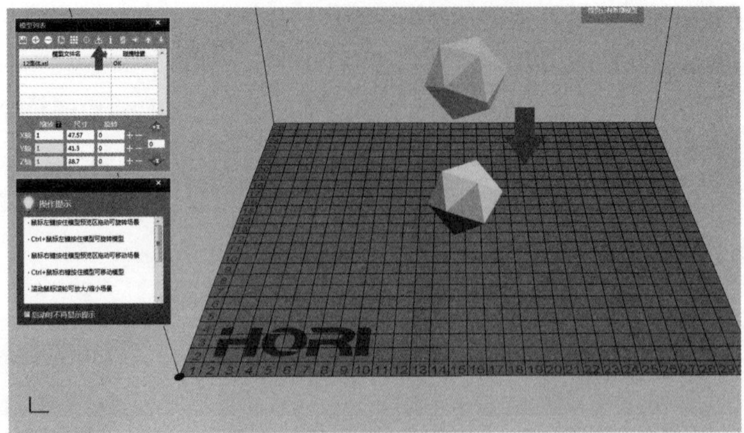

图 1-14　置于平面

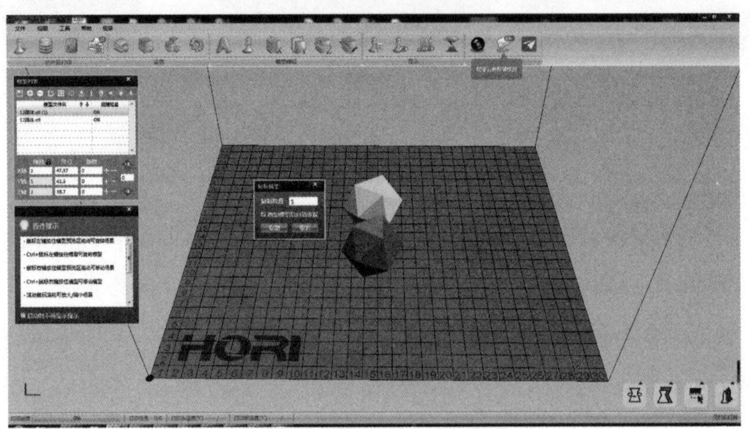

图 1-15　模型复制

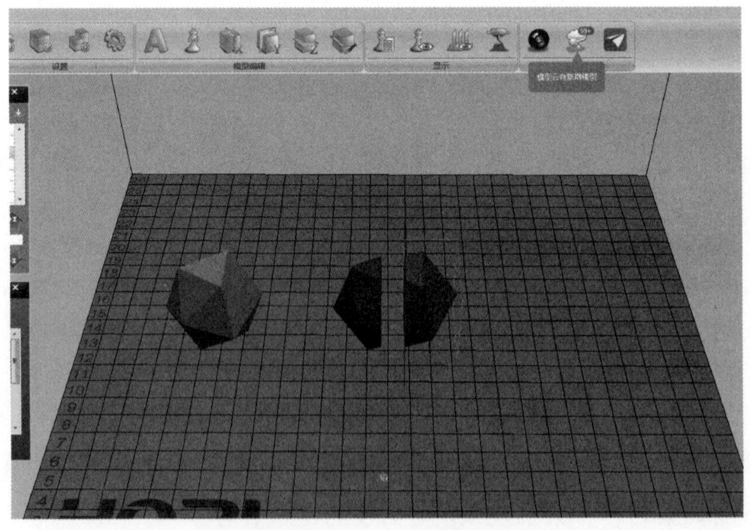

图 1-16　X 轴切割

（6）Z 轴切割　图 1-18 所示为模型编辑栏中的“Z 轴切割”功能，选择模型单击该功能按钮后，在模型上找到要切割的位置，单击鼠标左键确认切割，模型会被切分为上、下两个部分。

（7）创建三维文字　如图 1-19 所示，单击模型编辑栏中的“创建三维文字”按钮，弹出“三维文字”对话框，在“文字内容”文本框中输入要生成的文字，之后选择字体，设置文字大小和模型厚度。

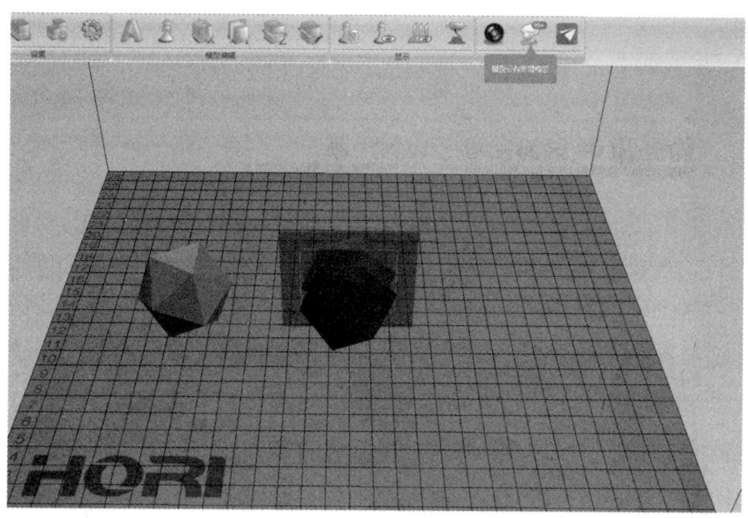

图 1-17　Y 轴切割

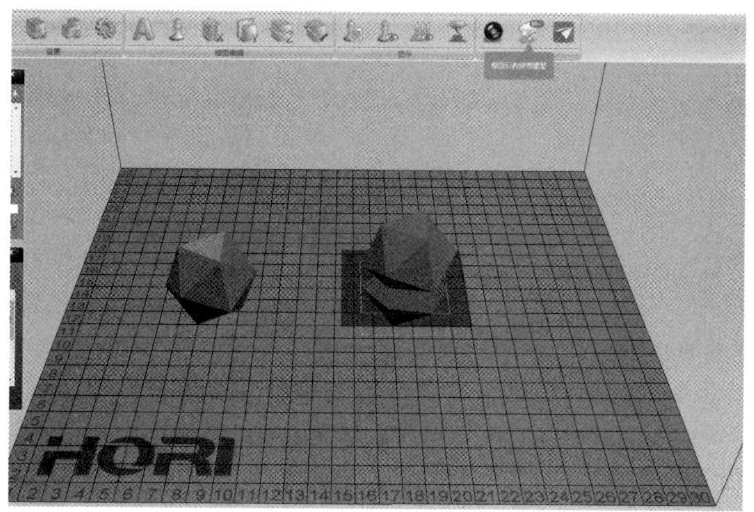

图 1-18　Z 轴切割

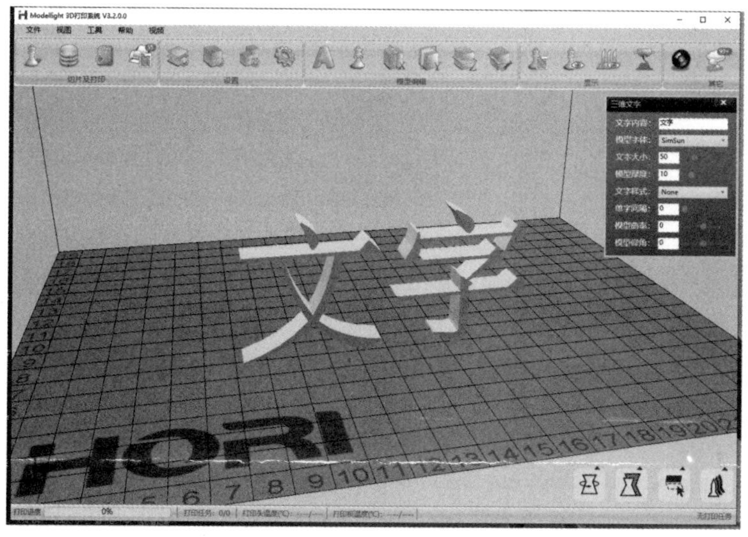

图 1-19　创建三维文字

1.3.2 输入与输出文件格式

1. 切片软件读取文件格式

（1）STL　STL（Stereo Lithogtaphy）格式是增材制造领域最常见的文件格式，该格式是 3D Systems 公司于 1988 年制定的一个接口协议，是一种为快速原型制造技术（3D 打印）服务的三维图形文件格式。STL 格式文件的显著特点是模型整体由成千上万个三角面组成，即使放大去观察，也无法找到组成模型的其他形状。

STL 格式文件简单且容易输出，许多计算机辅助设计软件、三维建模软件都能输出 STL 格式文件，只是有些软件制作的模型在格式转换时容易出现错误，导致输出的 STL 格式文件出现边线不连接、法线被反转等问题。因此，在正式切片打印前都需要对模型进行仔细检查。

（2）OBJ　OBJ 是 3D 模型文件格式。由 Alias Wavefront 公司为 3D 建模和动画软件 Advanced Visualizer 开发的一种标准，适合用于 3D 软件模型之间的转换。如果需要在两个建模软件中对同一个模型进行编辑，那么使用 OBJ 格式文件在两个软件之间转换就非常方便。OBJ 格式文件不会带有在建模时无意生成的垃圾节点信息。目前几乎所有主流的 3D 软件都支持 OBJ 格式文件的读写，不过其中会需要通过插件实现。

OBJ 格式文件是一种单纯的 3D 模型文件，不包含动画功能、材质特性、贴图路径、动力学、粒子等信息；OBJ 格式文件主要支持多边形（Polygons）模型，对三个点以上的面兼容性非常好，如果需要回到多边形建模软件中进行重复编辑，类似四边面的保留会让重新建模工作变得简单。

由于 OBJ 格式文件在除了 3D 打印领域之外的范围还有大量的应用，所以 3D 打印的切片软件都普遍增加了对该格式文件的读取功能。

（3）AMF　AMF 是以目前 3D 打印机使用的 STL 格式为基础并弥补其弱点的数据格式，AMF 格式文件能够记录颜色信息、材料信息及物体内部结构等。AMF 标准基于 XML（可扩展标记语言），简单易懂，可通过增加标签轻松扩展。AMF 标准不仅可以记录单一材质，还可对不同部位指定不同材质，能分级改变两种材料的比例进行造型。造型物内部的结构用数字公式记录，能够指定在造型物表面印刷图像，还可指定 3D 打印时最高效的方向。另外，它还能记录作者的名字、模型的名称等原始数据。

与 STL 格式文件相比，AMF 格式文件克服了其精度不高、工艺信息缺失、文件体积庞大、读取缓慢等缺点，同时引入了曲面三角形、功能梯度材料、排列方位等概念。曲面三角形能够大幅提升模型的精度，由于它是利用各个顶点法线或切线方向来确定曲面曲率的，在进行数据处理切片时，曲面三角形可进行细分，便于获得理想精度。

（4）3MF　3MF 是一种全新的 3D 打印文件格式。3MF 格式文件能够更完整地描述 3D 模型，除了几何信息外，还可以保持内部信息、颜色、材料、纹理等特征。同样也是一种基于 XML 的数据格式，具有可扩充性。

相对于 STL 格式文件几十年的历史，3MF 格式文件还处于发展阶段，在市面上较少被应用。通过增材制造企业的不断推广，3MF 格式文件最终会在增材制造领域占有自己的位置。

2. 切片软件导出文件格式 GCode

GCode 是数控编程语言，它有许多应用，主要用在自动化设备上，也称 G 代码。它可通过计算机控制设备做什么和怎么去做，怎么去做就是定义一些指令：移动在哪，移动的速度是多少，移动的路径是什么。3D 打印机其实也是利用了这一点，切片软件通过分析模型结构，将模型根据预设划分为一层一层的结构，每层的移动方向、速度及路径指令都是由 GCode 文件进行“传达”的。

使用文本文档打开 GCode 文件时可以发现，GCode 指令通常是由一个英文字母（A~Z）+ 数字的方式表示，在 3D 打印机的控制系统中，G 表示用来控制运动和位置，T 表示控制工具，M 表示一些辅助命令，X 对应 X 轴上的变化，Y 对应 Y 轴上的变化，E 对应打印头耗材的挤出量，F 对应打印头的速度。

1.3.3　模型问题判断与分析

因为建模时的操作失误或者文件导出时的问题，并不是所有模型都能直接在切片软件中进行切片，大部分需要主观地进行基本的判断，保证后续的切片工作可以正常完成。

1. 模型必须是封闭的

由于切片的特殊性，应用于 3D 打印的模型必须是封闭的模型。封闭的模型是指模型每一个面必须密闭起来。

具体的检测的方法是把数字模型导入到切片软件中，通过软件特殊设置模型外表面颜色为黄色，内表面颜色为绿色。当模型不封闭时，就会透出里面的绿色，如图 1-20 所示。

也可以将数字模型导入到其他模型软件中检测，一般模型软件都会对模型内表面和外表面用颜色进行区分，如图 1-21 所示。

图 1-20　模型的封闭与不封闭

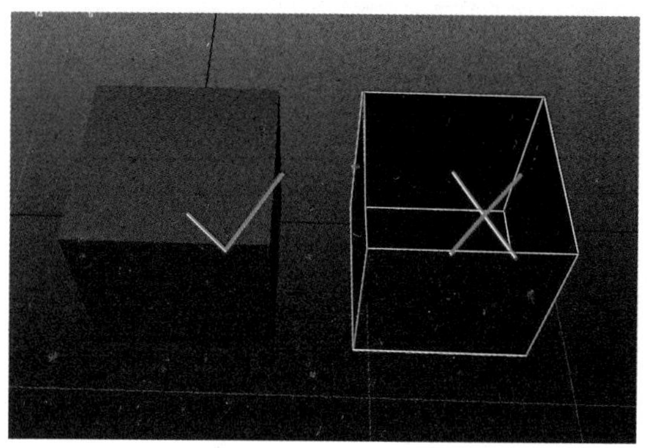

图 1-21　检测模型的封闭与不封闭

模型的每一个面都有不同的法线方向，所有的面组合在一起形成了模型整体的变化和结构，如果有一些面丢失，那么就会导致模型的结构也丢失，切片的时候这部分结构无法被读取到，切片生成的 GCode 文件就是有问题的文件，用它来打印，自然无法打印出正确的模型。

2. 模型法线方向必须为正

法线是指始终垂直于某平面的虚线。对于立体表面而言，法线是有方向的。一般来说，由立体的内部指向外部的是法线正方向，反过来的是法线负方向。如图 1-22 所示，蓝色的线条就是法线，左边的顶面法线方向是朝上的，右边的顶面法线方向是朝下的。

由于 3D 打印的特殊性，3D 打印的切片软件需要拾取模型表面信息，当模型的内表面和外表面发生反转时，切片软件拾取的表面信息就会出现混乱，导致模型打印有可能出现问题，如图 1-23 所示。有些小范围法线反了，切片软件有可能会忽略。

3. 需要保证其整体性

在使用切片软件对模型进行切片时，偶尔会遇到这样的问题：模型表面看起来没有瑕疵，结构正常、没有漏洞，法线方向也正确，但就是一切片就会多出一些结构。

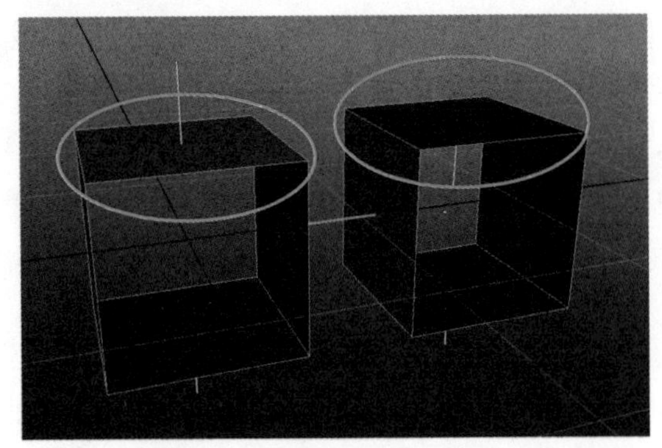

图 1-22　模型法线方向（一）

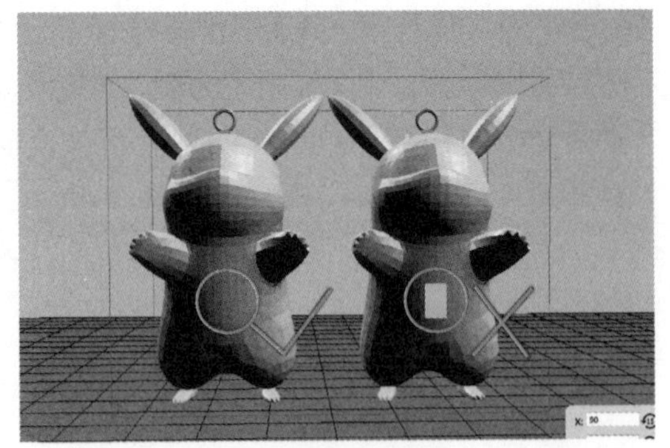

图 1-23　模型法线方向（二）

图 1-24 所示的两个模型从表面上看并无任何问题和区别，将其调整为线框模式来观察模型的内部。

从图 1-25 所示的线框图中可以看出，左侧圆球的中间有一个圆柱形结构，而右侧的模型中并无该结构。由此可以判断，左边的模型是由圆球和圆柱两个独立的模型拼接起来的，并非是一体结构，而右边的模型则是一体结构。

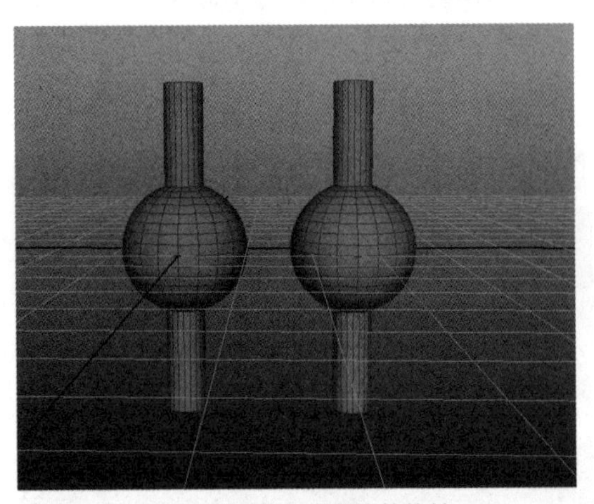

图 1-24　两个模型的整体性

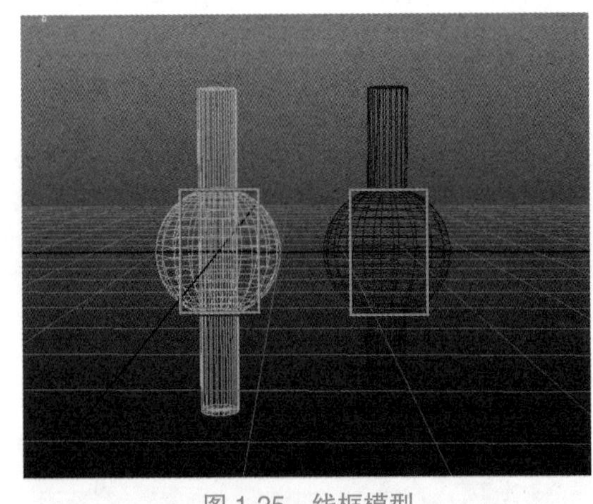

图 1-25　线框模型

将左侧的模型导入切片软件中，有可能会导致软件读取模型表面结构信息的时候出现错误，使得规划打印路径出现问题，直接导致打印的模型发生变形。对于这种模型，可以在建模软件或者模型修复软件中使用“布尔运算（Booleans）——相加”功能将两个独立的模型结合为一个封闭的整体。

4. 模型整体厚度要设置为喷嘴直径的整数倍

使用 3D 打印机打印模型的质量与打印喷嘴有直接的关系。在图 1-26a 所示打印件的顶部一些细小的结构中出现了镂空的情况，有可能是因为这部分结构的尺寸与喷嘴直径不匹配，在建模时模型这部分结构的厚度不是喷嘴直径 0.4mm 的整数倍，导致打印出来的模型中间有缝隙，而图 1-26b 中的模型就没有出现这种问题。

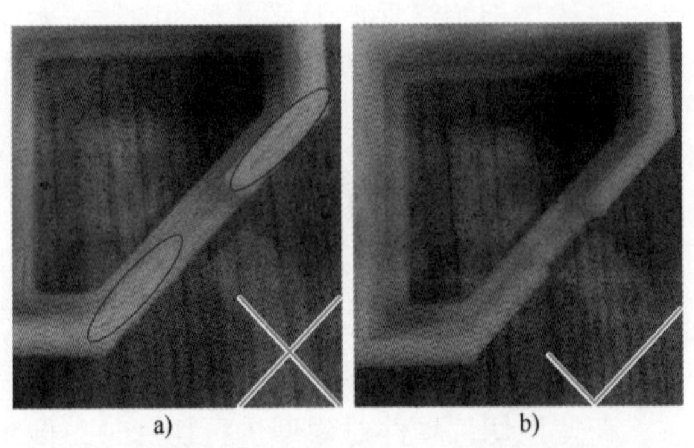

a)　b)

图 1-26　模型整体厚度应为喷嘴直径的整数倍

通常使用的打印喷嘴直径为 0.4mm，也就是说这个打印喷嘴挤出料丝的最大直径为 0.4mm。

如图 1-27 所示，当打印的总厚度是单根直径的整数倍时，料丝就可以均匀地排列在一起；反之，料丝之间就会存在间隙，使最终打印出来的模型上有可能会出现缝隙。

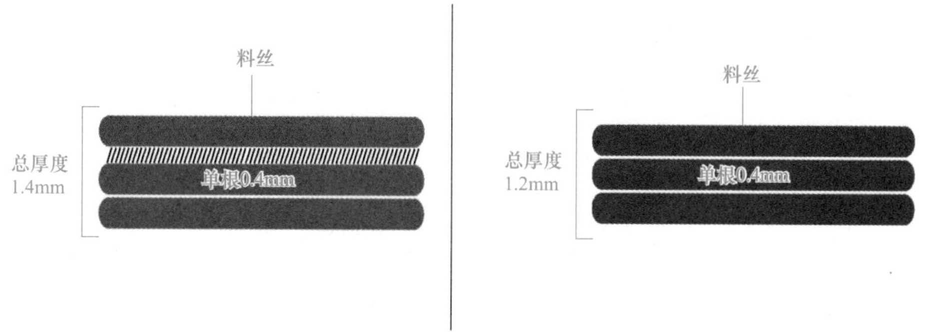

图 1-27 打印出现缝隙的原因（一）

图 1-28 所示为切片软件中的截图，在厚度为 2.3mm 的模型中间，因为料丝不是喷嘴直径的整数倍导致强行被挤压变形，这样即使模型能被打印出来，也有可能会出现表面不平滑的问题。在厚度为 2.0mm 的这个模型内就不存在这样的问题，料丝均匀流畅。

现阶段常见的 3D 打印切片软件能够读取的文件格式有 STL、OBJ、AMF、3MF；切片完成导出的文件格式为 GCode 格式；对于模型有可能存在的风险需要操作者进行主观的基本判断，保证后续的切片工作可以正常完成。

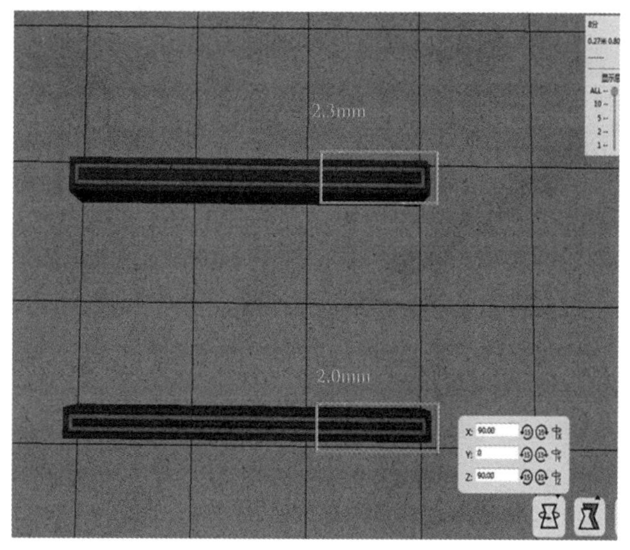

图 1-28 打印出现缝隙的原因（二）

1.3.4 切片参数的设置

切片软件主页面中包括菜单栏、图标栏、模型列表、操作区、特殊功能区和分层预览显示六个区域，如图 1-29 所示。

1. 常用图标按钮说明

添加模型：单击图 1-30 所示按钮，在弹出的对话框中选择合适的模型，单击“打开”按钮后，模型被添加到操作平台上。

导入 GCode：单击图 1-31 所示按钮，导入 GCode 文件，查看模型的切片信息。再次导入新的模型或者选择清空全部模型可以将导入的 GCode 文件删除。

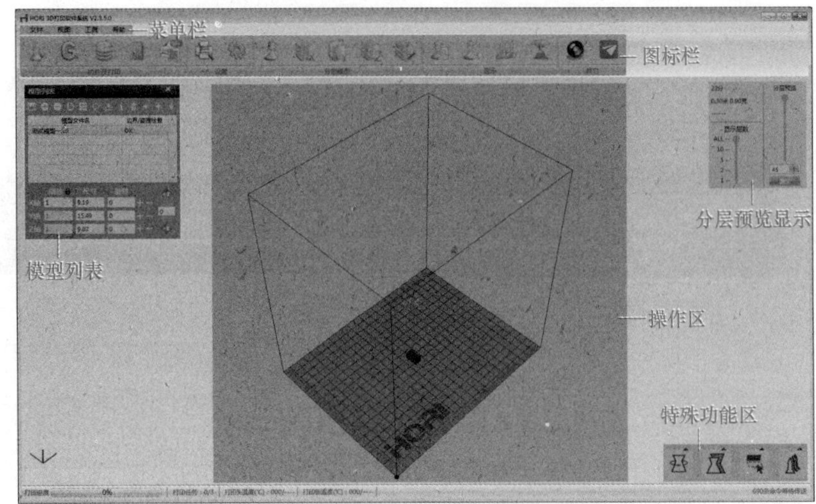

图 1-29　切片软件主页面

图 1-30　添加模型

图 1-31　导入 GCode 文件

分层切片：设置完成基本参数后，单击图 1-32 所示按钮，对模型进行分层切片操作。配合切片结果及视图，可查看切片后模型效果。

导出切片数据：单击图 1-33 所示按钮，将完成切片的模型数据（GCode）存储到合适位置。

设置：单击图 1-34 所示按钮，主要用于打印机型号的选择和打印参数的设置。

分割模型：单击图 1-35 所示按钮，按需要对模型进行分割操作，包含自动切割、X 轴切割、Y 轴切割、Z 轴切割和自由切割。

图 1-32　分层切片

图 1-33　导出切片数据

图 1-34　设置

图 1-35　分割模型

2. 工厂模式设置

在“图标栏”中打开“工厂模式设置”对话框，在“打印机型号”列表框中选择合适的机型。

更改打印头直径（打印机喷嘴直径）：默认的打印喷嘴直径是 0.4mm，当需要更换其他直径的喷嘴后可以在打印机型号中选择“自定义”选项，然后修改与实际相同的打印头直径，如图 1-36 所示。

3. 切片参数设置

在“图标栏”中打开“切片设置”对话框，通过参数设置控制打印的时间和质量，如图 1-37 所示。

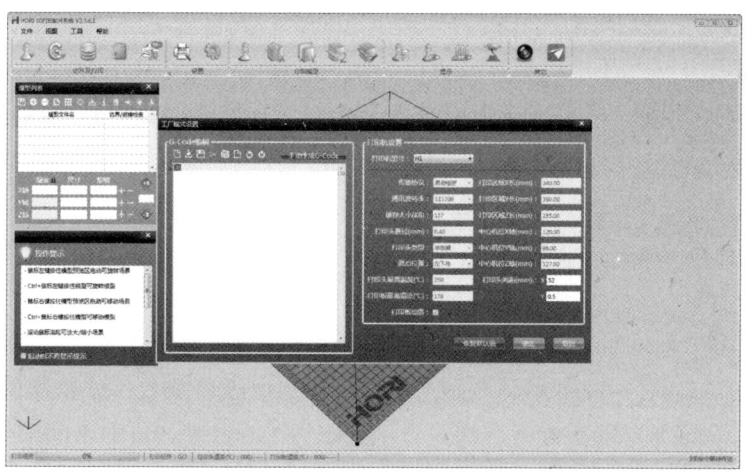

图 1-36　“工厂模式设置”对话框

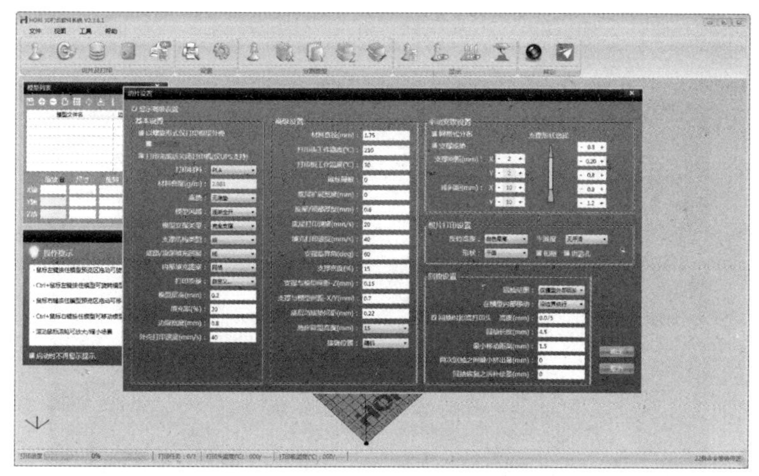

图 1-37　“切片设置”对话框

外壳打印速度：速度与打印质量成反比。一般默认外壳打印速度为 40mm/s。

模型层高：模型层高参数值设置得越小，打印质量越高，相应的打印时长越长；并且模型层高是有范围的，打印小模型或者质量要求较高的模型时，选择“0.1”，其他情况可以选择“0.2”，或者根据具体要求进行选择。

填充率：填充率越高，模型内部填充越多，每层结构越稳定，相应的打印时间和用料越多。

边缘宽度：模型的外壁厚度，边缘宽度参数值越小，包裹填充的模型边缘越薄。

底垫：包含无底垫、底垫和防翘边底垫，需要根据模型的具体情况进行选择。当打印平台玻璃板不平整时，需要增加底垫使模型底面平整；底面积过大的平板状结构，增加底垫可防止翘边；如果模型与打印平台接触面积小，增加底垫可加大模型底部的接触面积，防止模型倾倒、移动。

支撑：包含四种基本支撑结构类型（网格、线、树、柱）和三种支撑类型（完全支撑、底层支撑、无支撑）。

打印完自动关机：勾选“切片设置”对话框左上角“打印完成后关闭打印机（仅 ups 支持）”复选框可以在模型打印完成后自动关机，节能环保，避免无人值守时发生危险。

抽壳打印：如图 1-38 所示，勾选“以螺旋形式仅打印模型外壳”复选框后可进行抽壳打印。

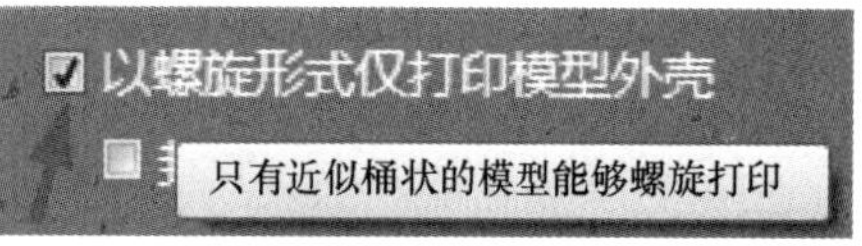

图 1-38　抽壳打印

抽壳打印是为了在最短时间内获得封闭模型的外壳。只有满足三个基本条件，才可能抽壳，即必须是封闭的模型，模型不能存在需要支撑的结构，模型不能存在填充。抽壳后的模型边缘厚度为 0.4mm（打印头直径），操作者还可以选择是否封闭顶和底面，但是距离超过 30mm 可能会出现模型两点桥接下垂的问题。

1.3.5 基本操作

1. 认识操作页面

（1）首页　“首页”页面分为左、中、右三个部分，可实时监测并显示打印头和热床温度，以及模型打印进度，如图 1-39 所示。页面左侧为打印头温度监测表，分别监测控制打印头 1 和打印头 2 的温度，如果是单喷头设备，则只显示打印头 1 的温度。页面中间部分显示模型打印进度，包括打印该模型所需的总时长、当前打印进度以及打印完成百分比，同时还可对模型进行三维预览。页面右侧上方是热床温度监测表，可监测并调整热床温度。页面右侧下方是风扇转速监测表，可依据具体情况调节风扇转速，以便更好地打印模型。

图 1-39　“首页”页面

（2）调整　“调整”页面主要包括移轴、进退料和调平台三个操作部分，如图 1-40 所示。

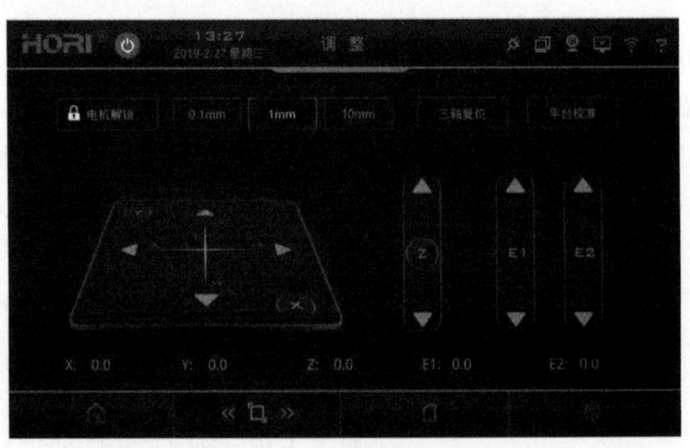

图 1-40　“调整”页面

移轴：手动或自动控制打印头和平台位移。

电机解锁：解锁后，可以手动控制打印头在 X 轴、Y 轴方向上的移动。

移动单位选择：设置在各个方向的移动距离，分别有 10mm、1mm 和 0.1mm 三个选项，用

于配合位移方向使用。

位移方向：X 轴、Y 轴方向位移，是由上、下、左、右四个方向的箭头来控制打印头在 X 轴和 Y 轴方向上的移动。“X”按钮和“Y”按钮控制打印头归位到 X 轴或 Y 轴设定的初始位置。Z 轴方向的位移，是由上、下两个箭头控制打印平台在 Z 轴的上下移动，“Z”按钮控制打印头归位到 Z 轴设定的初始位置。

三轴复位：控制打印头与打印平台复位到 X、Y、Z 轴设定的初始位置。

平台校准：可以通过三根 Z 轴丝杠调整平台高度，从而完成对平台的校准。

（3）打印　如图 1-41 所示，“打印”页面左侧为“本地磁盘”以及“我的 U 盘”内的模型文件，选择需要打印的文件后，页面右侧会显示选择的文件名称和切片文件的基本信息，下方两个按钮分别为“开始 / 暂停”按钮和“停止”按钮。在打印过程中，操作者还可以依据实际情况对打印速度进行设置。

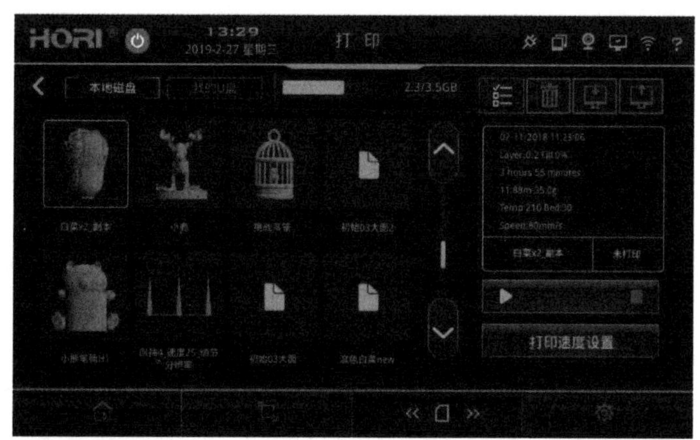

图 1-41　“打印”页面

（4）设置　在“设置”页面中，操作者可依据个人需求对打印机进行设置，如图 1-42 所示。同时在页面右侧配有设备二维码，操作者可扫描二维码连接设备，并通过移动端对设备进行远程操控。

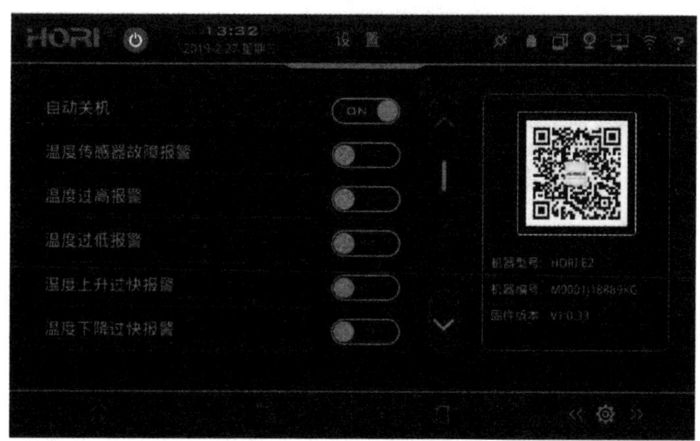

图 1-42　“设置”页面

2. 常用功能

（1）进料　将材料通过送料电机送入打印头，使喷嘴能正常地挤料打印，这个过程称为进料。

1）近、远端双送料电机。首先将材料放到远端送料电机的进料口处。进料口位置的断料检测装置设有感应开关，当材料经过时，触发感应开关，远端送料电机启动，将材料通过导料管向近端送料电机输送，近端接收到后继续向下传送材料，直到材料从喷嘴处挤出。

2）近端送料电机。首先通过打印机的送料管把材料送到机器的内侧。再从内侧的送料管把材料送至打印头处，直至感到一定阻力，这证明接触到了打印头的送料器。然后在操作面板的“首页”选择打印头 1，将目标温度调整至 200℃后，执行一键进料命令。送料电机会在温度加热到 200℃时转动起来，将材料向下挤出。

（2）调平台　打印头与平台间距合适是模型打印成功的前提。若打印头距离不合适，需微调平台高度，控制平台与打印头的距离，保证成功打印模型。

3D 打印机平台和喷头之间的距离会随着使用和设备的搬运出现偏差，使得在打印的时候出现出料不均匀、不出料、耗材无法粘贴在玻璃板上等问题。为了解决这一问题，在使用之前要对打印平台进行调平。

1）自动调平。进入“调整”页面，单击“平台校准”按钮，选择“辅助平台校准”，单击“开始测试”按钮，如图 1-43 所示。设备会对打印头与平台三个点的距离进行多次测试并自行调整，第一轮调整次数最高为五次，若调平五次后设备仍未调平，再次单击“开始测试”按钮进行重复调平。一般情况进行 3~5 次操作即可完成设备的平台校准。

2）手动调平。如图 1-44 所示，在平台与打印头之间放一张 A4 纸，在“换料”页面单击调平台对应的四个点位，依次将打印头移至平台四个调节点上方，平行往外拖拽纸张，在有一定阻力的同时打印头又不会划破纸张，则该距离就是正确的。

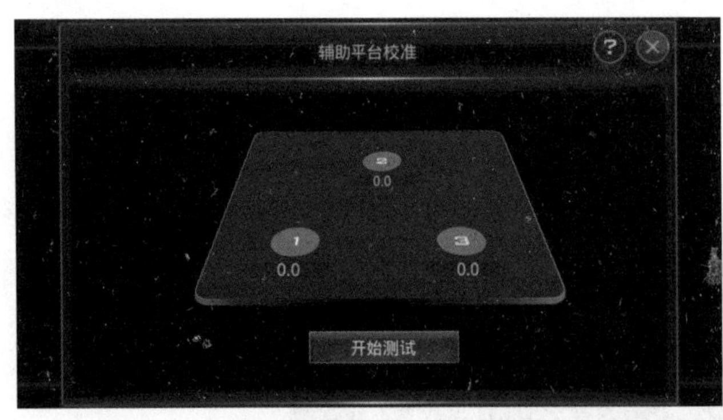

图 1-43　自动调平

图 1-44　手动调平

这里要注意的是，必须是四个调节点的距离都正确，否则打印失败。调节完成一圈四个点以后，需要对四个点位进行二次甚至是三次调平，目的是为了验证第一次的调平效果。如图 1-45 所示，在“调整”页面里面打开“平台校准”功能，平台校准的四个点分别对应打印平台上的四个角。

图 1-46~ 图 1-48 所示为通过旋转调平旋钮来调节平台四个角的高度。四个角在拖拽纸张之后都呈现有阻力的同时喷头又不会撕裂纸张时，说明已经调平完毕。

（3）平台涂胶　FDM 工艺 3D 打印机所使用的耗材都是热塑性的材料。该材料在遇到温度和湿度发生变化的时候会收缩。在冷却过程中的模型遇到不可控的外界因素的情况下有可能会发生翘曲和收缩变形，使得模型底面无法和打印平台玻璃板完全贴合在一起。为了避免这种情况，会在平台涂上防翘边专用胶水。

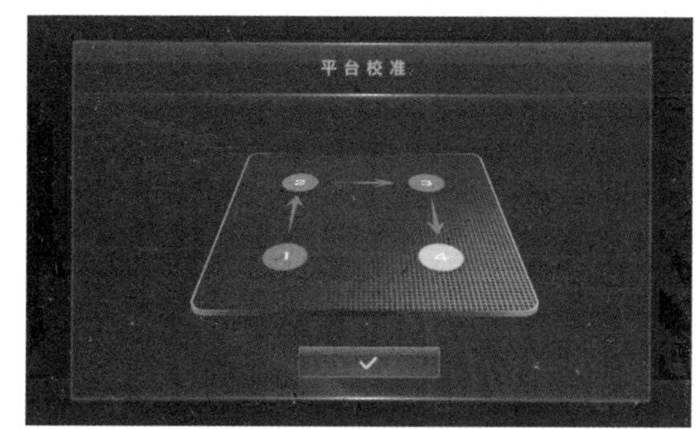

图 1-45　“平台校准”页面

图 1-46　调平旋钮（一）

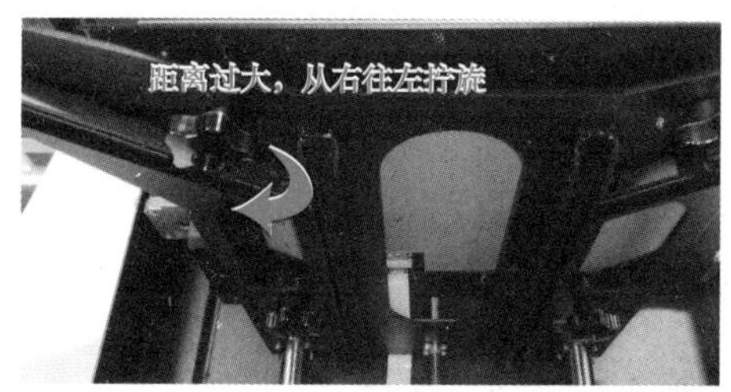

图 1-47　调平旋钮（二）

图 1-48　调平旋钮（三）

具体的涂胶方法如图 1-49 所示。首先把 3D 打印防翘边专用胶水涂在玻璃板上，然后在玻璃板上用滚刷将胶水涂抹均匀。这里要注意的是，在打印之前需要等待胶水完全晾干后，才可以开始打印。

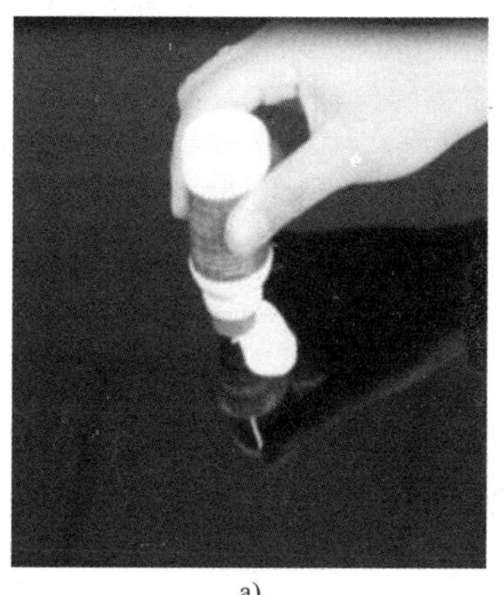

a)

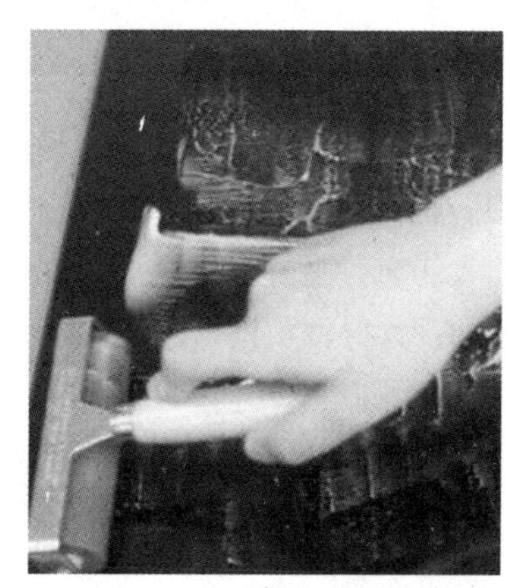

b)

图 1-49　平台涂胶方法

1.3.6　日常维护

1. 外部环境的要求

良好的外部环境可以使打印出来的作品表面效果更好，因此在正式使用打印机前需要对外部环境有以下要求。

1）要先检查设备的供电系统，要保证电压足够的稳定，防止电压不稳导致断电，使打印中断的情况出现。

2）打印机放置的桌子或者平台一定要平稳，如果轻易出现晃动的情况，会使打印的模型表面出现瑕疵。

3）周围环境要保持整洁，不要将打印机放置在粉尘或者强磁场的地方。

4）使用前务必检查耗材放置是否规范、耗材是否有打结的情况。尽量将耗材放在打印机的料轴上，如遇特殊情况需将耗材取下打印，也要将耗材单独放置在独立料架上，并且要将料架放在安全、合理的位置，要摆放在平稳且不会被轻易碰触的地方，防止因为料架倾倒导致模型打印失败。

5）及时清理设备内的杂物，保持设备内部洁净。玻璃板在使用完毕后要及时清洗干净，方便下次使用。

2. 设备的维护与保养

（1）清洁设备　首先准备无纺布和酒精，将酒精喷洒在无纺布上，用于擦拭设备表面的灰尘，如图 1-50 所示。酒精是一种很好的有机溶剂，在溶解污渍的同时还不会对设备造成短路故障。

图 1-50　设备清洁（一）

设备长期使用后，会在打印仓底部堆积一些废料和灰尘，可使用软毛刷将垃圾清理干净，然后使用带有酒精的无纺布，将打印仓底部擦拭干净。清理过程中不可使用带水的抹布擦拭，防止水沿缝隙渗入设备内部，导致主板短路，如图 1-51 所示。

图 1-51　设备清洁（二）

打印平台玻璃板可根据使用频率，每一至两星期取下清洗一次。每次打印模型后，玻璃板上原本的胶面就会破损，补胶后可以继续打印，但经过多次补胶后玻璃板表面会凹凸不平，如果不及时清理，会导致打印的模型底部出现凹凸不平和翘边等问题。

清洗玻璃板时需要先将玻璃板用清水浸泡一段时间，将玻璃板表面的胶迹泡软后再进一步清洗。清洗完成后，需等待玻璃板上的水彻底晾干，随后按照原本的方向，将玻璃板放回设备内部，并对打印平台进行调平，如图 1-52 所示。

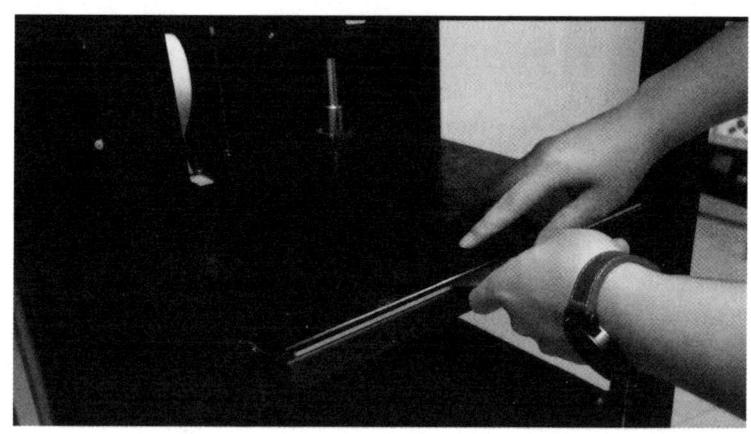

图 1-52　设备清洁（三）

（2）清洁送丝轮　3D 打印机经过长时间的使用，会在打印头的送丝轮处堆积很多残渣和废料，因此需要定期将其清理干净，以保证打印机的正常运转。

拆开打印头的保护壳，找到送丝轮，如图 1-53 所示，使用镊子或者硬质的刷子轻轻向外刮除送丝轮处的残料粉末，转动送丝轮，将送丝轮一周都清理干净即可。清洁时需先将打印平台下移至远离打印头的位置，加温后把耗材退出，然后将打印头移至平台的中间，关闭设备，如图 1-54 所示。

图 1-53　送丝轮

（3）清洁 X 轴、Y 轴光杠　经过长时间的使用，3D 打印机 X 轴、Y 轴的光杠上会有很多灰尘和打印时的废料粉末，如果不及时清理，可能会导致模型发生错位。

关机后，将打印头移动至左、右任意一端，使用沾有酒精的无尘纸擦拭两根光杠。擦拭干净后，将打印头推到另外一端继续擦拭。按照同样的方法，擦拭 Y 轴左右两侧的光杠，如图 1-55 所示。

图 1-54　清洁送丝轮完毕

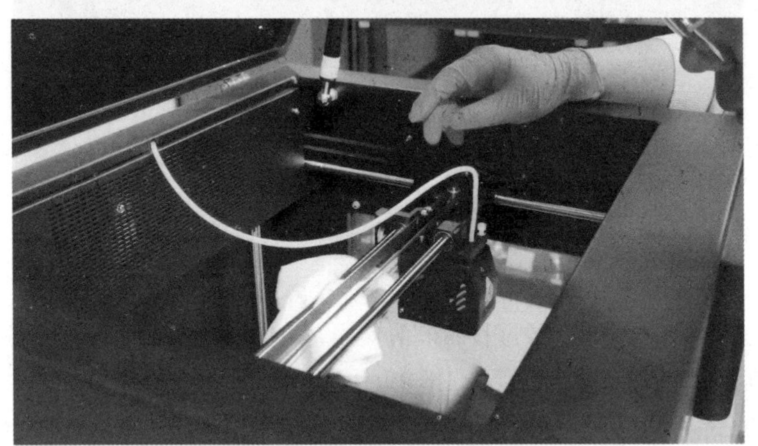

图 1-55　清洁 X 轴、Y 轴光杠

维护的频率根据 3D 打印机使用的时长来确定。如果经常使用的话，每一个月需要擦拭一次光杠；如果不经常使用的话每两个月擦拭一次即可。

擦拭完成后，将润滑油涂在滑块与光杠的连接处，左右拉动打印头使润滑油能够均匀地附着在光杠上。按照上面的方法，将 Y 轴的滑块处也涂好润滑油，如图 1-56 所示。

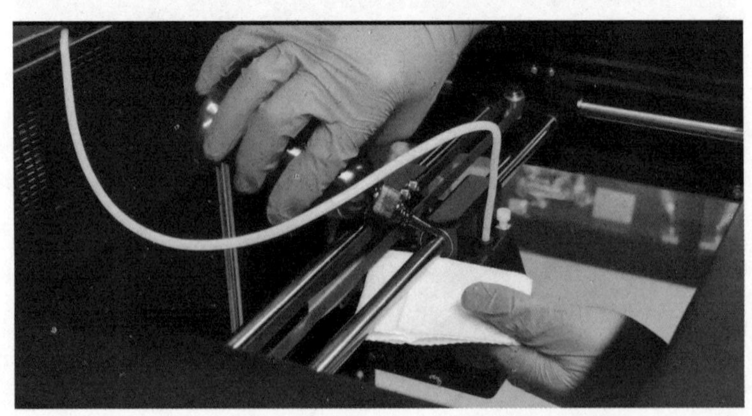

图 1-56　X 轴、Y 轴光杠润滑

3. 通电维护

在潮湿环境中使用的电路板，由于空气中的湿度比较大，当湿度过大时会有水珠凝结到电路板上，水珠在电路板上散开后，会附着在电子元件的各个引脚或者印制线上。

如果水珠滴在电路板各电子元件的引脚之间时，此时电路板刚好处于没工作或断电状态，不会立即对电路板造成危害，但电子元件的引脚或印制线受到水滴的浸润后，元件的引脚就会发生锈蚀，时间久了还会因锈蚀断脚而引发电路板故障；印制线被水珠浸润后，尤其是信号传输线比较细小，被浸润一段时间后，印制线就会出现发霉断开的情况，导致电路板再次投入工作时，发生不能运行的情况。

因此，设备每两个月开机使用一次，每次不得少于 4h，避免因空气潮湿带来的焊点腐蚀、电线老化，也会避免电阻电容的老化。

如果是有锂电池的设备，长期不使用的锂电池会在没有电的时候寿命迅速缩短，最好的方法就是浅充浅放，即每一个月进行一次充电，充电时间不得少于 4h。

4. 耗材的种类要匹配切片参数的设置

更换下来的耗材如果对其不做处理而放置不管，在下次使用的时候极有可能出现耗材打结的情况，从而导致打印时喷嘴不出料。正确方法是在取下耗材时，不要把耗材头部松开，直接将其插到料盘旁边的孔里。

拆除包装的耗材在保存时有严格的要求，不同的耗材也有不同的保存方法。PLA 耗材是环保材料，有短时间内可降解的特点，因此在存放时需要有干燥、避光的环境，如果没有这样的环境还可以使用保鲜膜将干燥剂和耗材一起密封。拆开的耗材尽量在一个月内用完。ABS 耗材是最早与工业 3D 打印机一起使用的塑料材料之一，它的存放环境也要求干燥、避光，拆开的耗材尽量在六个月内用完。

在长时间不使用设备时，耗材没有退出，会导致耗材在导料管中风化断裂，其他不宜断裂的耗材也可能因为吸湿导致打印质量变差，因此若长时间不使用设备要将耗材退出，将耗材妥善保存。

1.4　熔融沉积（FDM）制件后处理

FDM 工艺后处理操作流程及规范

1. 后处理对 3D 打印制品的意义

后处理是在某一阶段性工作之后进行的步骤，是对之前工作的完善，被广泛应用于各行各业中，应用领域不同，对该词的解释也会有所差异。该工序通常占据重要位置，例如纺织业中经过染色、轧光、轧纹处理后，织物才可以应用到日常生活中，如图 1-57 所示。

图 1-57　纺织业中的染色处理

常见的金属制件，在加工完成后也需要进行退火和调湿等后处理工艺。其中退火处理的实质是松弛聚合物中冻结的分子链，消除内应力及提高结晶度，稳定结晶结构；调湿处理是使制件在一定的湿度环境中预先吸收部分水分，保持制件尺寸的稳定性，避免制件在使用过程中发生变形。如不进行这两项后处理，金属制件将无法达到使用要求，如图 1-58 所示。

图 1-58　退火工艺

后处理工艺在 3D 打印中也较为常见，尤其是 FDM 工艺有着独特的后处理工序。经过后处理的 3D 打印制品，可以有效减轻打印纹路，提高模型表面质量。

2. 平滑处理

（1）打磨

1）砂纸打磨。砂纸是一种用以研磨金属、木材等表面，以使其光洁平滑的工具，如图 1-59 所示。通常是在原纸上黏着各种研磨砂粒。根据研磨物质的不同，砂纸有金刚砂纸、人造金刚砂纸、玻璃砂纸等多种类型。

图 1-59　砂纸

一般来说，400#、600# 砂纸用于第一次打磨，又称粗打磨或者找平打磨；800#、1000# 砂纸用于第二次半粗打磨（在只使用砂纸打磨的前提下）；1200#、1500# 砂纸用于精打磨。经过这三次打磨后模型表面呈现特别平滑的状态，如果想要达到镜面效果，还需要使用更细的打磨膏进行打磨。

2）锉刀打磨。锉刀是用于打磨工件的手工工具，其表面有许多细密刀齿和条形，如图 1-60 所示，可对金属、木料、皮革等表层进行微量加工。锉刀的种类有很多，例如普通钳工锉，用于一般的锉削加工；木锉，用于锉削木材、皮革等软质材料；整形锉（也称什锦锉），用于锉削小而精细的金属零件，由各种断面形状的锉刀组成一套；专用锉刀，如锉修特殊形状的平形和弓形的异形锉（也称特种锉），有直形和弯形两种。

图 1-60　锉刀

3）打磨笔。打磨笔有电动机驱动的，也有空气驱动的类型，通过更换不同规格的打磨笔头实现不同精度的打磨效果，可用于模型的打磨、开孔和抛光。

使用打磨笔打磨时的步骤和砂纸大致相同，但是打磨笔还有一种抛光头，可以在给模型抛光时使用。与砂纸相比较，打磨笔的优点主要是可以灵活地在多个不同的角度打磨模型，在一些特殊结构上，有更多的打磨空间，而且比人工打磨效率更高。但是打磨笔的使用难度要比砂纸高，操作时最好用台虎钳将模型固定，再去打磨，还应避免在同一个地方长时间打磨，以免打磨过量。

4）小型砂带机。砂带机是由电动机驱动砂带进行打磨的，可根据不同的需求，更换不同目数的砂带完成打磨要求。高速旋转的砂带以一定的压力与工件表面接触，产生相对摩擦，从而对工件进行磨削加工，广泛用于金属和非金属制成的多种零件的表面磨削。可以一次完成从毛坯到半加工甚至精加工的全部工艺过程，它是应用极为广泛的工具，具有高速、高效、安全、经济的特点。

小型砂带机的打磨效率极高，可以在很短的时间将某一位置打磨平整，但是它的局限性也很大，只能用于打磨模型的平面，也可以用于打磨一些小弧度的曲面。

（2）化学抛光

1）丙酮抛光。丙酮，又称二甲基酮，是一种无色透明液体，有特殊的气味，易溶于水、甲醇、乙醇、乙醚、氯仿、吡啶等有机溶剂，易燃、易挥发，化学性质较活泼。

丙酮在工业上主要作为溶剂，因而可用作 ABS 等耗材的抛光。使用丙酮抛光的模型会呈现光滑的表面，但是抛光效果比较难把控，可能会将模型壁部分的细节特征全部去掉。

2）PLA 抛光液抛光。PLA 抛光液的主要成分是三氯甲烷或者是其他氯化烷、冰醋酸等的混合溶剂，有腐蚀性、毒性，长期接触应佩戴手套、口罩，操作场所须通风良好。

PLA 抛光液是稀释后的有机玻璃水，用于 3D 打印模型的抛光处理时，由于是将模型整个浸入抛光液中，模型各部位都与抛光液接触，所以相比其他抛光方式，抛光效果更好。

使用时须在通风良好的环境中操作，做好防护措施，戴好护目镜、防护手套、工业防护面罩。将 PLA 抛光液倒入准备好的容器中，模型浸入 PLA 抛光液中 10s 后拿出，随后把模型放在通风的环境中晾干即可。

使用 PLA 抛光液抛光后的模型会呈现光滑的表面，和丙酮抛光 ABS 材料的效果大致相同，但是由于浸泡时间短，抛光效果比较难把控。

（3）表面喷砂　喷砂处理是一种工件表面处理的工艺。它采用压缩空气为动力，以形成高速喷射束将喷料（铜矿砂、石英砂、金刚砂、铁砂、海砂）高速喷射到需处理工件表面，使工件表面或者形状发生变化。由于磨料对工件表面的冲击和切削作用，使工件的表面获得一定的清洁度和不同的表面粗糙度，力学性能得到改善，提高了工件的抗疲劳性，增加了它和涂层之间的附着力，延长了涂膜的耐久性，也有利于涂料的流平和装饰。

表面喷砂处理可以将 FDM 工艺模型表面打磨出磨砂效果，或者将某些凸起部分打磨掉。模型壳薄或者壁薄、有细微特征以及有细小结构都不适合使用表面喷砂处理。

3. 涂装上色

（1）丙烯颜料特性　丙烯颜料属于人工合成的聚合颜料，由颜料粉调和丙烯酸乳胶制成的。丙烯酸乳胶又称丙烯树脂聚化乳胶，丙烯树脂有许多种，如甲基丙烯酸树脂等。

丙烯颜料种类众多，如图 1-61 所示，已生产的丙烯系列产品有亚光丙烯颜料、半亚光丙烯颜料和有光泽丙烯颜料，以及丙烯亚光油、上光油、塑型软膏等。

丙烯颜料有如下特性：

1）速干，可用水稀释，利于清洗。丙烯颜料在落笔后几分钟即可晾干，可用延缓剂来延缓颜料干燥时间。着色层干后会迅速失去可溶性，同时形成坚韧、有弹性的不渗水膜，类似于橡胶。

2）颜色饱满、浓重、鲜润，无论怎样调和都不会有“脏”“灰”的感觉，着色层永远不会有吸油发污的现象。

3）丙烯塑型软膏中有含颗粒型，且有粗颗粒与细颗粒之分，为制作肌理提供了方便。丙烯颜料对人体不会产生很大的伤害，但也应避免误食。

图 1-61　丙烯颜料

（2）丙烯漆料手涂上色

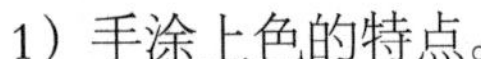
1）手涂上色的特点。

优点：简单易学，成本较低，娱乐性高，适合人群面广。

缺点：手涂易产生笔纹，导致表面横纹明显、薄厚不均等现象，影响表面效果。

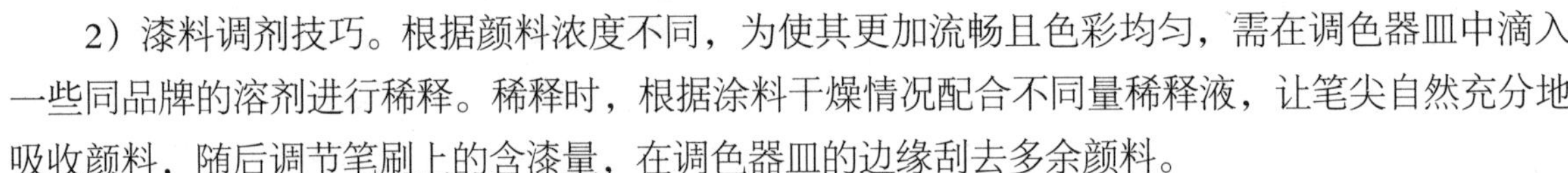
2）漆料调剂技巧。根据颜料浓度不同，为使其更加流畅且色彩均匀，需在调色器皿中滴入一些同品牌的溶剂进行稀释。稀释时，根据涂料干燥情况配合不同量稀释液，让笔尖自然充分地吸收颜料，随后调节笔刷上的含漆量，在调色器皿的边缘刮去多余颜料。

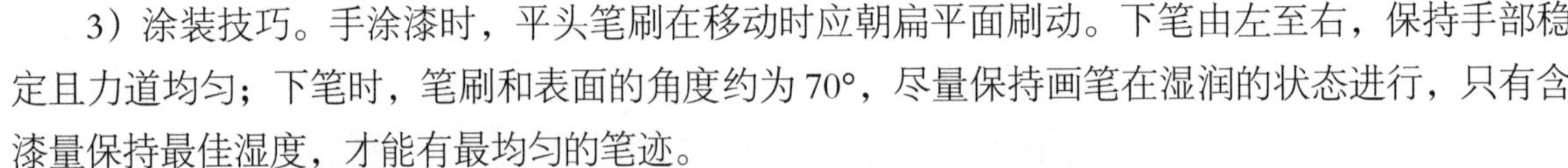
3）涂装技巧。手涂漆时，平头笔刷在移动时应朝扁平面刷动。下笔由左至右，保持手部稳定且力道均匀；下笔时，笔刷和表面的角度约为 70°，尽量保持画笔在湿润的状态进行，只有含漆量保持最佳湿度，才能有最均匀的笔迹。

干燥时间也是影响着色效果的因素之一。一般要等第一层半干时加涂第二层油漆，这样比较容易消除笔触痕迹，第二层的笔刷方向和第一层垂直，称为十字交叉涂法。如果沿水平方向和垂直方向各涂一次后，仍呈现出颜色不均匀的现象，可以待油漆完全干燥后，用细砂纸轻轻打磨后再次涂色。

涂漆时如若反复涂刷后，仍出现颜色不均匀的情况，则是底色问题。白、黄、红等颜色的遮盖力较弱，底部颜色易反色。为避免这种情况，最好是先涂上一层浅色底色打底（浅灰色或白色），再涂上主色。为避免表面堆积的油漆过厚，可用喷笔上色，效果更佳。

（3）自喷漆喷涂上色　自喷漆即气雾漆，通常由气雾罐、气雾阀、内容物（油漆）和抛射剂组成，就是把油漆通过特殊方法处理后高压灌装，以方便喷涂的一种油漆，又称手动喷漆，如图 1-62 所示。

一般按气雾漆中主要成膜物质种类的不同，将自喷漆分为硝基类气雾漆、醇酸类气雾漆、热塑性丙烯酸气雾漆等几大类；也有以成膜效果分类的，如普通喷漆、金属闪光喷漆、荧光喷漆、超能金属色喷漆、镀铬喷漆、镀金喷漆、锤纹喷漆、耐高温喷漆等。

图 1-62　自喷漆

1）使用方法。用酒精将工件擦拭干净，选择颜色合适的自喷漆，将漆罐上下摇动约 20s，待罐内漆混合均匀后即可使用。喷漆时，要注意调整工件和喷漆罐的角度和距离。一般工件和喷漆罐的夹角范围为 30°~50°，距离约为 300mm。喷漆时应采取少量多次喷漆的原则，每次喷漆间隔时间一般为 2~4min。雨季或气温较低时，适当地延长间隔时间。在进行大面积喷漆时，每次喷

漆的顺序应交叉进行，即第一遍由上至下，第二遍由左至右，第三遍再由上至下依次转换，直至达到理想的效果。

2）注意事项。在喷漆的实际操作中，如果需要有光泽的表层效果，在喷漆过程中应缩短喷漆距离并均匀地减缓喷漆速度，从而使被喷物表层在干燥后就能形成平整而带有光泽的漆面。但是在喷漆时，被喷面一定要水平放置，以防漆层过厚而出现流挂现象。如果需要哑光效果，在喷漆过程中要加大喷漆距离和加快喷漆速度，使喷漆在空中成雾状并均匀地散落在被喷面表层，这样重复数遍后漆面便形成颗粒状且无光泽的表层效果。

1.5　案例：电话机检验支架应用 FDM 工艺制件

模型文件切片

1. 模型的导入、摆放及基本问题检测

1）启动切片软件后，将需要进行切片的模型文件导入软件中，如图 1-63 所示。

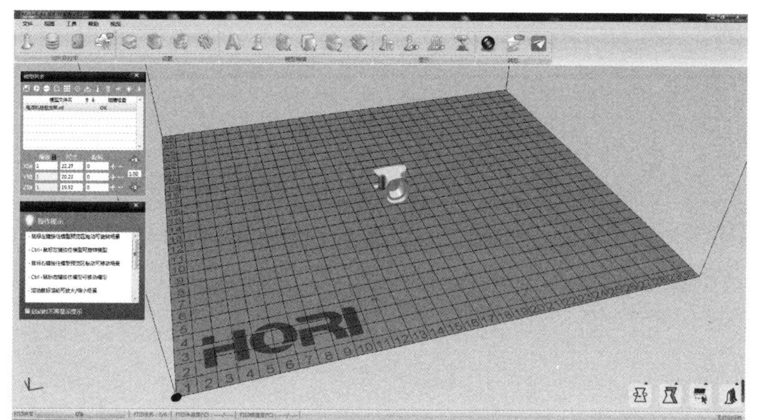

图 1-63　导入模型

2）旋转模型，通过观察判断模型是否存在漏面、法线反转等问题，如图 1-64 所示。

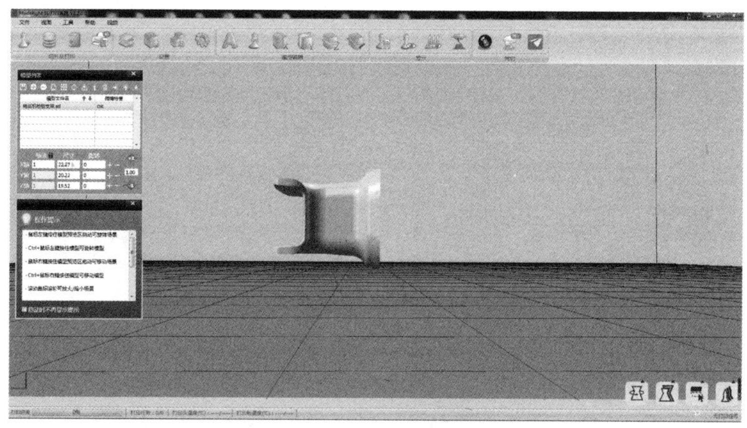

图 1-64　旋转模型

3）对模型进行重新摆放，如图 1-65 所示，使相对接触面最大的结构与打印平台接触。

图 1-65　重新定位模型

4）使用“旋转”或者“旋转模型至选中平面”功能调整模型的角度，如图 1-66 所示。

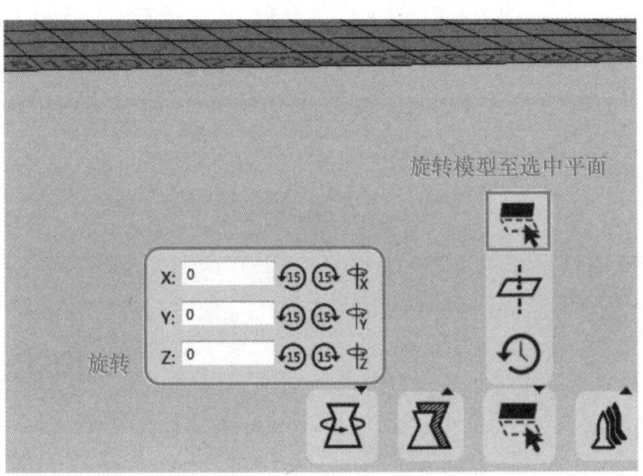

图 1-66　旋转模型调整角度

2. 切片参数的设置及文件导出

1）打开软件中的“切片设置”对话框，如图 1-67 所示。

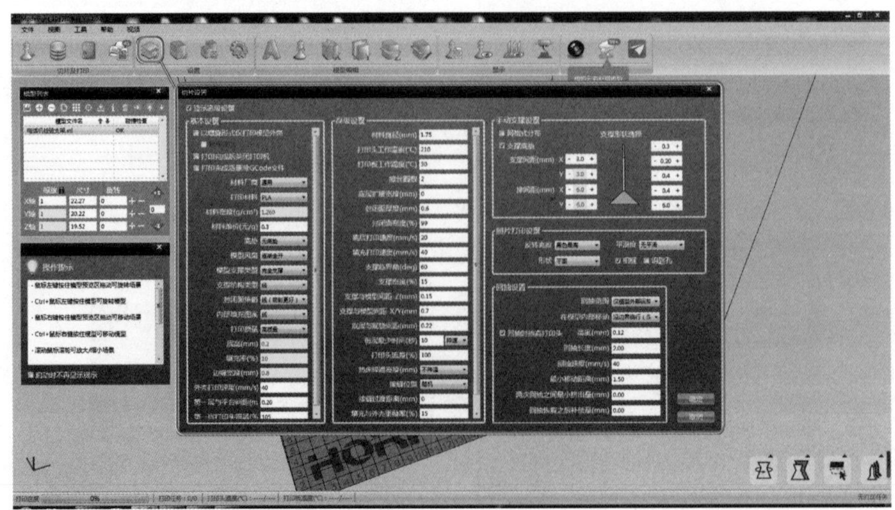

图 1-67　“切片设置”对话框

2）因为该模型底部接触面积较小，为了增大接触面积，需要添加一个普通底垫；为了解锁层高、填充率、边缘宽度等参数的设置，需要将“打印质量”由“高质量”改为“自定义”，如图 1-68 所示。

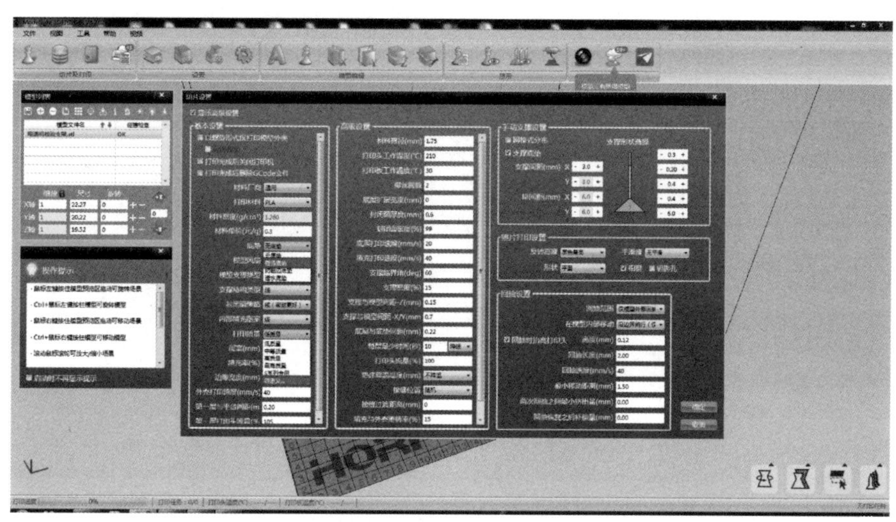

图 1-68　设置切片参数（一）

3）为了增加整体强度，将“填充率”由“10%”调整为“20%”；为了节省时间，将“外壳打印速度”和“填充打印速度”从“40mm/s”调整为“60mm/s”。设置完成后，单击“确定”按钮，如图 1-69 所示。

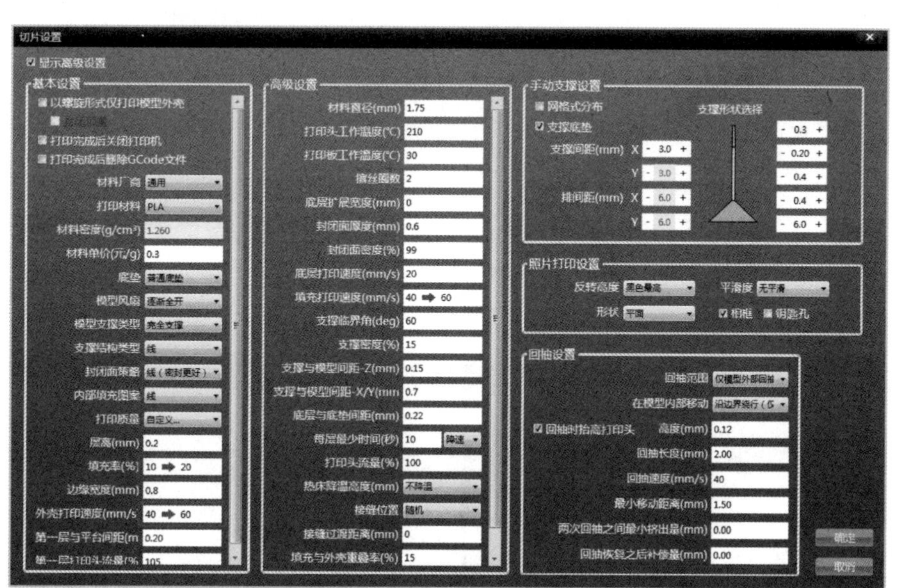

图 1-69　设置切片参数（二）

4）参数设置完成，单击左上角的“分层切片”按钮，软件将对模型进行切片，如图 1-70 所示。

5）切片完成，滑动右侧的滑杆检查模型每层的切片结果，如图 1-71 所示。

6）切片完成后单击“导出切片数据”按钮，在弹出的对话框中选择“GCode”，如图 1-72 所示。

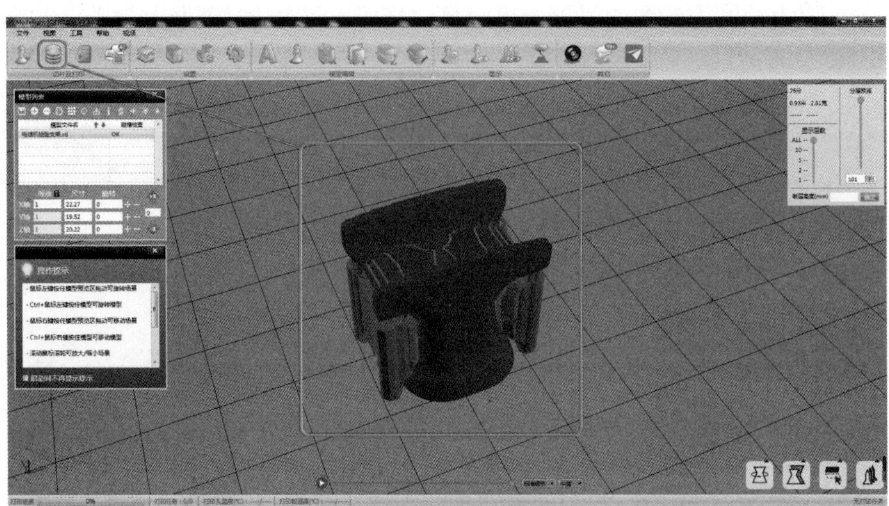

图 1-70　分层切片

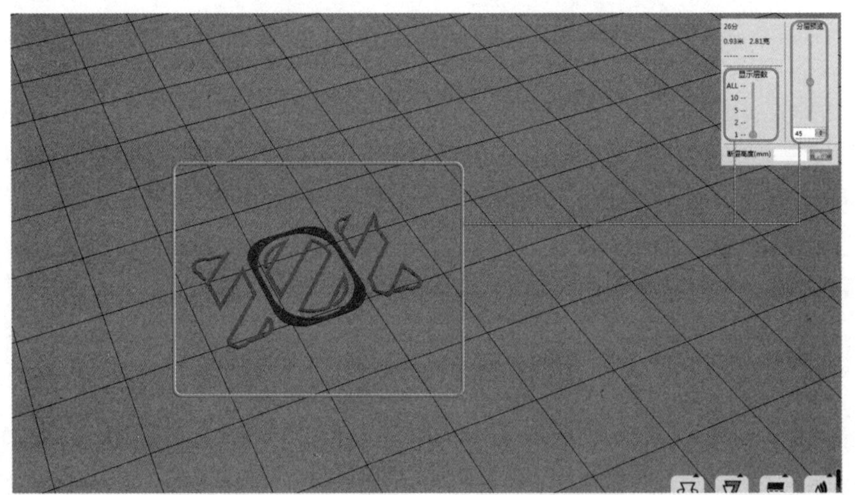

图 1-71　检查模型每层的切片结果

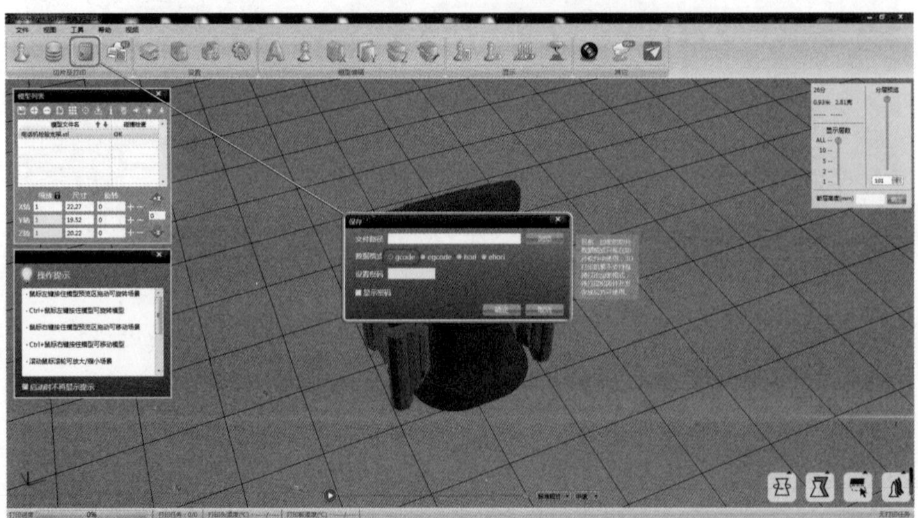

图 1-72　导出切片数据

7）将导出的 GCode 文件复制到 U 盘中备用，如图 1-73 所示。

图 1-73　导出 GCode 文件

FDM 设备的日常维护与保养还包括设备清洁、清理送丝轮、清理 X 轴和 Y 轴光杠；设备每两个月开机使用一次，每次不得少于 4h，避免空气潮湿带来的焊点腐蚀、电线老化，也应避免电阻和电容的老化。采用 FDM 工艺 3D 打印出的模型，进行平滑处理常用的方法有打磨、化学抛光、表面喷砂三种。

课后练习与思考

1. 相对于传统的制造方式，增材制造技术的优势是什么？
2. 简述 FDM 工艺的概念。
3. 查找资料，总结自己了解到的增材制造技术的应用领域。
4. 基于熔融沉积（FDM）技术的 3D 打印机的特点是什么？
5. FDM 工艺的 3D 打印机使用的材料有什么特点？
6. 查找资料并列出还有哪些材料可以用于 FDM 工艺的 3D 打印机？
7. FDM 工艺的 3D 打印机主要由哪三部分构成？
8. 简述 FDM 工艺切片软件的原理。
9. 根据本节课的内容尝试在切片软件中使用三维文字的其他功能。
10. STL 格式文件与 OBJ 格式文件的区别是什么？
11. 模型不封闭会出现什么问题？
12. 思考并查找资料，对于有问题的模型可以用哪些方法对其进行修复？
13. 通过调整哪一个切片参数可以提高模型的打印质量？
14. 3D 打印机在进料时，主要有哪两种进料方式？
15. FDM 工艺 3D 打印机在执行打印命令前，如果不进行调平，有可能会出现哪些问题？
16. 用于后处理打磨的砂纸应选择多少目规格？
17. 除了丙烯还有什么颜料可以用于上色？
18. 自喷漆在使用时应提前做好哪些防护？

第 2 章　LCD/SLA 光固化增材制造技术

【学习目标】

知识目标：（1）掌握 LCD 光固化增材制造技术的概念。

（2）掌握 LCD 光固化增材制造技术的特点。

（3）掌握 LCD 光固化增材制造设备的操作方法。

（4）认识 LCD 光固化增材制造技术使用的后处理工具。

（5）了解 SLA 立体光固化增材制造工艺。

技能目标：（1）能够操作 LCD 光固化增材制造设备。

（2）能够操作 LCD 光固化增材制造技术的切片软件。

（3）能够为三维模型添加支撑。

（4）能够对 LCD 光固化增材制造产品进行后处理。

素养目标：（1）具有学习能力和分析问题、解决问题的能力。

（2）具有认真、细心的学习态度和精益求精的工匠精神。

（3）能够举一反三，将学到的知识与查找到的资料相结合，应用于设备的操作。

【考核要求】

通过学习本章内容，能够系统地了解 LCD、SLA 技术和工艺，掌握三维建模与结构优化、3D 打印数据处理与参数设置、LCD 设备的操作方法、过程监控、3D 打印应用维护、3D 打印设备装调及后处理等工作流程。

2.1　LCD 光固化增材制造工艺

2.1.1　LCD 光固化增材制造技术的基本概念

增材制造技术发展于 20 世纪 80 年代，作为实体制造快速成形技术被人们所了解。在所使用的材料中，聚合物可以说是增材制造技术中用到的最先进的材料。FDM 工艺 3D 打印机使用的是高温熔化材料，通过逐层堆积的方式完成的模型打印。究其根本，主要是依靠 X、Y、Z 轴的互相配合实现的，而光固化增材制造技术相对于 FDM 技术来说，省略了机械在 X 轴和 Y 轴上左、右、前、后的移动，只保留了 Z 轴的上、下移动。成形方式也从高温熔化材料变成了通过固化对光比较敏感的光固聚合物来实现。

2.1.2　LCD 光固化增材制造技术的发展历史及现状

1. LCD 光固化增材制造技术的历史

最早的光固化技术是美国的立体光固化（Stereo Lithography Appearance，SLA）技术，它利用了紫外激光作为光源，通过振镜控制激光在装满树脂材料的料槽上方进行扫描，扫过的地方树脂材料就被固化了。随着时间的推移，以面状光作为光源的数字光处理（Digital Light Processing，DLP）技术诞生，使用投影技术将每层的图案投射在树脂上，效率更高。

随着技术的不断发展，物料成本的不断降低，出现了一种更适合中、小尺寸成形的技术——LCD（Liquid Crystal Display）光固化成形技术。这个技术使用 LCD 屏规划每层的图案，有资料显示，从 2013 年开始就有人在研发 LCD 光固化成形技术，通过简单的硬件垂直组合，能够完成基本的固化任务，但是因为硬件的稳定性较差，导致在长时间打印之后，很难继续保证其打印质量。直到 2014 年，在国外形成第一个商业化的 LCD 光固化 3D 打印机项目，产生了第一台 LCD 光固化 3D 打印机，但其技术和硬件的成熟度都比较低，导致其除了“第一台商用 LCD 光固化 3D 打印机”这个标签之外还多了容易出故障、使用门槛高、易用性差的负面评价。它的出现主要作为一种概念将 LCD 技术引领到了增材制造领域，如图 2-1 所示。

2. LCD 光固化增材制造技术的现状

随着近年软件和硬件技术的不断发展，LCD 工艺 3D 打印机也得到了飞速发展，市面上采用了 5.5 英寸（in）2K 屏幕的 LCD 工艺 3D 打印机已经普遍存在且技术成熟，这类设备有着价格低廉、成形精度高、屏幕寿命长、使用成本低等优点，如图 2-2 所示。

图 2-1　LCD 光固化增材制造技术

图 2-2　LCD 工艺 3D 打印机

在 LCD 工艺 3D 打印机中作为其重要部件的 LCD 屏幕依然作为耗材存在，即使其寿命被延长了接近 1000h，但是相对其他技术类型的设备，这个时长还是远远不够的。同时，LCD 屏幕的尺寸决定了设备的成形尺寸，小尺寸的屏幕是无法保证市面上的大部分打印需求的。

为了解决这一问题，众多企业将 LCD 屏幕作为突破口，在 2020 年已经能够在市场上见到采用了 4K（3840×2400 分辨率）屏幕的设备。同时，随着这两年材料技术的推进，单层曝光时间已经可以压缩到 1s，极大地缩短了打印时间。有的设备甚至额外增加了远程控制功能，即使没有身处设备旁，也可以操控设备开启打印功能。

2.1.3 材料的选用及特性

LCD 光固化增材制造技术使用的是树脂材料，树脂有天然树脂和合成树脂之分。天然树脂是指由自然界中动植物分泌物所得的无定形有机物质，如松香、琥珀、虫胶等。合成树脂是指由简单有机物经化学合成或某些天然产物经化学反应而得到的树脂产物，如酚醛树脂、聚氯乙烯树脂等，其中合成树脂是塑料的主要成分。

在合成树脂中，有一种可以被紫外激光引起聚合反应的材料，其正常状态下呈现液体状态，因此被称为液态光固化树脂。3D 打印用光敏树脂（图 2-3）和其他行业使用的光敏树脂基本一样，由以下几个组分构成。

图 2-3 光敏树脂

1. 光敏预聚体

光敏预聚体是指可以进行光固化的低分子量的预聚体，其分子量为 1000~5000g/mol。它是材料最终性能的决定因素。

光敏预聚体主要有丙烯酸酯化环氧树脂、不饱和聚酯、聚氨酯和多硫醇 / 多烯光固化树脂体系几类。

2. 活性稀释剂

活性稀释剂主要是指含有环氧基团的低分子量环氧化合物，它们可以参加环氧树脂的固化反应，成为环氧树脂固化物的交联网络结构的一部分。

活性稀释剂按其每个分子所含反应性基团的多少，可以分为单官能团活性稀释剂、双官能团活性稀释剂和多官能团活性稀释剂，如单官能团的苯乙烯（St）、乙烯基吡咯烷酮（NVP）、醋酸乙烯酯（VA）、丙烯酸丁酯（BA）、丙烯酸异辛酯（EHA）、丙烯酸羟基酯（HEA、HEMA、HPA）等；双官能团的 1，6- 已二醇二丙烯酸酯（HDDA）、三丙二醇二丙烯酸酯（TPGDA）、新戊二醇二丙烯酸酯（NPGDA）等；多官能团的三羟甲基丙烷三丙烯酸酯（TMPTA）等。按官能团的种类，则可分为丙烯酸酯类、乙烯基类、乙烯基醚类、环氧类等。按固化机理也可分为自由基型和阳离子型两类。从结构看，自由基型的活性稀释剂都是具有不饱和 C=C 的单体，如丙烯酰氧基、甲基丙烯酰氧基、乙烯基、烯丙基，光固化活性依次为：丙烯酰氧基 > 丙烯酰氧基 > 乙烯基 > 烯丙基。

3. 光引发剂和光敏剂

光引发剂和光敏剂都是在聚合过程中起引发聚合的作用，但两者又有明显区别，光引发剂在反应过程中起引发剂的作用，本身参与反应，反应过程中有消耗；而光敏剂则是起能量转移作用，相当于催化剂的作用，反应过程中无消耗。

光引发剂是通过吸收光能后形成一些活性物质，如自由基或阳离子从而引发反应，主要的光引发剂包括安息香及其衍生物、苯乙酮衍生物、三芳基硫化合物等。

光敏剂的作用机理主要包括能量转换、氢提取和电荷转移复合物三种，主要的光敏剂包括二苯甲酮、米氏酮、硫杂蒽酮、联苯酰等。

2.2　LCD 光固化增材制造设备

2.2.1　LCD 光固化增材制造工艺的特点

每一种增材制造技术都不能保证可以完全符合每个用户的需求，只有了解不同增材制造技术的特点，才能找到最适合的生产工艺。

LCD 光固化增材制造工艺的优点主要是打印精度高，模型的层高精度很容易就可以达到 50μm，相比于第一代 SLA 工艺的设备要好很多，通过软件的进一步优化，与目前的桌面级 DLP 技术设备在最终产品的效果上可以说是不相上下；性价比高，与 SLA 工艺和 DLP 工艺相比整体造价低，因为这种工艺没有过多昂贵的电子元器件，如 SLA 的激光头等元器件，如图 2-4 所示。

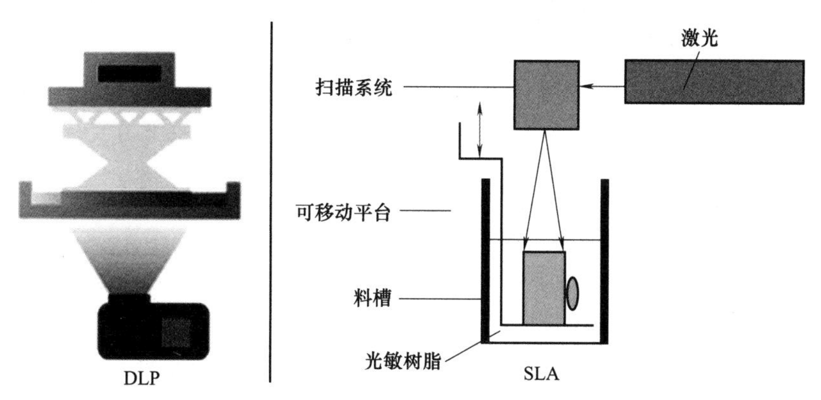

图 2-4　SLA 工艺和 DLP 工艺

因为没有振镜和投影模块，设备的结构整体很简单，在拆装耗材和维修配件时更容易。耗材更容易获取，成熟的 DLP 工艺耗材和 SLA 工艺耗材略微调整下配方就能直接用在 LCD 设备上，不用重新研发耗材。因为是面光源的成形方式，打印速度更快，同一平台的多个零件的打印时间以最高的那一个零件为准。相对于 SLA 工艺和 FDM 工艺来说，打印数量相同的零部件，LCD 工艺的打印速度会更快。

LCD 光固化增材制造技术的最大问题主要集中在 LCD 屏幕，一方面，所使用的 LCD 屏幕需要对 405nm 紫外光有很好的选择透过性，同时还需要经得住几十瓦 LED 灯珠的烘烤，如果散热性能和耐温性能都不达标，会极大缩短 LCD 屏幕寿命。也是因为这个问题，3D 打印设备的厂家都是将 LCD 屏幕作为一种耗材来定义的，而不是将它看作一个普通的硬件。当然，这个问题也在随着技术的发展不断地发生变化，与之前的 LCD 工艺 3D 打印机相比，现在的屏幕寿命已经翻了很多倍。

2.2.2　LCD 光固化增材制造设备的结构与调试

1. LCD 光固化增材制造设备的结构

LCD 光固化增材制造设备的结构如图 2-5 所示，打印平台在最上方，光源在最下方，紫外光穿过菲涅耳透镜、LCD 屏幕、离型膜，照射到料槽最底部的光敏树脂上，光敏树脂遇紫外光固化，在打印平台上形成实体，也就是 3D 打印的模型。

由于点状光源的衰减原因，越靠近灯光中心的位置，模型固化效率就越高、呈现效果越好；越靠近边缘处，固化效率越低，甚至无法完成固化。为了解决这一问题，就需要用到菲涅尔透镜。

菲涅尔透镜是由法国物理学家奥古斯汀·菲涅尔（Augustin Fresnel）发明的。从图 2-6 所示剖面图中可以看出，菲涅尔透镜表面由一系列锯齿状凹槽组成，中心部分是椭圆形弧线。每个凹槽与相邻凹槽的角度不同，但都将光线集中一处，形成中心焦点，也就是透镜的焦点。每个凹槽都可以看作一个独立的小透镜，把光线调整成平行光或聚光。这种透镜还能够消除部分球形像差。

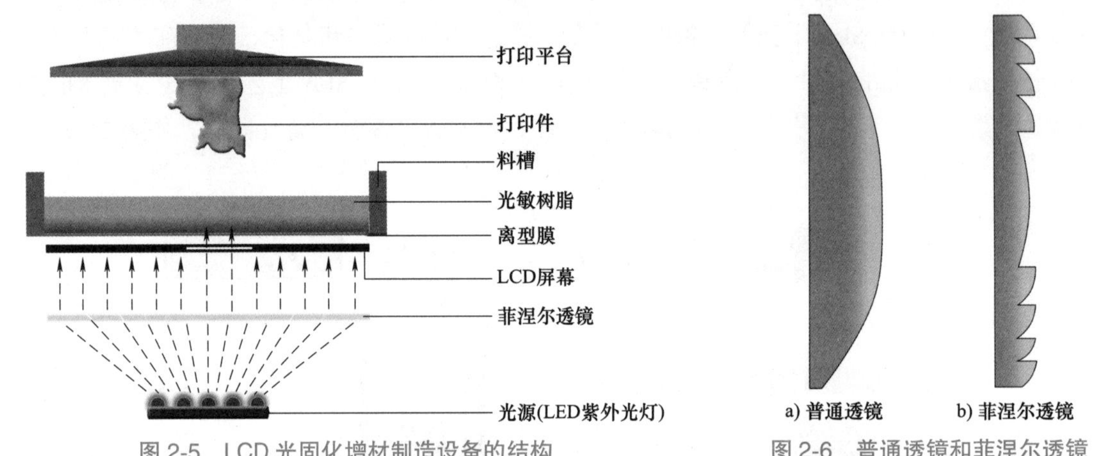

图 2-5　LCD 光固化增材制造设备的结构

图 2-6　普通透镜和菲涅尔透镜

通过菲涅尔透镜将底部发散的紫外光转换为平行光，只有平行光向上继续投射到料槽底部的树脂上时，才能保证所打印的模型在整个料槽范围内都是均匀成形的，不会在打印时出现“中间实，四周虚”的情况。另外一种 LCD 光固化设备的解决办法，就是将发射的紫外光变成由 LED 灯珠组成的面光源，这种光源可以保证发出的是平行光，当向上投射时光不会出现点光源那种光线发散问题，如图 2-7 所示。

LCD 屏幕是液态晶体显示器（Liquid Crystal Display，LCD）（图 2-8），会显示模型的每一层形成相应的切片结果，影像有透光和不透光区域，在光源的照射下，透光区域会将树脂固化，不透光区域遮挡了紫外光线，被遮挡部分的树脂仍然保持液态。经过固化的树脂就是 3D 打印产品的一部分。

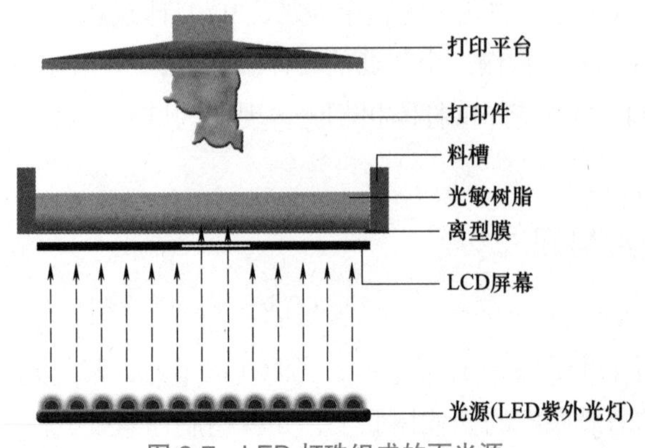

图 2-7　LED 灯珠组成的面光源

图 2-8　LCD 屏幕

未打印时，已经复位的打印平台和离型膜是贴在一起的。设备开始运行后，打印平台向上抬升一层的厚度。这时树脂填充在打印平台与离型膜之间，紫外光就会固化这部分树脂，这一层被固化完成后，平台向上抬升，将黏在离型膜上的这部分树脂拉扯下来，抬升一层的高度，继续完成下一层的固化。通过一次次的抬升和拉扯，完成整个模型的打印过程。在这个过程中，有两个关键部分值得注意，一个是离型膜必须达到一定的透明度，这样才能保证紫外光可以透过。在打印平台和离型膜之间被固化的模型，需要平台向上拉扯才能将它从离型膜上扯掉，在这个动作中，还需要离型膜有较好的质量，能承受成千上万次拉扯。

通过这些组件的协同配合，LCD 光固化增材制造设备就完成了模型的打印：发散的紫外光通过菲涅尔透镜变为平行光，平行光穿过 LCD 屏幕对光敏树脂进行固化，屏幕依据模型形状，对每一层进行了透光与不透光的区分，逐层固化叠加，最后形成了模型实体。

2. LCD 光固化增材制造设备的调试——平台调平

只有经过调试的设备，才能保证后续打印任务的顺利进行。平台调平的具体操作方法如下。

1）拧下固定料槽的锁紧螺钉，如图 2-9 所示。

2）将料槽取下，放置一张 A4 纸，如图 2-10 所示。

图 2-9　拧下锁紧螺钉

图 2-10　放置 A4 纸

3）拧松四个平台调整螺钉，如图 2-11 所示。

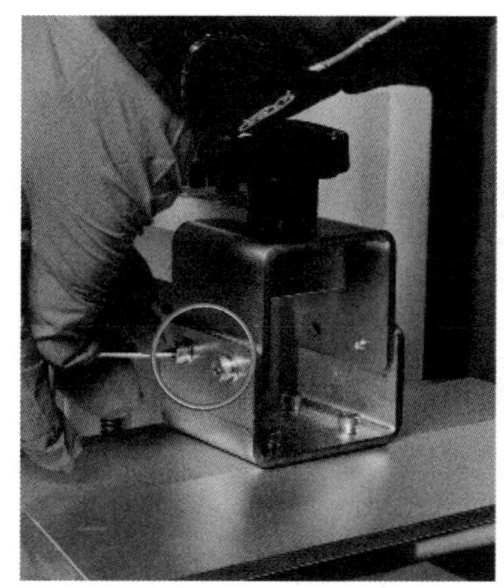

图 2-11　拧松螺钉

4）拧松位于顶部的平台固定螺栓，如图 2-12 所示。

5）单击操作屏幕上手动模块中的“复位”按钮，如图 2-13 所示，打印平台开始下降。

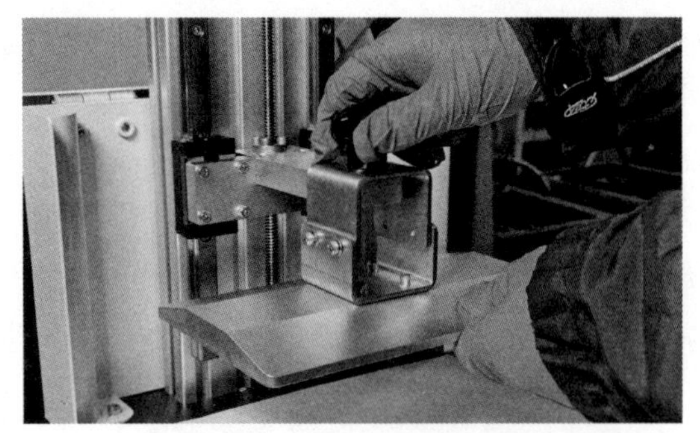

图 2-12　拧松平台固定螺栓

图 2-13　单击“复位”按钮

6）保证打印平台已经回到复位点并压住 A4 纸，如图 2-14 所示。

7）拧紧位于顶部的平台固定螺栓，如图 2-15 所示。

图 2-14　压住 A4 纸

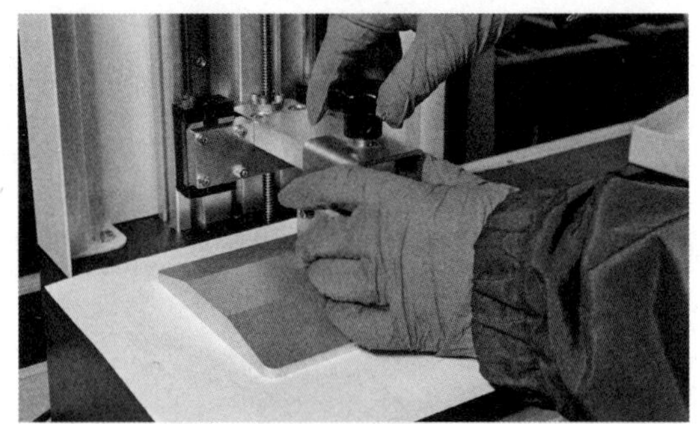

图 2-15　拧紧平台固定螺栓

8）使用内六角扳手拧紧两侧四个平台调整螺钉，如图 2-16 所示。

9）单击操作屏幕上手动模块中的向上按钮，将打印平台抬升至一定高度，并取出 A4 纸，如图 2-17 所示。

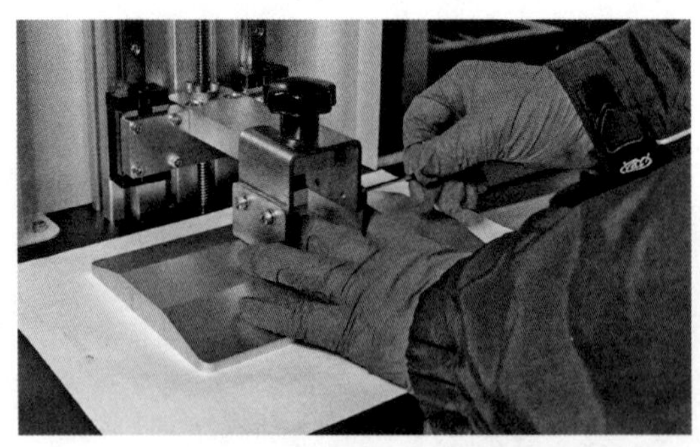

图 2-16　拧紧平台调整螺钉

图 2-17　取出 A4 纸

10）安装料槽，并拧紧两侧的料槽固定螺钉，如图 2-18 所示。

图 2-18　安装料槽

3. LCD 光固化增材制造设备的调试——填充树脂

1）单击操作屏幕上手动模块中的“复位”按钮，将打印平台复位至初始位置，如图 2-19 所示。

2）将光敏树脂沿料槽一角缓慢倒入料槽中，倒入过程中可以稍作停顿，等待流平后继续倾倒，如图 2-20 所示。

图 2-19　“复位”按钮

图 2-20　倒入光敏树脂

3）料槽的内部有参考的刻度线，加注树脂时注意不要超过该刻度线，以免打印时树脂溢出，造成设备损坏，如图 2-21 所示。

图 2-21　料槽刻度线

市面上采用了 5.5 英寸（in）2K 屏幕的 LCD 工艺的 3D 打印机已经普遍存在且技术成熟，LCD 工艺与 SLA 工艺和 DLP 工艺相比整体制造成本低，因为 LCD 工艺没有过多昂贵的电子元器件。LCD 光固化增材制造技术最大的问题主要集中在 LCD 屏幕。LCD 光固化增材制造设备，打印平台在最上方，光源在最下方。紫外光穿过菲涅尔透镜、LCD 屏幕、离型膜，照射到料槽最底部的光敏树脂上，光敏树脂遇紫外光固化，在打印平台上形成模型实体。

2.2.3　LCD 光固化增材制造设备的基本操作

1. 认识操作页面

“首页”页面分为工具、系统和打印三个模块，如图 2-22 所示。

图 2-22　“首页”页面

“工具”模块由手动、曝光测试、设 Z 为零、紧急停止、料盘清理、返回六个部分组成，如图 2-23 所示。

手动：该部分的主要功能如图 2-24 所示，包括控制打印平台上下移动，打印平台复位，移动单位设置，打印平台移动过程中的停止。

曝光测试：取下料槽后，单击“曝光测试”按钮，可以使曝光屏全屏发光，用来检测屏幕及屏幕相关的硬件故障。

设Z为零：将打印平台上下移动至任意位置，单击“设Z为零”按钮，可以将该位置的坐标设置为0，之后单击“复位”按钮将以该位置作为初始位置。设备重启后此项设置自动取消。

紧急停止：打印过程中如遇突发情况，单击该按钮，可以强行中断设备的运行。

料盘清理：长时间打印后，料槽中有可能会有残余的料渣，可以单击“料盘清理”按钮，将料槽底部的残渣固化后取出。

返回：单击该按钮后返回至“首页”页面。

图 2-23 “工具”模块

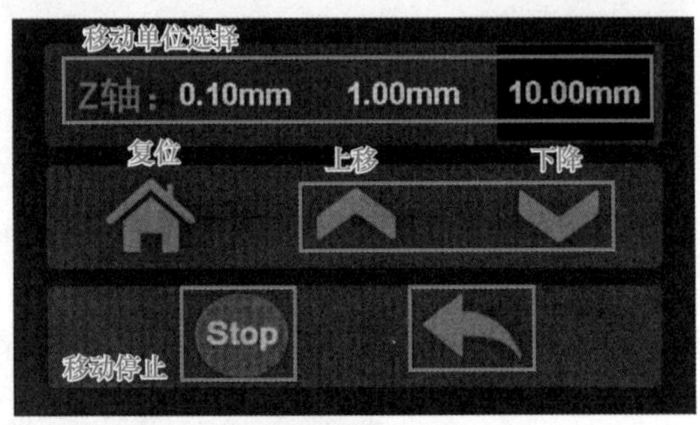

图 2-24 手动部分的主要功能

“系统”页面由系统信息、网络、售后服务、语言、触摸校正、返回六个部分组成，如图 2-25 所示。

系统信息：显示当前版本的操作系统信息。

网络：填写 IP 地址、密码等信息后，可以对设备进行网络连接，通过计算机进行简单的远程控制和文件传输。

图 2-25 “系统”页面

售后服务：显示售后服务信息。

语言：单击该按钮后进行中文和英文页面的切换，如图 2-26 所示。

触摸校正：单击屏幕操作时，响应位置不正确或者无法响应，可以使用该功能对触摸屏进行校正。屏幕上会显示红色十字，单击不同位置的十字，可以对触摸屏进行校正，如图 2-27 所示。

图 2-26 语言切换

图 2-27 触摸校正

“打印”页面中可以显示U盘内切片导出的 ctb 格式文件，选择对应文件后开始打印，如图 2-28 所示。

2. 打印

1）将 U 盘插入打印机。

2）在打印机操作屏幕上找到“打印”页面，选择需要打印的模型文件，如图 2-29 所示。

3）确认模型缩略图后，单击“开始打印”按钮，如图 2-30 所示。

图 2-28　选择 U 盘文件

图 2-29　选择打印模型文件

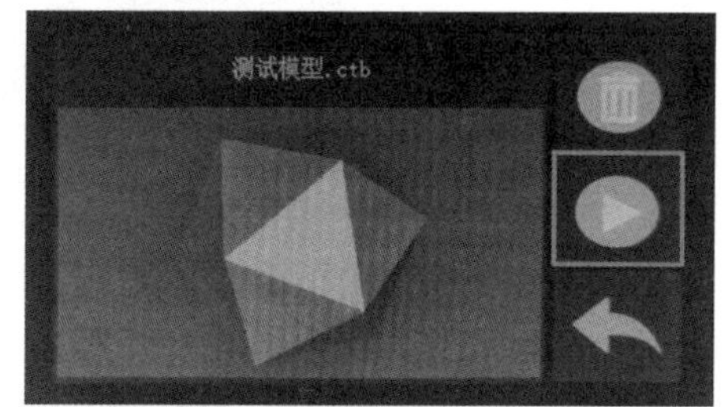

图 2-30　单击“开始打印”按钮

2.3　LCD 光固化切片软件及制件后处理

2.3.1　LCD 光固化切片软件

1. 认识主页面

切片软件主页面由菜单栏、工作区、左侧工具栏、视角立方、切片设置、支撑页面切换、文件列表七个部分组成，如图 2-31 所示。

工作区：操作模型的主要区域，将模型导入切片软件后，模型就会在工作区内呈现。工作区还显示了打印范围，这个范围可以在“切片设置”中根据设备的打印平台大小进行调整。

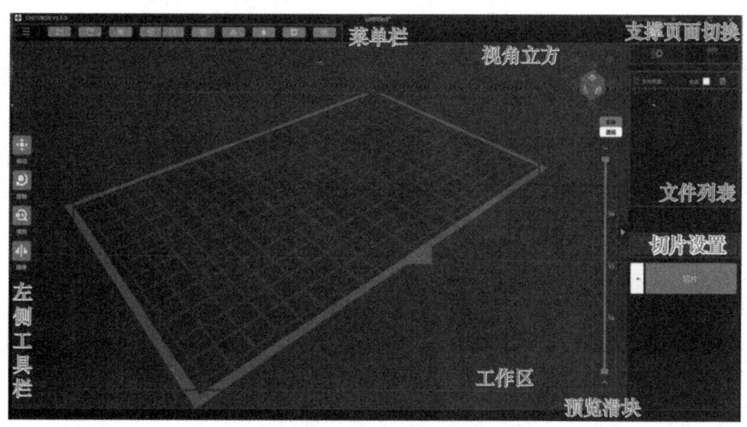

图 2-31　切片软件主页面

支撑页面切换：对当前页面和支撑添加页面进行切换。导入模型文件后，会在文件列表内显示文件信息。单击右下角的“切片”按钮，会对导入的模型进行切片，拖动右侧的“预览”滑块，通过观察不同层的切片结果，判断这个切片能否进行正常打印。

菜单栏包括打开文件、保存项目、屏幕截图和记录、撤销、重做、复制、自动布局、镂空、挖洞和修复十个部分，如图 2-32 所示。

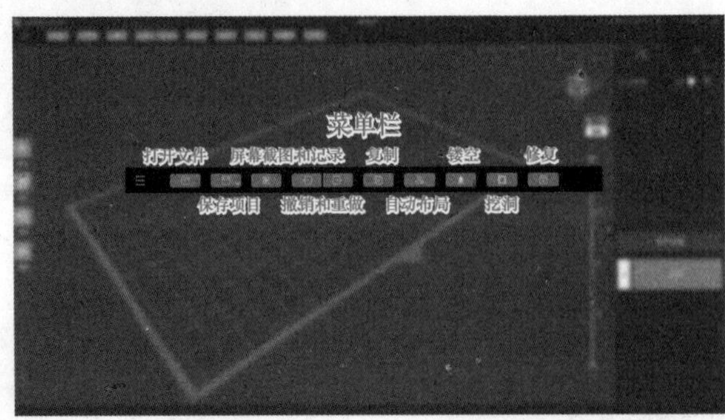

图 2-32　菜单栏

左侧工具栏包括移动、旋转、缩放、镜像四个部分，如图 2-33 所示。

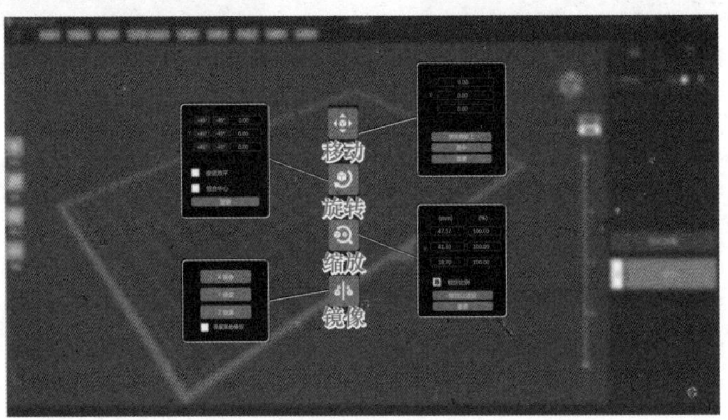

图 2-33　左侧工具栏

2. 切片软件设置

1）将设备与软件参数匹配，打开位于右侧的“切片设置”对话框，如图 2-34 所示。

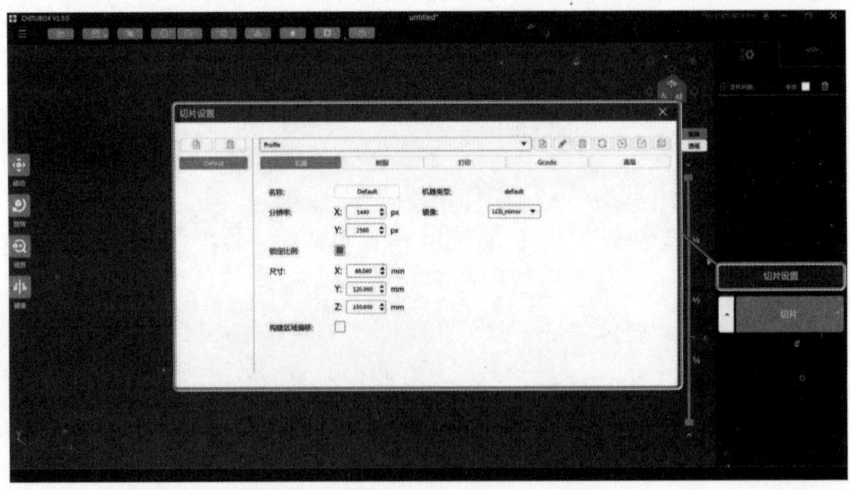

图 2-34　打开“切片设置”对话框

2）在“切片设置”对话框中导入 U 盘中的配置文件，如图 2-35 所示。

3）在列表框中找到配置文件，如图 2-36 所示。

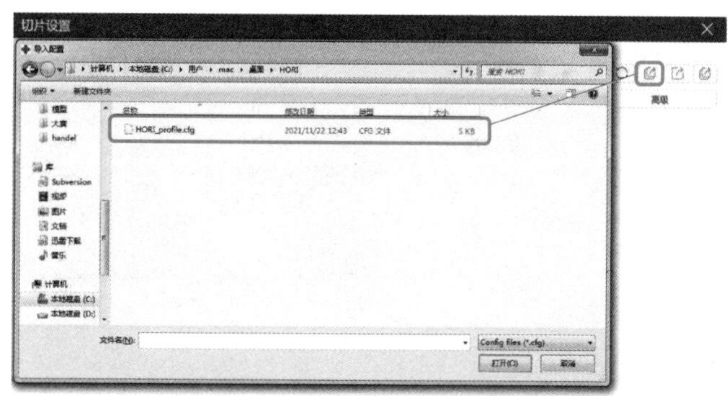

图 2-35　导入 U 盘中的配置文件

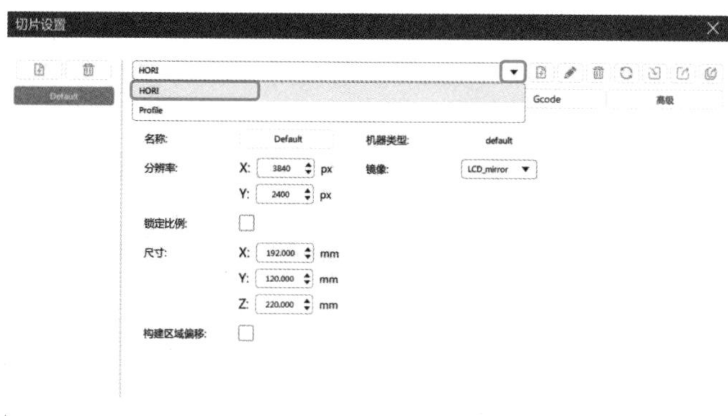

图 2-36　选择配置文件

4）单击左上角“打开文件”按钮，在弹出的对话框中选择 STL 格式文件，单击“打开”按钮，如图 2-37 所示。

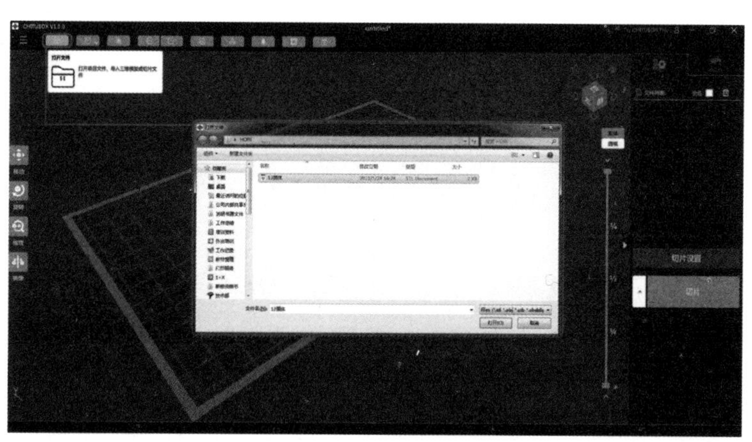

图 2-37　选择 STL 格式文件

5）文件导入成功后，旋转视角至模型底部，检查底部是否与打印平台有接触，以及侧面的倾斜角度是否需要添加支撑，如图 2-38 所示。检查确认无误后，单击页面右侧的“切片”按钮。

6）切片完成，会在右侧显示切片结果，移动滑块可以观察每层切片的图形，进一步检查切片文件，如图 2-39 所示。

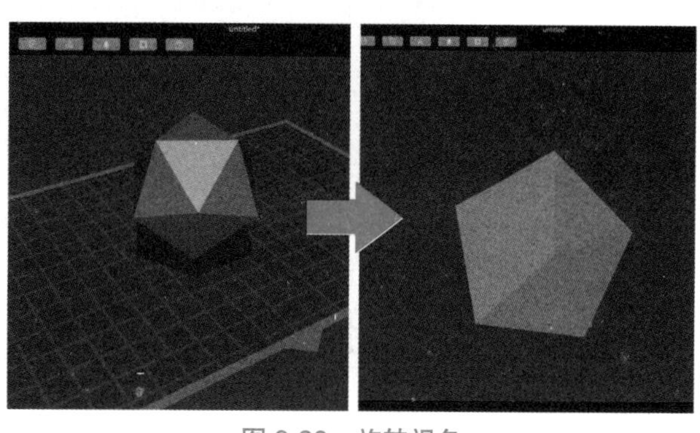

图 2-38　旋转视角

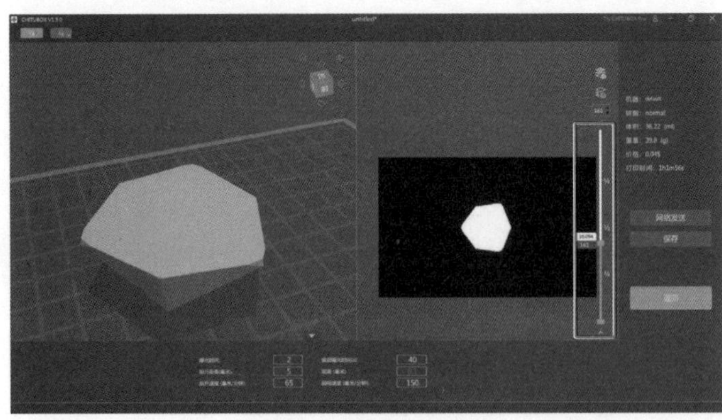

图 2-39　检查切片文件

7）确认无误后，单击右侧“保存”按钮导出后缀为“.ctb”的文件，如图 2-40 所示。

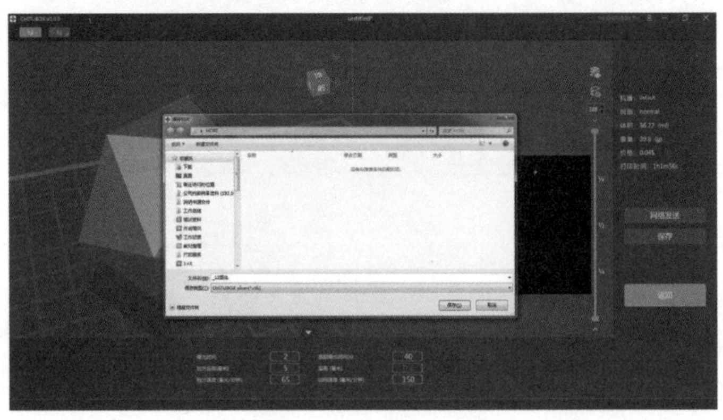

图 2-40　保存文件

8）文件导出成功，复制到 U 盘中，如图 2-41 所示。

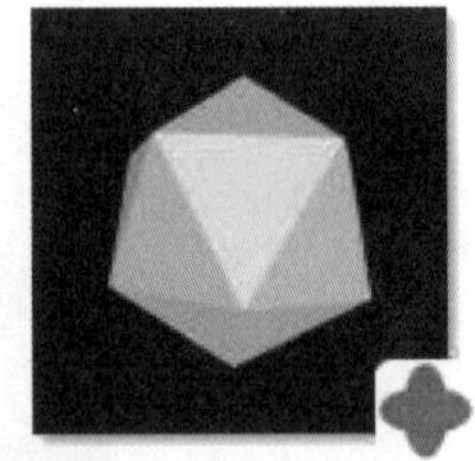

图 2-41　复制文件至 U 盘

2.3.2　添加模型支撑

对于需要添加支撑的模型，可以在软件的右侧切换为“支撑添加”页面，如图 2-42 所示。

在“支撑添加”页面中可以分别设置顶部、中部、底部不同部分的支撑参数，也可以单击下方的“+ 所有”按钮，自动添加各个部分的支撑，如图 2-43 所示。

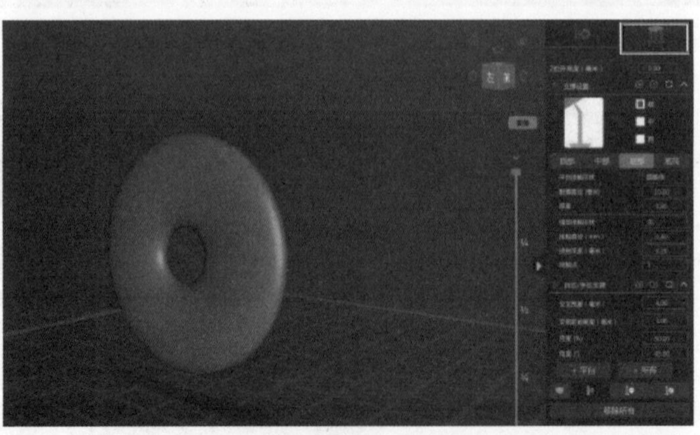

图 2-42　添加支撑

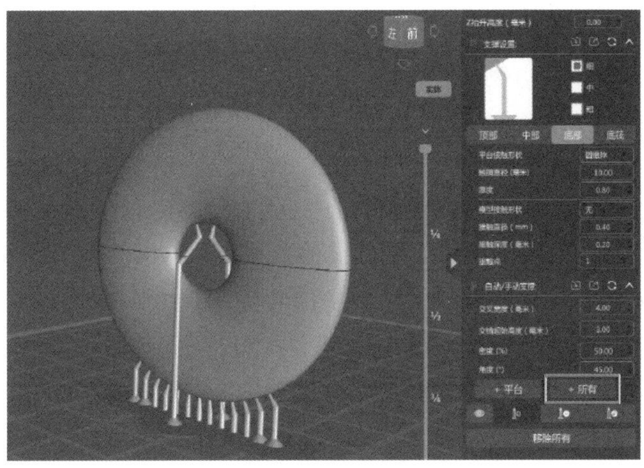

图 2-43　支撑添加页面

如果认为自动添加的支撑存在问题，也可以切换为手动添加，对已经生成部分支撑的模型进行补充添加，如图 2-44 所示。

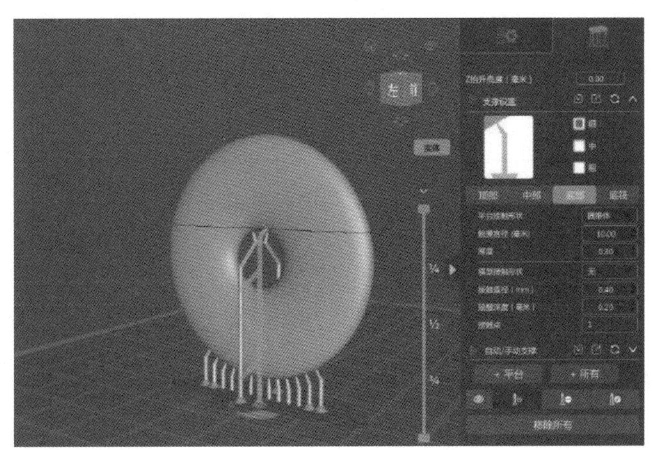

图 2-44　手动添加支撑

添加完支撑后切换为“切片”页面，进行切片导出即可，如图 2-45 所示。

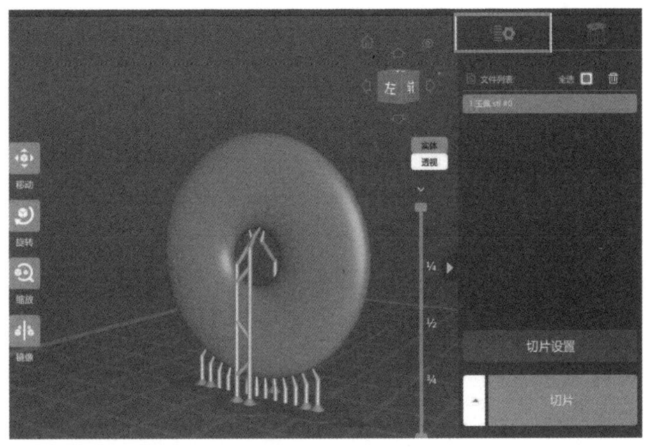

图 2-45　切片导出

LCD 光固化增材制造设备操作页面中，在“打印”页面可以显示 U 盘内适合切片导出 ctb 格式文件，选择对应文件后可以开始打印。切片软件主页面由菜单栏、工作区、左侧工具栏、视角立方、切片设置、支撑页面切换、文件列表七个部分组成。模型文件切片完成，会在右侧显示切片结果，移动滑块可以观察每层切片的图形，进一步检查切片文件。

2.3.3 LCD 光固化增材制造制件后处理工具

1. 超声波清洗机

使用光敏树脂材料打印而成的工件，表面往往黏附大量的液态树脂，如果直接晾干或者是二次固化，很容易导致表面的细节结构被残余的树脂覆盖住，影响模型的最终效果或者装配结果。这个时候就可以使用超声波清洗机，如图 2-46 所示，利用超声波把表面黏附的多余树脂清洗掉。超声波清洗机中一般会放置酒精，对于水洗树脂来说也可以放些清水和一点洗洁精。

如果打印的工件尺寸较大，无法放置在超声波清洗机中，也可以使用传统的软毛刷配合针管的方式对工件进行清洗。

2. UV 固化箱

用超声波清洗机洗完工件后，等待工件表面的酒精或者清水彻底晾干。这时如果用手触摸模型表面，会发现表面还处于未完全固化的状态，这时可以将模型放置在阳光下，利用自然界中的紫外光对其表面进行二次固化。如果没有那么多的时间等待其自然固化，就可以使用 UV 固化箱，通过人工的方式对工件的表面进行二次固化，保证工件的强度和表面效果，如图 2-47 所示。

图 2-46 超声波清洗机

图 2-47 UV 固化箱

3. 其他工具

除了上面两种 LCD 光固化工艺 3D 打印机专用的工具外，还有一些通用的小工具，如砂纸、锉刀、打磨笔、偏口钳等，对于需要后期上色的模型，除了可以使用之前讲过的手涂、自喷漆之外，还可以使用喷笔进行上色，如图 2-48 所示。

喷笔是使用压缩空气将模型漆喷出的一种工具。利用喷笔上色可节省大量时间，涂料也能均匀地涂在模型表面上，还能喷出漂亮的迷彩及旧化效果，适用于小型和精细模型的上色，例如手办、创客模型等。

喷笔在使用时有很多需要注意的地方，由于喷笔溶剂挥发性强，液滴微粒在空气中长期悬浮，对人体的呼吸道、眼部黏膜及皮肤刺激损伤较大，操作时要佩戴防毒面具和乳胶手套；喷笔要在通风环境中使用，调漆的瓶罐需在通风、无阳光照射处保存；喷笔所接气泵，不使用时及时关闭；使用喷笔时不要穿易产生静电的衣物，防止引发爆炸。

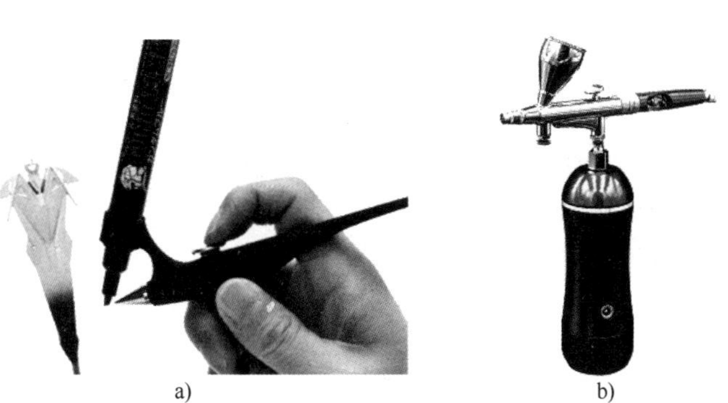

图 2-48　喷笔

2.3.4　LCD 光固化增材制造制件后处理

1. 装配

采用 3D 打印方式生产、制作出的产品，从类型上来看主要分为两种：一种是独立个体的单个产品，这种类型的产品无须组装，制作完成后就可以单独使用；另一种产品则是由若干个零部件组成的，按照技术要求，将若干个零件接合成部件或将若干个零件和部件接合成产品，组装的过程称为装配。这些零件和部件统称为组装件或装配件。

采用 3D 打印方式制作的装配件，按照技术要求进行建模、打印即可。如果没有技术要求，就要在建模的阶段考虑最终产品的装配和黏结方式。一般会根据产品的最终使用性能要求、产品结构、外观效果等因素，选择合适的装配和黏结方式。

（1）平面黏结　最基本的装配和黏结方式就是平面黏结，在产品需要拆分成零件的位置直接切开，如图 2-49 所示。切开的截面是平面，无其他的辅助装配结构，不需要考虑后续的装配方法和装配公差等问题，直接使用强力胶进行黏结。

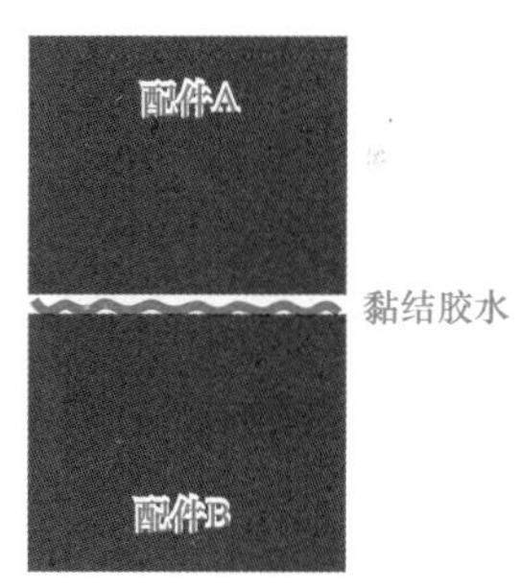

图 2-49　平面黏结

这种黏结方法的优点是操作简单，完成产品的建模后，直接进行拆分即可。黏结方法也无任何特殊要求，将两个形状相同、位置合理的装配件直接进行黏结即可。

过于简单的拆分导致了这一方式也存在着很多的问题：

1）拆分方式过于简单粗暴，在黏结时对两个黏结面的位置匹配度有很高的要求，一旦黏结位置没有对齐，就会导致装配位置错位，相互黏结的这两个配件就需要重新打印装配。

2）对黏结所使用的胶水有很高的要求，因为产品装配件之间没有其他的固定方式，完全依靠胶水的黏结，由于胶水会老化，长时间使用后，产品装配件黏结处容易出现开裂的情况。

3）黏结处的接触面积小，产品的黏结面积只局限于切割开的两个平面，当黏结所使用的胶水彻底凝固后，较小的黏结面会导致产品在碰撞时易出现断裂的情况。

（2）拼插结构黏结　拼插结构的黏结方式是在平面黏结的基础上改进而来的，有着更好的黏结效果和更高的强度，在对两个装配件进行连接时也更容易操作，是现在使用频率最高的一种装配方式，如图 2-50 所示。

拼插结构黏结主要有两种方式，不论采用哪种方式都需要在前期建模过程中做好准备工作。第一种是以平面黏结的模型为基础，在模型切开的平面处增加一个凸出的方形或者圆柱形结构，相对的在另外一个接触面开槽，保证两者形状一致，大小不同。需要注意的是，开出的槽和凸出的结构之间要留好足够的公差，以免在后期装配、黏结时无法完成装配。

公差是允许轴或孔尺寸的变动量，表示尺寸允许的变动范围。装配公差又称配合公差，是轴和孔配合之后间隙允许的变动范围，是指组成配合的孔、轴公差之和，它是允许间隙或过盈配合的变动量。孔和轴配合公差的大小表示孔和轴的配合精度。这个值根据加工产品的设备不同也有着不同的要求，传统的机械加工精度较高，装配公差值较小。3D 打印的产品装配精度相对一般，装配公差的数值较大，一般装配公差范围为 ±0.1~±0.6mm，具体公差的选择还要根据不同的设备、调试程度的不同以及模型的结构进行选择。

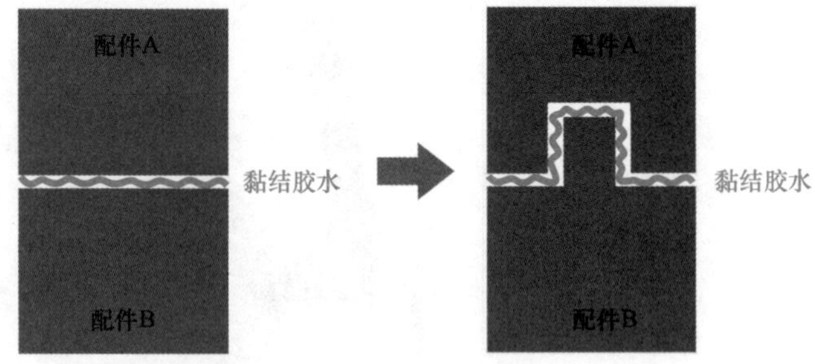

图 2-50　拼插结构黏结

第二种方式是直接在模型切开的平面增加两个凹槽，额外准备强度较大的木质或者金属等材质的辅助黏结填充物，如图 2-51 所示。这种方式需要根据辅助黏结填充物的尺寸反向去推算凹槽的尺寸。绝大多数的填充物都是可以购买到的标准件，可以根据标准件的尺寸加上公差计算出凹槽的尺寸。至于选择哪种类型的填充物，就要根据实际需求来决定。

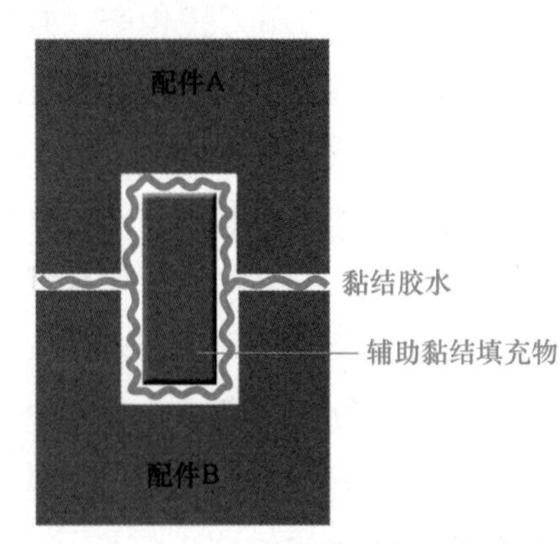

图 2-51　两个凹槽的拼插结构黏结

拼插结构黏结主要有以下优点：

1）黏结面积更大，相对来说强度更大，特别是增加辅助黏结填充物的黏结方式，配合使用高强度胶水，连接处的整体强度都会增大。

2）相对于平面黏结，两个装配件的装配位置更容易对齐。

这种方式的主要问题存在于以下几个方面：

1）第一种拼插结构的黏结从强度上来看，虽然比平面黏结强度要大，但是在长时间使用后胶水会老化，需要完全依靠凸出的圆柱或者方柱来进行强度支撑，凸出的柱状结构断裂后，产品的两个装配部分也会随之断裂开。

2）第二种拼插结构的黏结强度几乎完全取决于中间的辅助黏结填充物，填充物的强度大，产品装配连接部分的强度也会随之增大。这就导致该方式对辅助黏结填充物有很高的要求。

（3）球头黏结　球头黏结主要是针对有特定角度需求或者是圆柱形结构的装配件，如图 2-52 所示。圆柱形结构的两个装配件之间不存在明显的特征差别，如果对于装配时的角度没有要求，使用球头黏结的方式就会更加方便。相对于平面黏结，球头黏结有效增大了装配平面的接触面积，同时避免了拼插结构黏结长时间使用后因受力问题导致的方柱或者圆柱底端出现断裂的情况。

球头黏结的制作方式比较简单，在完成平面黏结的切割后，在一个切割面上做一个半球形状的凸起结构，该结构的尺寸加上公差数值就是另一个切割面上所需要制作凹槽的尺寸，根据这个尺寸制作出该凹槽，将这两个装配件进行组装后，使用强力胶水进行固定

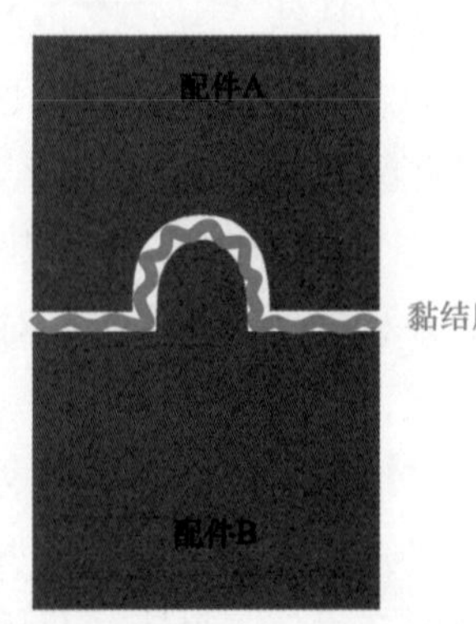

图 2-52　球头黏结

和黏结。

2. 榫卯结构装配

榫卯是古代中国建筑、家具及其他器械的主要结构方式，是在两个构件上采用凹凸部位相结合的一种连接方式。凸出部分称为榫，凹进部分称为卯。其特点是在物件上不使用钉子，利用榫卯结构加固物件。3D 打印的榫卯结构装配就是从古代的榫卯结构上改进而来的，体现出中国传统高深的智慧。

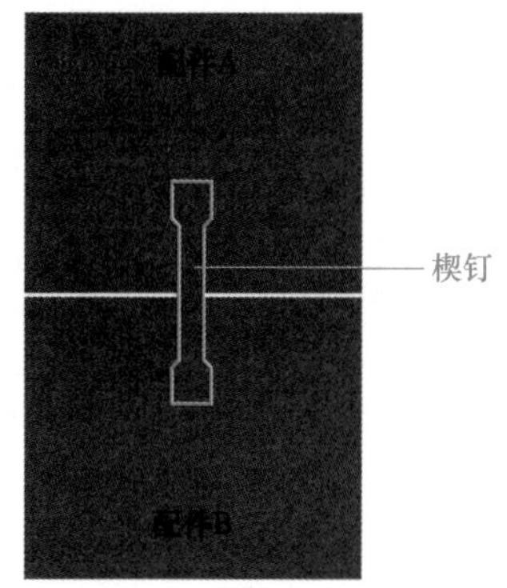

图 2-53 榫卯结构装配

如图 2-53 所示，首先选择一款适合产品装配结构的榫卯，设计建模、打印出连接装配件的楔钉，在完成平面黏结的切割后，在两者的中间位置开出一个楔钉形状的凹槽，将装配件打印完成后，使用木锤或者橡胶锤将楔钉钉入凹槽内。这里要注意的是，榫卯结构装配的前提是装配件之间合理的紧配合，只有较小的公差才能保证楔钉的完美嵌入，过松或者过紧都无法保证榫卯结构的稳定。

在选择榫卯结构时要根据装配件模型的结构具体分析。榫卯结构的种类有很多，一类主要是面与面的接合，也可以是两条边的拼合，还可以是面与边的交接组合，如槽口榫、燕尾榫、穿带榫、扎榫等。另一类是作为“点”的结构方法，主要用作横竖材料丁字结合，成角结合，交叉结合，以及平直材料和弧形材料的伸延结合，如格肩榫、双榫、双夹榫、勾挂榫、锲钉榫、半榫、通榫等。还有一类是将三个构件组合一起并相互连接的构造方法，这种方法除运用以上的一些榫卯联合结构外，都是一些更为复杂和特殊的做法，常见的有托角榫、长短榫、抱肩榫、粽角榫等。

榫卯结构装配有以下优点：

1）不需要额外使用胶水进行固定黏结。

2）不会因为胶水的老化导致两个装配件之间松动。

3）楔钉和装配件都采用同一材质以 3D 打印方式制作而成，装配时又是紧配合，整体的强度大、稳定性强。

榫卯结构装配存在以下问题：

1）榫卯结构装配建模较为复杂，对于建模的技术、经验有较高的要求。

2）使用榫卯结构装配时，需要精确计算楔钉和装配件之间的公差，不然很难达到完美装配的效果。

不论是平面黏结，还是拼插结构黏结、球头黏结、榫卯结构装配，都各自存在不同的优缺点，在使用时需要根据产品的结构、性能、特性等因素综合分析，经过测试验证后，方可确定适合的装配和黏结方式。

2.4 SLA 立体光固化增材制造工艺

2.4.1 SLA 立体光固化增材制造技术的基本概念

立体光固化（Stereolithography Apparatus，SLA）成形工艺，又称立体光刻成形，属于增材制造成形技术中的一种，是最早发展起来且技术最成熟的快速成形技术之一。该工艺使用的耗材是光敏树脂，将特定波长与强度的紫外光聚焦到液态光敏树脂的液面，在树脂液面上从点到线、从线到面地逐步固化，每打印完一面，打印平台会下降一个面的高度，开始下一层的打印工作，这样通过平台逐渐降低，三维物体就逐渐被打印出来。

SLA 工艺的打印效果，除了受 3D 打印机的影响，还受光敏树脂材料性能的影响，用于立体光固化打印的材料必须具有合适的黏度，固化后还需要具备一定的强度，并且在固化时和固化后产生的收缩变形率要尽可能的低。最后，为了高速、精细地完成制件工作，所使用的材料也必须对紫外激光的反应较敏感，需要在较低的紫外激光强度照射下完全固化。

SLA 工艺成形原理如图 2-54 所示，在计算机软件中将三维模型划分为一层一层的截面数据，导入到 3D 打印机之后，液槽中会先盛满液态的光敏树脂，氦 - 镉激光器或氩离子激光器发射出的紫外激光束在计算机的控制下按工件的分层截面数据在液态的光敏树脂表面进行逐行逐点扫描，这使扫描区域的树脂薄层产生聚合反应，最终固化形成工件的一个薄层。当完成了这一层的固化操作后，打印平台沿着 Z 轴下降一个层的厚度，由于液体的流动特性，打印材料会在原先固化好的树脂表面自动再形成一层新的液态树脂，照射的紫外激光继续进行下一层的固化操作，新固化的部分牢固地黏合在上一层固化好的工件上，循环往复地进行照射下沉的操作，直到整个工件被打印完成。在打印完成后，将打印件从树脂中取出，并把多余的树脂清理干净，将多余的支撑结构清除掉，在紫外光环境下进行二次固化，最后通过电镀、喷漆或者着色等其他处理得到最终的产品。

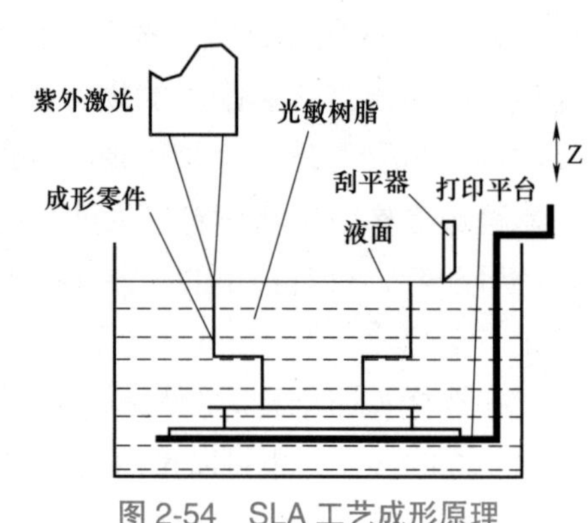

图 2-54　SLA 工艺成形原理

值得注意的是，因为一些光敏树脂材料的黏性非常高，使得在每层照射固化之后，液面都很难在短时间内迅速的流平，这样会对打印产品的精度造成影响。因此，大部分 SLA 工艺设备都配有刮刀部件，每次下降后都通过刮刀进行刮平操作，可以将树脂十分均匀地涂抹在下一层叠层上，这样经过光照固化后，最终打印产品的表面才能更加光滑、平整。

2.4.2　SLA 立体光固化增材制造技术的发展历史及现状

SLA 立体光固化增材制造技术最早由美国的 Chuck Hull 在 1983 年发明。这是人类历史上第一次制作出的快速成形设备，Chuck Hull 也是第一个找到将计算机辅助设计与快速成形系统建立联系方法的人，在他的努力下，计算机辅助设计软件制作出的三维模型在计算机中模拟拆分成几十甚至上百个薄片，每个片层通过 3D 打印机重新在现实中进行构建。

随着学院和企业对增材制造技术的不断推进，现在的 SLA 工艺 3D 打印机更加成熟、稳定。越来越多行业意识到增材制造产业的丰厚利润和市场前景，逐步加入到增材制造产业中，使得市场发展更加迅速。在这近 40 年间，许多新型的增材制造技术被创造出来，既有从未出现过的全新技术，也有在传统 SLA 工艺基础上升级的技术。同时，增材制造所使用的耗材也在快速的发展，种类更加丰富，性能更加优良。

随着科技的发展，增材制造出的原型和零件已经可以用于各种环境中，日益发展的增材制造产业也已经融入现有的工业体系中并将继续深入。

2.4.3　材料的选用及特性

SLA 工艺所使用的耗材是光敏树脂，如图 2-55 所示。光敏树脂俗称紫外线固化无影胶，又称 UV 树脂，主要是由聚合物单体与预聚体组成，还加有光引发剂。在一定波长的紫外光照射下会立刻引起聚合反应，完成固化反应。

图 2-55　SLA 工艺

光敏树脂一般是以液态方式来进行保存的，常用于制作高强度、耐高温、防水的材料，随着 SLA 工艺的发展，该材料开始应用于增材制造领域。由于通过紫外光照射便可固化，可以通过激光器成形，也可以通过投影方式直接以层为单位成形，因此采用光敏树脂作为原材料的 3D 打印机，普遍具备成形速度快、打印时间短的优点。

但光敏树脂对打印的工艺过程要求较高，在进行 3D 打印时，需要确保每一层铺设的树脂厚度完全一致。当光照射经聚合反应的深度小于层厚时，层与层之间将黏合不紧，甚至会发生分层脱落的情况；但如果光照射经聚合反应的深度大于层厚，将引起过度固化，从而产生较大的残余应力，引起翘曲变形，影响最终打印成形的精度。在扫描照射面积相等的情况下，待固化层越厚则需固化的体积越大，聚合反应产生的层间应力就越大，使得照射后的层厚难以控制。为了减小层间应力的影响，需尽可能地减小单层固化的厚度，以减小单次固化的体积。不过即使控制得非常精确，经过照射固化后的光敏树脂还是难以完全固化，往往需要对表面进行二次固化的加固处理。

由于材料本身的特性，固化的树脂硬度普遍偏低，整体质感较脆、容易断裂，性能往往不及常用的工业塑料。另外，日常保存环境也有更加严苛的要求，需要避光保护，才能防止遇到环境中的紫外光提前发生聚合反应。并且液态树脂有异味和毒性，在打印时最好能在隔离、独立的环境下进行，打印完成的物品也基本只能是本色材质，选择比较单一。

随着技术的发展和材料科学的进步，传统光固化 3D 打印使用的树脂材料也发生了变革，通过新材料研发的突破，市面上已经出现了具备高性能的光敏树脂，如弹性树脂、高强度树脂、ABS 树脂、透明树脂等。

2.4.4　SLA 立体光固化增材制造工艺的特点

1. SLA 增材制造工艺的优点

1）SLA 工艺出现的时间早，经过多年发展，技术成熟度高。

2）系统工作稳定。设备一旦开始工作，构建零件的全过程完全自动运行，无须专人看管，直到整个工艺过程结束。

3）打印速度快，光固化的过程短，无须额外的切削。

4）尺寸精度较高，可确保工件的尺寸精度在 0.1mm 以内。

5）表面质量较好，工件的最上层表面很光滑，侧面可能有台阶不平及不同层面间的曲面不平。

6）由于系统分辨率较高，所以能构建复杂结构的工件。

2. SLA 增材制造工艺的缺点

1）SLA 工艺设备普遍造价高昂，氦 - 镉激光管的寿命仅为 3000h，使用成本和维护成本很高。

2）随着时间推移，树脂会吸收空气中的水分，导致软薄部分发生弯曲和卷翘。

3）可选择的材料种类有限，必须是光敏树脂。由这类树脂制成的工件在大多数情况下都不能进行耐久性和热性能试验，且光敏树脂对环境有污染，使皮肤过敏。

4）需要设计工件的支撑结构，以便确保在成形过程中制作的每一个结构部位都能可靠定位。

5）因树脂本身具有微毒性，故对使用环境有要求。

2.4.5 SLA 后处理工艺流程及规范

1. 模型拆取、清洗

从 3D 打印机托盘上用铲刀将模型和支撑整体取出，放入托盘容器。因为大部分 SLA 工艺 3D 打印机打印完成的模型都是完全浸泡在液态树脂原材料中的，所以当打印的模型从打印机取出来时，模型被未固化的树脂完全覆盖，必须将其冲洗干净，才可以进行后处理。

清洗过程可以使用超声波清洗机，这是一种简单高效的方法。在超声波清洗机中加入异丙醇，确保完全覆盖模型即可。启动清洗机，经过几分钟的超声波清洗就能将模型表面的树脂完全去除干净。再将取出的模型烘干，就能得到光滑、干净的模型。

2. 支撑拆除

在模型打印过程中有一些悬空位置需要打印支撑结构，接下来这一步就是去除这些支撑结构。如果不是很在意模型表面的光洁度和完整度，用手直接拆掉支撑结构是最快、最方便的方式。如果需要很好的表面完整度，最好使用锋利的斜口钳或者刻刀小心地去除支撑结构。不论采用哪种方式，都会在打印件上留下小凸点，可以使用砂纸将其打磨平滑。

3. 后期固化

去除支撑结构后的模型还没有达到表面最坚硬的状态，需要放入固化箱内进行二次固化，固化时间为 10~15min，单面固化完成后，将模型翻转再次固化 10~15min。

4. 打磨处理

固化后的模型硬度得到很大提升，在去除支撑的位置容易留下未拆除干净的凸点，将其打磨掉，就完成了 SLA 工艺制件工作。如果对打印的模型进行上色、电镀或者喷漆等处理，那就要对打印的模型进行精细的抛光打磨，打磨完成的模型看起来不能有任何层纹，整体会更加完美。打磨时砂纸需要沾水打磨，这样打磨的模型光洁度更高，效率更快。

2.5 案例：电话机听筒应用 LCD 工艺制件

模型文件切片

1. 模型的导入、摆放及支撑添加

1）启动切片软件后，将需要进行切片的模型文件导入软件中，如图 2-56 所示。

2）考虑打印时间，需要尽可能地减少模型在 Z 轴方向的尺寸，可以通过“旋转”功能，将模型调整至图 2-57 中所示的角度。

3）单击按钮切换到右侧的“支撑添加”页面，对支撑进行设置，如图 2-58 所示。

4）如图 2-59 所示，先将要添加的“支撑设置”调整为“中”，将“平台接触形状”设置为“圆柱体”，单击“+ 所有”按钮对模型进行支撑添加。

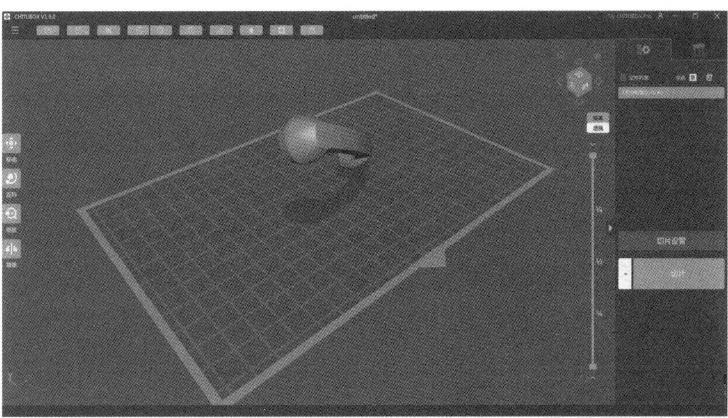

图 2-56　导入模型

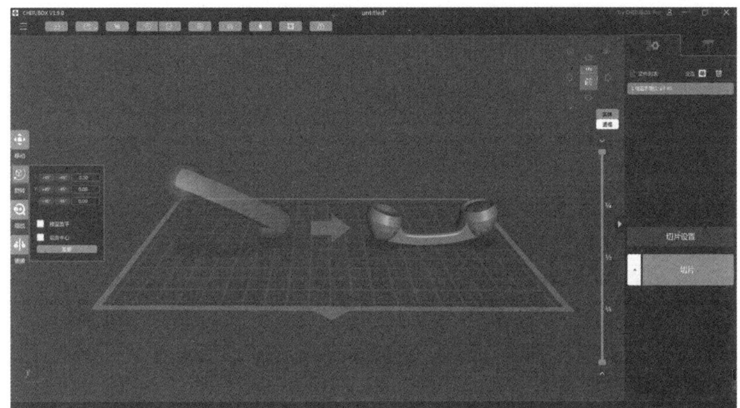

图 2-57　旋转模型

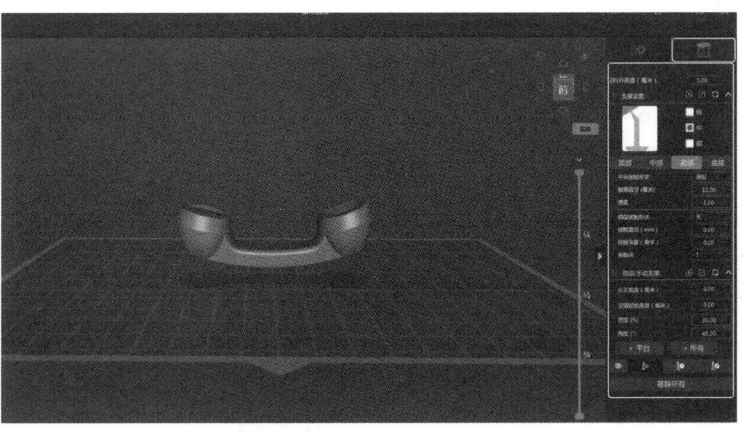

图 2-58　支撑设置页面

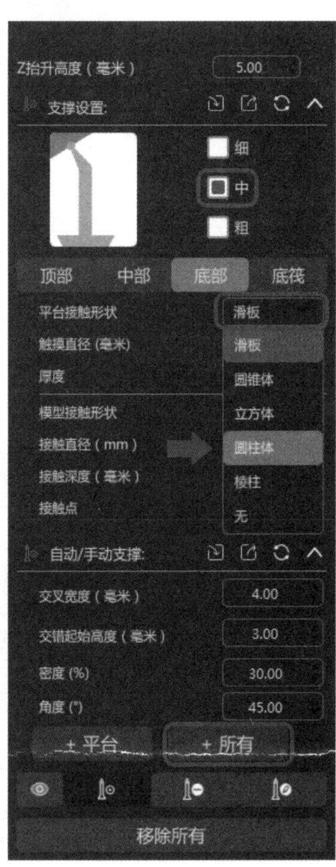

图 2-59　设置支撑

5）旋转视角，观察添加完成支撑的模型，如图 2-60 所示。

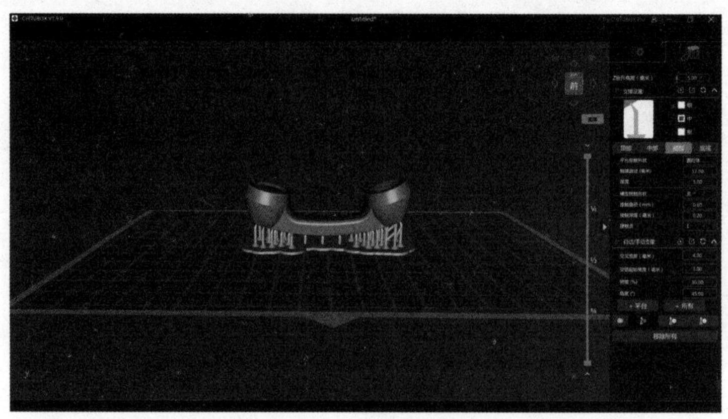

图 2-60　最终的支撑

6）对自动添加的支撑效果如果不满意，可以手动增加或减少支撑。如图 2-61 所示，单击“手动添加支撑”按钮，旋转至底部视角，对于支撑数量不够的位置，可手动进行添加。

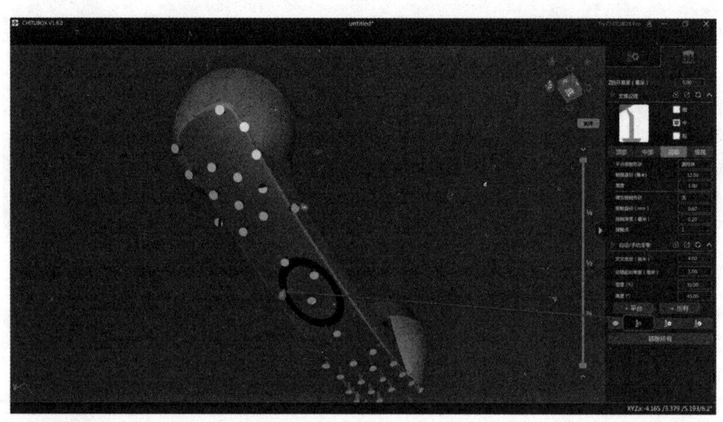

图 2-61　手动添加支撑

7）支撑添加完成后，切换回“切片”页面。

2. 切片参数的设置及文件导出

1）单击“切片设置”按钮，从打印效率出发，将“层厚”设置为 0.1mm，将“曝光时间”设置为 2s，如图 2-62 所示。

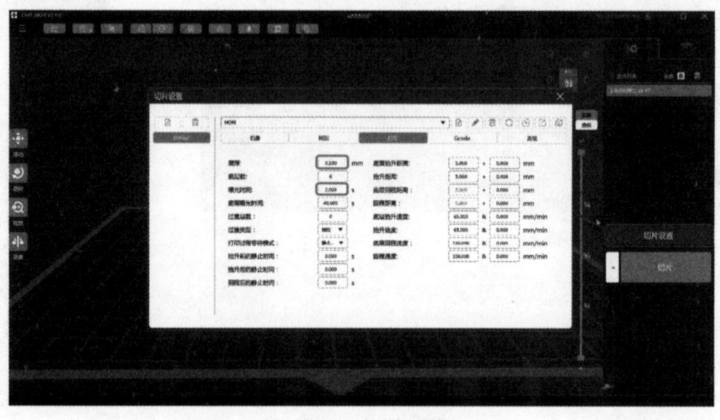

图 2-62　切片设置

2）为了进一步提高打印模型的圆滑程度，可以把“高级”选项卡中的“抗锯齿”和“图像模糊”功能打开，其中“抗锯齿级别”设置为“4”，“灰度级别”设置为“4”，“图像模糊像素”设置为“2”，如图 2-63 所示。

图 2-63　切片设置

3）参数设置完成后，单击右侧“切片”按钮，如图 2-64 所示。

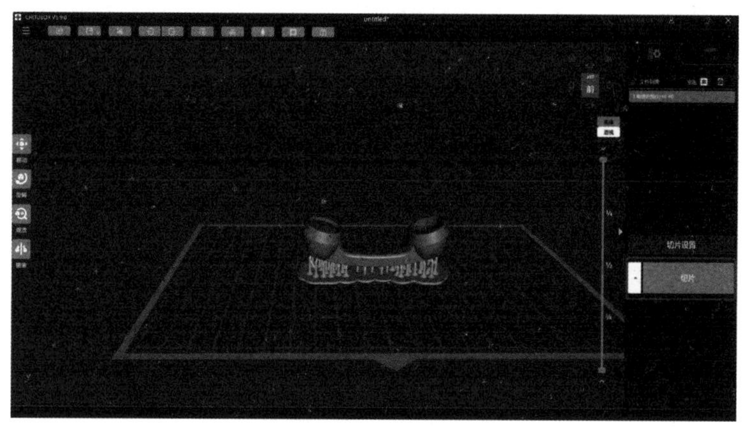

图 2-64　开始切片

4）上下移动滑块，逐层检查切片结果，检查无误后，单击右侧“保存”按钮，如图 2-65 所示。

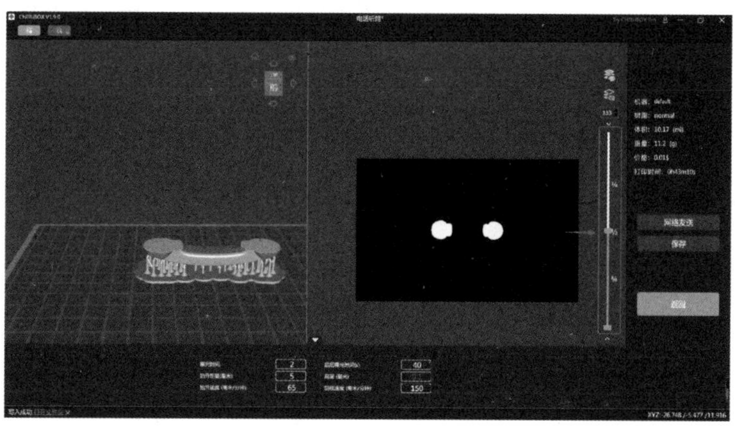

图 2-65　检查切片结果

5）将最终保存的文件复制到U盘中，如图2-66所示。

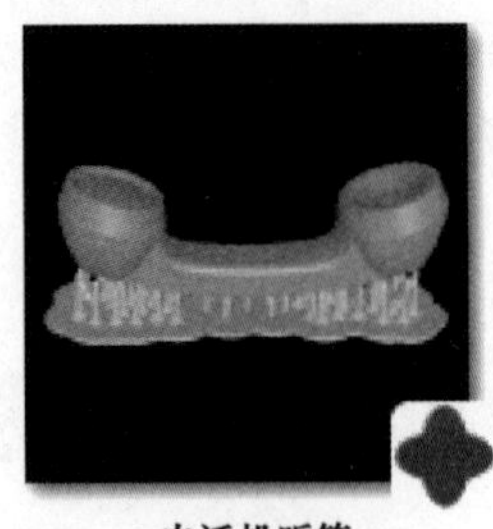

图 2-66 保存文件

使用超声波清洗机，利用超声波把模型表面黏附的多余树脂清洗掉。使用UV固化箱，通过人工的方式，对工件的表面进行二次固化，保证零部件的强度和表面效果。如果没有技术要求，就要在建模的阶段考虑最终产品的装配和黏结方式。一般会根据产品的最终使用的性能要求、产品结构、外观效果等因素，选择合适的装配和黏结方式。SLA工艺设备中氦-镉激光器或氩离子激光器发射出的紫外激光束在计算机的控制下按工件的分层截面数据在液态的光敏树脂表面进行逐行逐点扫描。

课后练习与思考

1. 相对于其他的光固化技术，LCD工艺的优势是什么？
2. LCD工艺3D打印机主要由哪些部件构成？
3. 根据学到的内容，对LCD光固化增材制造设备进行平台调平。
4. LCD光固化增材制造设备操作屏幕中急停按钮的作用是什么？
5. 操作LCD光固化增材制造设备进行打印的步骤是什么？
6. 在切片软件中，支撑页面切换的主要作用是什么？
7. LCD光固化增材制造制件后处理工具有哪些？
8. 制件后处理中的黏结方式有哪些？
9. SLA工艺设备内部配备刮刀的主要作用是什么？

第 3 章　激光选区熔融（SLM）增材制造技术

【学习目标】

知识目标：（1）掌握激光选区熔融（SLM）增材制造技术的基本概念。
（2）掌握激光选区熔融（SLM）增材制造工艺。
（3）掌握激光选区熔融（SLM）增材制造后处理工艺流程。
技能目标：（1）能够掌握激光选区熔融（SLM）增材制造设备基本原理与结构。
（2）熟悉激光选区熔融（SLM）工艺制件流程。
（3）掌握 IGAM-I 3D 打印机的操作方法。
（4）能正确使用 IGAM 模型处理与控制软件。
（5）能操作 IGAM-I 3D 打印机并完成模型打印。
（6）掌握激光选区熔融（SLM）增材制造后处理工艺。
素养目标：（1）具有学习能力和分析问题、解决问题的能力。
（2）具有认真、细心的学习态度和精益求精的工匠精神。

【考核要求】

通过学习本章内容，能够系统地了解 SLM 技术和工艺，掌握三维建模与结构优化、增材制造设备参数设置及调整、SLM 设备的操作方法、影响零件成形效果的因素 / 过程监控、增材制造设备应用维护、增材制造设备装调及后处理等工作流程。

3.1　激光选区熔融（SLM）增材制造技术基本概念

激光选区熔融技术以激光作为能量源，按照三维数字模型切片模型中规划好的路径在金属粉末床层进行逐层扫描，扫描过的金属粉末通过熔化、凝固从而达到冶金结合的效果，最终获得金属零件。

随着增材制造技术的不断发展和材料科学与工业生产结合的日益深入，目前汽车、医疗和航空航天等领域都广泛应用增材制造技术。其中 SLM 工艺因其综合性能强、材料利用率高、节约生产成本、能够制造具有复杂形状和结构的零件等优点逐渐进入人们的视野。但是由于对 SLM 工艺的研究仍然处于不是特别成熟的阶段，需要开发者具备专业的知识，对从业者要求很高。同时，目前 SLM 工艺由于受设备的限制，对大型零件的生产加工较为困难。

3.2 SLM 工艺发展历史及现状

SLM 工艺是在选区激光烧结（Selective Laser Sintering，SLS）增材制造技术上发展起来的一种激光增材制造技术。1989 年，美国德克萨斯大学奥斯汀分校的 Deckard 提出选区激光烧结的概念。1995 年，德国弗劳恩霍夫激光技术研究所（ILT）的 Dr.Wil-helm Meiners 等在金属粉末选择性烧结基础上提出了激光选区熔融成形技术，即 SLM 技术。随后在 1999 年 Meiners 与德国的 Fockle 和 Schwarze 一起研发了第一台基于不锈钢粉末的 SLM 设备。

德国、英国和美国等是研发 SLM 设备最成熟，体系最完善也是设备最先进的国家。其中德国是世界上研究 SLM 设备及技术最早，也是研究最深入的国家。目前，国内外对 SLM 工艺的研究主要聚焦于SLM设备的制造和SLM技术的研发两方面。早期采用SLM工艺制造的零件质量差、精度低，随着光纤激光器的成熟并引入到 SLM 设备中，其零件质量才有所改善。2003 年，英国 MCP（Mining and Chemical Products Limited）集团管辖的德国 MCP-HEK 分公司 Realizer 推出世界上第一台应用光纤激光器的 SLM 设备。此后，该公司又研发了 SLM-100 和最新的第三代 SLM-250 设备。其他设备制造商也纷纷推出不同名称的 SLM 设备。德国 EOS GmbH 公司现在已经成为全球最大同时也是技术领先的激光粉末烧结增材制造系统的制造商。美国的 PHENIX、德国的 Concept Laser 公司及日本的 TRUMPF 公司等的 SLM 设备均已商业化。国外还有很多高校及科研机构进行 SLM 设备的自主研发，如比利时鲁汶大学、日本大阪大学等。

国产的 SLM 设备在整体性能方面与国外相当，但是在设备稳定性方面与国外相比仍有一些差距。目前国内 SLM 设备生产企业有华中科技大学、北京航空制造研究所、西北工业大学和华南理工大学。华中科技大学于 2003 年自主研发了采用半导体泵浦 150W YAG 激光器和采用 100W 光纤激光器的 SLM 设备。各科研单位已形成完整的生产体系，生产的 SLM 设备采用 100~400W 光纤激光器和高速振镜扫描系统，设备成形台面均为 250mm × 250mm，最小层厚可达 0.02mm，可成形近全致密的金属零件。

3.3 SLM 工艺金属制件的应用

SLM 工艺是目前应用广泛的一种金属增材制造工艺。与传统工艺相比，采用 SLM 工艺生产出的零件尺寸精度高、表面质量好、材料利用率高，能够加工出具有复杂形状和结构的零件，使其在汽车制造、航空航天、生物医学、模具制造等领域有着广阔的前景。

3.3.1 轻量化结构

轻量化结构已经成为现代工业化的发展趋势。轻量化结构通常出现在汽车、航空航天和运动设备上。SLM 工艺能够实现传统方法难以加工制造的多孔轻量化结构。在传统加工制造领域，多孔结构的生产方法主要有：粉末冶金法，它又可分为松散烧结和反应烧结两种；喷射沉积法；熔体发泡法；共晶定向凝固法。然而，粉末冶金法容易使产品产生热裂纹，影响产品质量；喷射沉积法速度慢且成本高；熔体发泡法难以精确控制熔体黏度，要选择合适的发泡剂；共晶定向凝固法使结构内部有较大温差，外界环境对其影响较大。

SLM 工艺可以实现复杂多孔结构的精确可控成形。采用 SLM 工艺成形多孔轻量化结构的材料主要有钛合金、不锈钢、钴铬合金及纯钛等。根据材料的不同，SLM 工艺的最优成形技术也有所变化。图 3-1 所示为采用 SLM 工艺制造的复杂空间多孔零件。

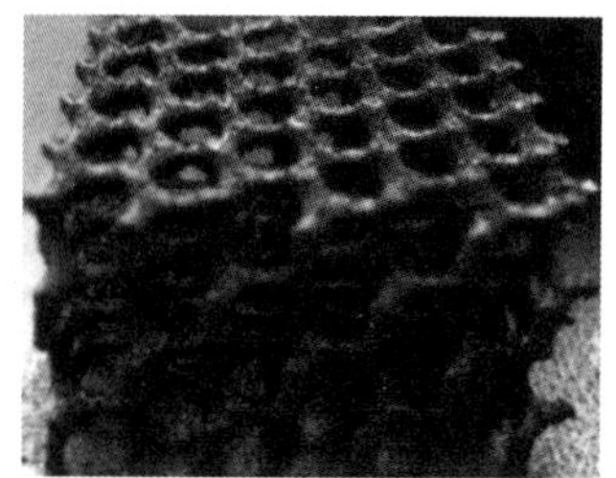

a) 316L、Ti_6Al_4V螺旋二十四面体单元多孔结构

b) 316L体心立方单元多孔结构

图 3-1　采用 SLM 工艺制造的复杂空间多孔零件

3.3.2　个性化植入体

植入体是指放置在外科操作形成的或者生理本身存在的体腔中，留存时间为 30 天及以上的可植入型物品。目前个性化植入体主要包括牙科植入物、骨科假体、组织工程和人工心脏等。这些植入体除了具有复杂的几何形状和结构，往往还需考虑到用户的个性化需求，以满足用户需要。植入体需要与人体有良好的生物相容性，不与人体发生免疫排斥反应。例如，目前牙科植入体中的金属烤瓷修复体不仅具有金属的强度，还能再现牙齿的美观和光泽。采用 SLM 工艺生产的 Co-Cr 合金牙齿修复体具有与传统加工工艺相近的力学性能，但是 SLM 工艺对材料的利用率高、缺陷少，且生产率高，是更加经济实用的生产方式。图 3-2 所示为采用 SLM 工艺制造的 Co-Cr 合金牙冠、正畸托槽及其临床应用。

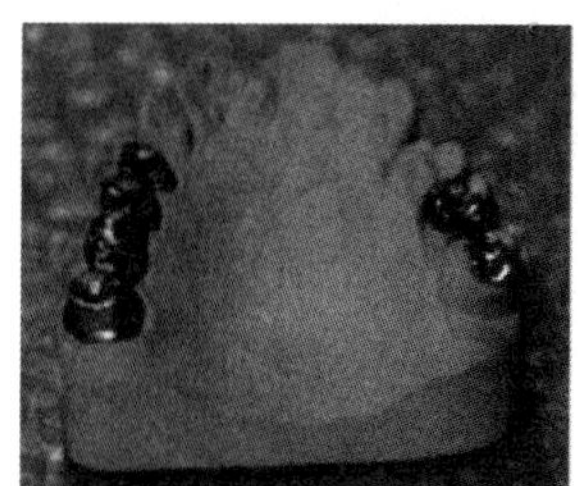

a) 牙冠牙桥试装

b) 个性化舌侧正畸托槽

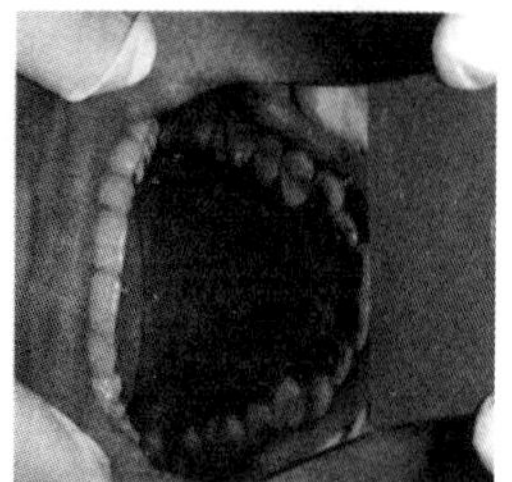

c) 临床应用

图 3-2　采用 SLM 工艺制造个性化义齿和舌侧正畸托槽

3.3.3　随形水道模具

在生产模具成形制品过程中，制品的温度和冷却速度对制品的质量有着重要影响。因此，有效地控制凝固过程中的制品冷却温度差异，使制品各部分温度保持均匀，才能保证制品不变形、较好的表面质量和良好的尺寸精度。传统的水道主要采用直通式管道，采用深孔钻进行钻削获得，这使得水道与型腔壁形状不能完全吻合，影响了模具制品的均匀冷却。随形水道由于与型腔壁之间的距离保持恒定，所以模具制品温度更加均匀，能使制品获得更加优异的性能。然而，采用传统机械加工的方式难加工甚至无法加工出具有随形水道结构的模具，而采用 SLM 工艺逐层堆积成形，在制造复杂模具结构方面较传统工艺具有明显优势，可实现复杂冷却流道的增材制造。图 3-3 所示为德国 EOS 公司采用 SLM 工艺的具有复杂内部随形冷却水道的 S136 零件及模具。

图 3-3　采用 SLM 工艺制造的具有复杂内部随形冷却水道的 S136 零件及模具

3.3.4　免组装结构

目前的设备零件大多是多个零件的组装。如果采用传统的生产方式，首先需要将各部分的零件分别加工出来，然后将所有零件组装起来。但是这种方式不仅步骤多，而且需要在设计之初便要考虑零件的组装问题，对零件设计的灵活性有一定的影响。免组装机构是指将设备零件在计算机中组装好，然后直接生产制造出来，无须后续的组装。SLM 工艺能够直接制造出组织致密、具有较高尺寸精度和良好力学性能的零件。图 3-4~ 图 3-6 所示为采用 SLM 工艺制造的免组装结构。

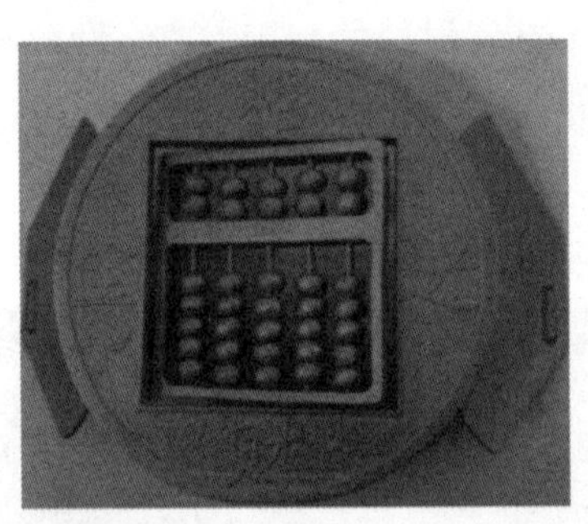

a) 算盘

b) 折叠算盘

图 3-4　采用 SLM 工艺制造的算盘

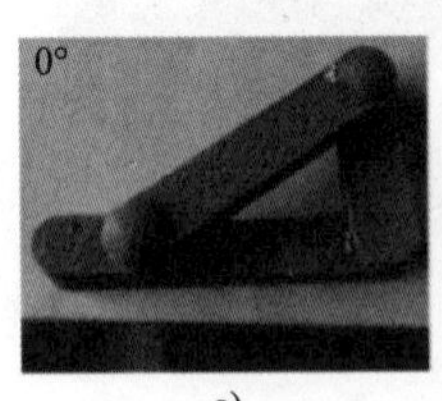

a)　b)

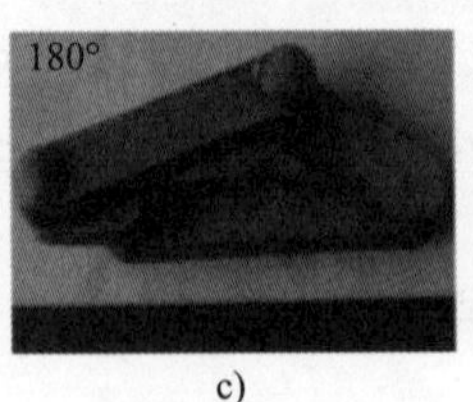

c)

d)

图 3-5　采用 SLM 工艺制造的曲柄摇杆机构

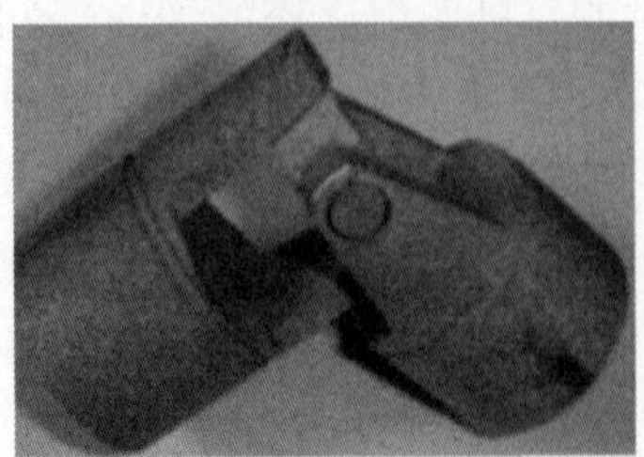

图 3-6　采用 SLM 工艺制造的万向节和自行车模型

3.4　SLM 工艺增材制造设备的主要构成

3.4.1　基本原理与结构

SLM 工艺增材制造设备主要由光路单元、密封成形室（包括铺粉装置）、机械单元、控制系统、工艺软件等几个部分组成，其原理如图 3-7 所示。

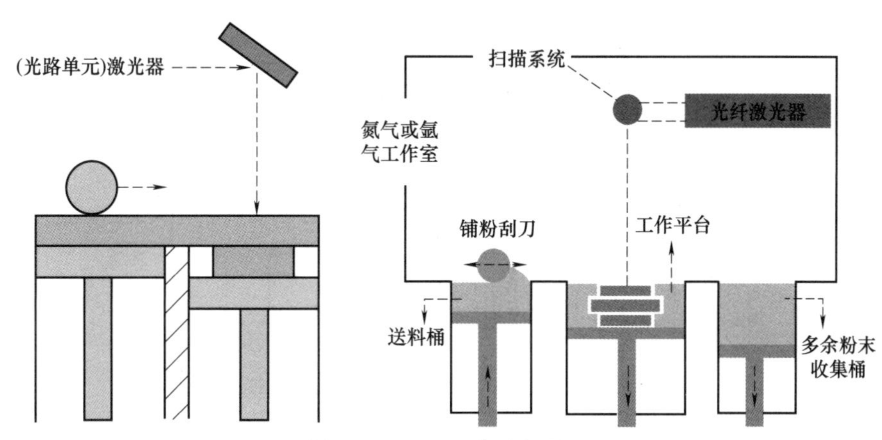

图 3-7　SLM 工艺设备原理

（1）光路单元　主要由光纤激光器、扩束镜、反射镜、扫描振镜和聚焦透镜等组成。

1）光纤激光器是 SLM 工艺增材制造设备中最核心的组成部分，直接决定了整个设备的成形质量。SLM 工艺设备所采用的光纤激光器，转换效率高、性能可靠、寿命长、光束模式接近基模。高质量的激光束能被聚集成极细微的光束，并且其输出波长短。目前国内外的 SLM 工艺增材制造设备主要采用光纤激光器，其光束质量 $M^2<1.1$，光束直径内能量呈现高斯分布，具有效率高、寿命长、维护成本低等特点，是 SLM 工艺的最好选择。

2）扩束镜的作用是扩大光束直径，减小光束发散角，以减小能量损耗。

3）反射镜用于反射经过扩束镜后的光线，从而达到使其改变光路的目的。

4）扫描振镜由计算机进行控制的电动机驱动，作用是将激光光斑精确定位在加工面的任一位置。通常使用聚焦透镜来避免出现扫描振镜单元的畸变，达到聚焦光斑在扫描范围内得到一致的聚焦特性。

（2）机械单元　主要包括铺粉装置、成形缸、粉料缸、成形室密封设备等。铺粉质量是影响 SLM 工艺成形质量的关键因素。目前 SLM 工艺增材制造设备中主要有铺粉刷和铺粉滚筒两大类铺粉装置。成形缸与粉料缸由电动机控制，电动机控制的精度也决定了 SLM 工艺成形精度。

（3）控制系统　包括激光束扫描控制和设备控制系统两大部分。激光束扫描控制是计算机通过控制卡向扫描振镜发出控制信号，控制 X/Y 方向扫描镜运动以实现激光扫描。设备控制系统完成对零件的加工操作。其主要包括以下功能：

① 系统初始化、状态信息处理、故障诊断和人机交互功能。

② 对电动机系统进行控制，提供了对成形活塞、供粉活塞、铺粉滚筒的运动控制。

③ 对扫描振镜进行控制，设置扫描振镜的运动速度和扫描延时等。

④ 设置自动成形设备的各种参数，如调整激光功率，成形缸、铺粉缸上升下降的参数等。

⑤ 提供对成形设备五个电动机的协调控制，完成对零件的加工操作。

3.4.2 典型 SLM 工艺增材制造设备

1. 单激光 SLM 工艺增材制造设备

只有一台激光器作为输出能量源，由单激光束进行扫描成形，其工作模式如图 3-8 所示。

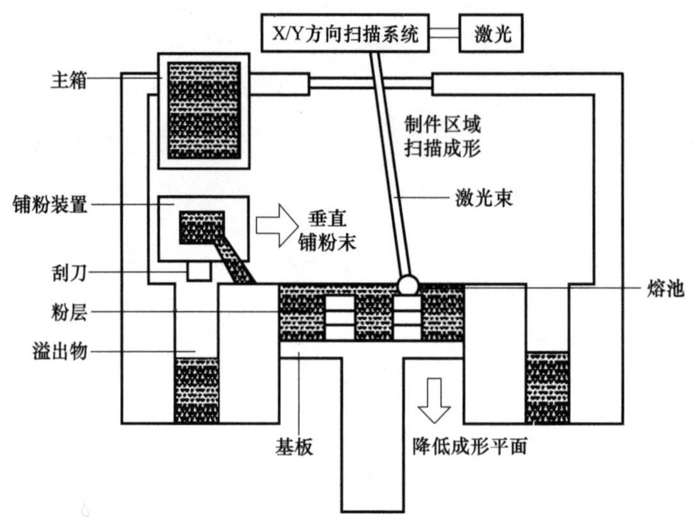

图 3-8　单激光 SLM 工艺增材制造设备工作模式示意

2. 双激光 SLM 工艺增材制造设备

双激光 SLM 工艺增材制造设备由两台激光器作为输出能量源，两束激光可以同时扫描设定区域，也可以分开工作，能显著提升加工效率，如图 3-9 所示。

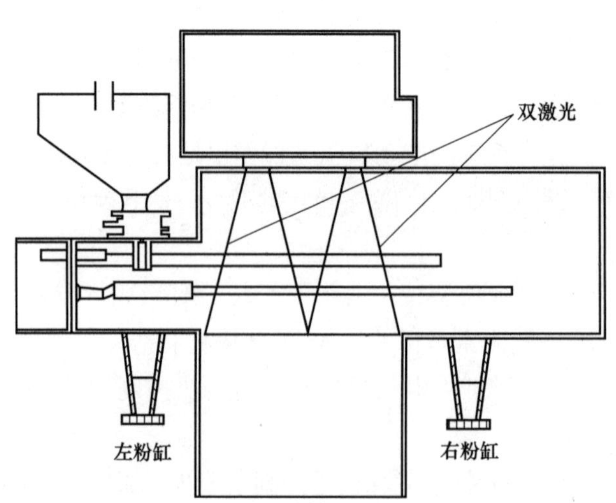

图 3-9　双激光 SLM 工作模式示意

典型 SLM 工艺增材制造设备及参数见表 3-1。

表 3-1　典型 SLM 工艺增材制造设备及参数

单位	型号	外观图片	成形尺寸 /（mm × mm × mm）	激光器	成形效率	扫描速度 /（m/s）	针对材料
EOS（德国）	EOSINT M290		250 × 250 × 325	Yb-fibre laser 400W	2~30mm^3/s	7	不锈钢、工具钢、钛合金、镍基合金、铝合金
	EOSINT M400		400 × 400 × 400	Yb-fibre laser 1000W	—	7	
3D Systems（美国）	ProX 300		250 × 250 × 300	500W 光纤激光器	—	—	不锈钢、工具钢、有色合金、超级合金、金属陶瓷
Concept Laser（德国）	Concept M2		250 × 250 × 280	200~400W 光纤激光器	2~10cm^3/h	7	不锈钢、铝合金、钛合金、热作钢、钴铬合金、镍合金
Renishaw（英国）	AM250		245 × 245 × 300	200~400W 光纤激光器	5~20cm^3/h	2	不锈钢、模具钢、铝合金、钛合金、钴铬合金、铬镍铁合金

（续）

单位	型号	外观图片	成形尺寸 /（mm × mm × mm）	激光器	成形效率	扫描速度 /（m/s）	针对材料
SLM Solutions（德国）	SLM 280HL		280 × 280 × 350	2 × 400/1000W 光纤激光器	$35cm^3/h$	15	不锈钢、工具钢、模具钢、钛合金、纯钛、钴铬合金、铝合金、高温镍基合金
	SLM 500HL		500 × 280 × 325	400/1000W 光纤激光器	$70cm^3/h$	15	
Sodick（日本）	OPM250L		250 × 250 × 250	500W 光纤激光器	—	—	马氏体时效钢与 STAVAX
北京德荟智能科技有限公司（中国）	IGAM-I		150 × 150 × 128	500W 高性能光纤激光器	—	5	铁基、镍基、铜基合金以及钛合金、钴铬合金、不锈钢、高温合金等
安徽拓宝增材制造科技有限公司（中国）	TB-PBFM280		280 × 280 × 320	2 × 500W 光纤激光器	$10{\sim}60cm^3/h$	5	不锈钢、铝合金、钛合金、钴铬合金、镍合金

3.5　电话机检验支架结构拓扑优化设计

3.5.1　拓扑优化的概念

1904 年，Micheel 采用解析方法研究了桁架结构拓扑优化，并给出了 Micheel 准则。这是结构拓扑优化设计发展中一个具有里程碑意义的事件。随后，Rozvany 扩展 Micheel 的桁架拓扑优化理论到布局优化。1964 年，Dom 等人提出基结构法，将数值计算方法引入优化设计领域，克服了桁架优化理论的局限性。Rossow 和 Taylor 提出了基于有限元法的结构拓扑优化法，使得拓扑优化的研究开始活跃起来。

拓扑优化方法依据其算法主要分为两类：基于梯度的方法和非基于梯度的方法。在基于梯度的方法中，设计变量往往是连续变量，在计算过程中需要求响应函数关于设计变量的一阶或二阶导数，并采用数学规划方法求解优化问题。而在非基于梯度的方法中，设计变量一般是离散的变量，优化过程依赖于随机或种群算法对于性能函数的估值。

优化设计有三要素，即设计变量、目标函数和约束条件。设计变量是在优化过程中发生改变从而提高性能的一组参数。目标函数是要求最优的设计性能，是关于设计变量的函数。约束条件是对设计的限制，是对设计变量和其他性能的要求。

3.5.2　拓扑优化设计的一般工作流程

拓扑优化设计的一般工作流程如下：

（1）确定零件的受力和约束　首先对模型零件进行分析，获得零件在实际使用过程中的受力状态，包括受力类型、大小、方向和位置，以及与其他零件之间的配合关系，获得零件的运动副。需要注意的是，正确和合理地理解作用在零件上的真实力和约束对于拓扑优化至关重要，将直接导致优化后的零件的可靠性。

（2）简化初始零件模型　根据零件预留的空间位置，确定零件的原始尺寸；分析初始零件中与受力、约束等有关的必须保留的区域；删除设计中由于传统制造而产生的其他特征。

（3）初始力学性能计算　根据零件材料、受力和约束等条件进行有限元计算，获得零件的初始力学性能指标，包括位移、安全系数、米塞斯等效应力等。

（4）确定可优化的“设计空间”　可以避免优化过程中需要保留的区域，设计空间区域为可以优化的区域。

（5）确定零件的工作工况　一般而言，零件的受力工况是多样的，在实际操作过程中，可以在每种工况中使用单一的力。每种工况都可以通过模拟该特定工况下的最坏情况来设计最优零件；然后可以将各种工况的设计概念组合成一个涵盖所有受力工况的新设计。但是如果了解每个单独力的影响，也可以同时设置多个受力的优化。

（6）执行拓扑优化　可以选择成熟的专用软件或者自编程序完成拓扑优化工作。

（7）模型光顺化与重构　拓扑优化生成的结果是粗糙的模型，需要对其进行平滑处理转换为平滑模型。此过程中可以采用专用软件完成。

（8）力学性能校核计算　在模型几何重构结束之后，对几何重构后的零件进行有限元计算，获得优化偶的零件的最终力学性能指标，包括位移、安全系数、米塞斯等效应力等，以确认优化后的零件力学性能满足使用要求。需要注意的是，实际拓扑优化过程为多次迭代优化结果，需要借助于有限元分析确认优化结果的安全系数，循环重复拓扑优化，获得优化的拓扑优化结构；另一方面，拓扑优化可以在不降低力学性能的条件下减少材料用量，因此可以使用比原始材料更昂贵或更佳的材料，来获得性能更优异、更轻巧的结构零件。

Altair Inspire 是一种概念设计工具，可用于运行结构优化、有限元分析、运动分析和增材制造分析，软件使用拓扑、形貌、厚度、点阵和 PolyNURBS 优化生成能够适应不同载荷的结构形状，采用多边形网格，可以将其导出到其他计算机辅助设计工具中，作为设计灵感的来源；也可以生成 STL 格式文件，快速进行原型设计。

3.5.3 Inspire 工作流程

Altair Inspire 实现分析、优化、运动仿真、几何重构和制造工艺仿真，其主要功能包括：草图和几何设计、PolyNURBS 建模、结构仿真、运动仿真与优化、制造仿真和增材制造工艺仿真（支持粉末床熔融和黏结剂喷射成形两种工艺）等，具体功能如图 3-10 所示。

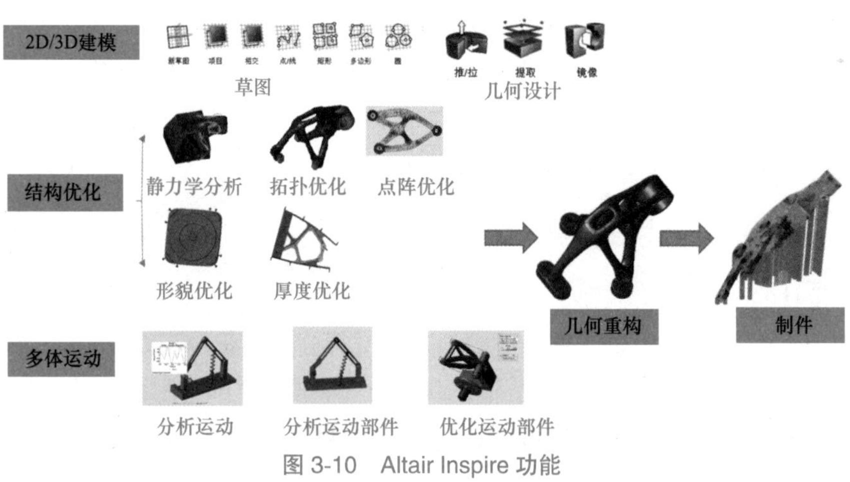

图 3-10　Altair Inspire 功能

以 Inspire 的结构仿真功能为例，其基本工作流程如图 3-11 所示。图 3-12 所示为优化前后的电话机检验支架。

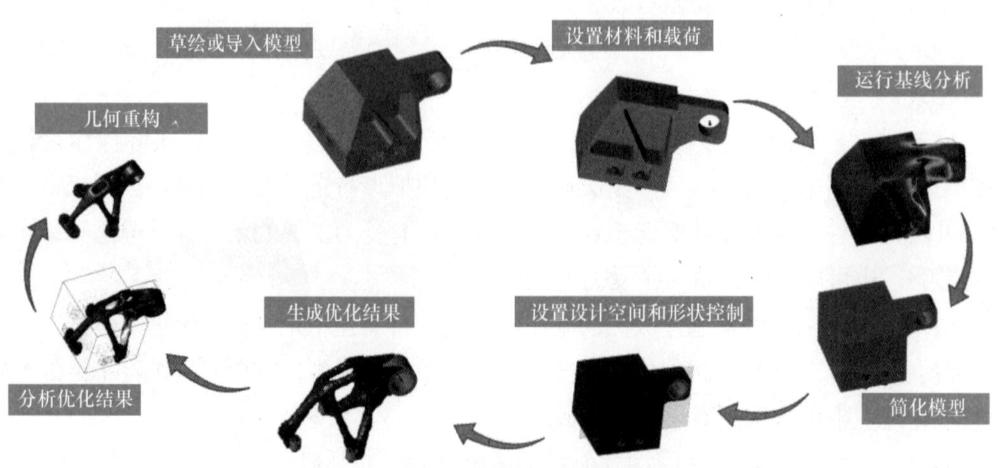

图 3-11　Altair Inspire 结构优化工作流程

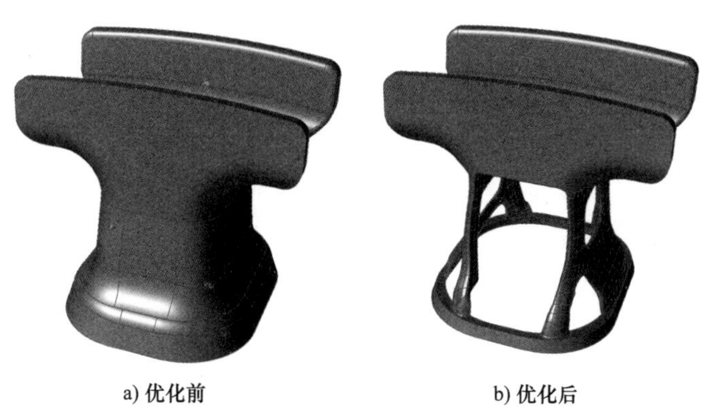

图 3-12　优化前后的电话机检验支架

3.6　案例：电话机检验支架应用 SLM 工艺制件

3.6.1　项目简介

本案例讲解目前应用成熟的激光选区熔融（SLM）增材制造技术制件实践操作及相关理论。任务为电话机检验支架制件，材料为 316L 不锈钢。SLM 技术成形原理一般采用 10~53μm 的金属粉末粒径，因此打印件的表面效果精细，成形件致密度高，力学性能优异。

3.6.2　任务引入

电话机检验支架模型结构较为复杂，用传统制造工艺难以加工制造，因而打印此模型能够更好地体现 3D 打印技术的优势，进而检测打印工艺参数的合理性。SLM 工艺金属 3D 打印需要数字化三维模型，通过三维软件建模或者三维数据扫描获取的文件，另存为 STL 格式的数据文件即可用于打印。再将需要金属 3D 打印的 STL 格式文件导入金属 3D 打印机的工业控制计算机中。导入后先进行位置摆放、添加支撑等前处理工作，再进行分层切片，控制金属 3D 打印机逐层打印，打印完成后，清理未打印的粉末。采用线切割的方式将其从基板上分离，最后去除支撑，再进行必要的机械加工，即完成金属模型的打印加工制造。

SLM 工艺金属 3D 打印是一个温度几乎从 200℃骤变到金属熔点温度以上（一般为 1000~3000℃），再变为固态约 200℃的一个过程，热应力巨大，因此在 SLM 工艺金属 3D 打印中，数据的前处理及在基板上第一层的打印尤为重要。目前金属 3D 打印没有一键式处理方式，得到三维数据模型后，需要进行支撑添加、设备调试、基板安装、第一层打印后，方可连续打印制造，最后需要对打印的零件根据应用场合进行后处理加工。

图 3-13　电话机检验支架三维模型

3.6.3　任务分析

本次打印件为电话机检验支架，首先进行三维建模（图 3-13），并将建好的三维模型数据另存为 STL 格式文件。本次任务是根据 STL 格式的电话机检验支架打印件的三维模型，使用易博三维的 IGAM-I SLM 3D 打印机，完成电话机检验支架模型的 3D 打印。

本任务打印 316L 不锈钢电话机检验支架，按照 SLM 工艺的金属 3D 打印一般流程，如图 3-14 所示，在打印前需要进行材料准备，选择 316L 金属粉末及打印基板；准备工作腔，清理工作腔，并用脱脂棉蘸取酒精擦拭保护镜片，安装基板并添加粉末；导入模型，将 STL 格式的三维模型文件导入打印机中，添加支撑并切片处理；零件加工，通入惰性气体，设置打印工艺参数，开启基板预热功能，当工作腔内氧含量低于 1%，基板预热至 80℃时，可以开始连续打印加工；后处理，打印完成后回收未用金属粉末，根据力学性能要求进行后处理，最后进行喷砂、与基板分离、去除支撑等后处理工作。

图 3-14　SLM 工艺金属打印流程

完成本次任务可达到以下五个目的：

1）熟悉 SLM 工艺金属 3D 打印的流程。

2）掌握 IGAM-I SLM 3D 打印机的操作方法。

3）掌握激光选区熔融（SLM）增材制造技术及工艺。

4）能操作 IGAM-I SLM 3D 打印机并完成制件。

5）掌握 SLM 工艺零件后处理的操作方法。

3.6.4　制件流程

IGAM-I SLM 设备由打印主机及激光器冷水机构成，设备主机正面如图 3-15 所示，在设备的左上方具有可上掀结构的工作腔，工作腔采用电动开合方式，有效防止在打印过程中误操作将设备工作腔开启造成的打印失败。在设备的右上侧是工业控制计算机的显示器，可以通过内置软件对模型进行数据处理、切片等操作，并可以控制设备的相应动作。在显示器的下方分别布置了启动、急停、USB 接口及工作腔开启和关闭等按钮，可以对设备进行相应的操作。

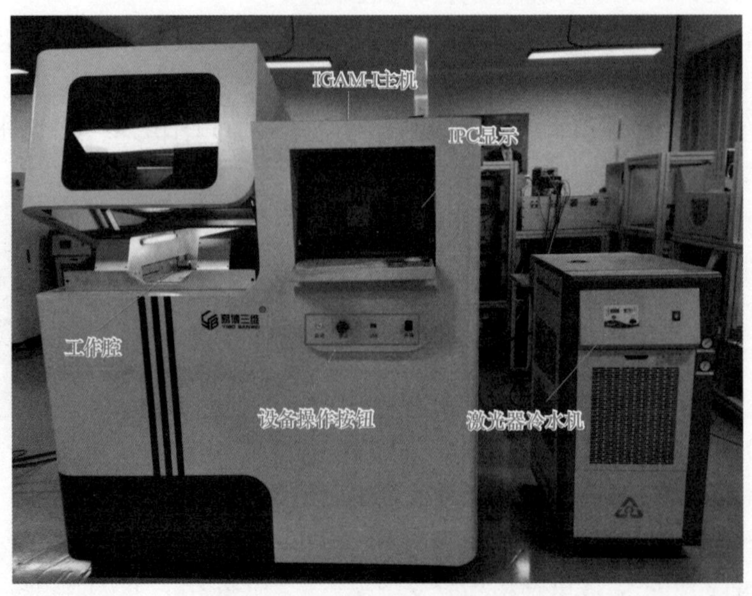

图 3-15　IGAM-I SLM 设备正面

在 IGAM-I SLM 设备背面的中下方分布着 380V/20A 的总电源接头为设备供电，如图 3-16 所示，在总电源接头左侧分布气路、水路快插接口，分别为：激光器主机进水口、激光器主机出水口、激光器准直进水口、激光器准直出水口及惰性气体进气口，用来为激光器及准直头冷却及清洗工作腔内氧气。

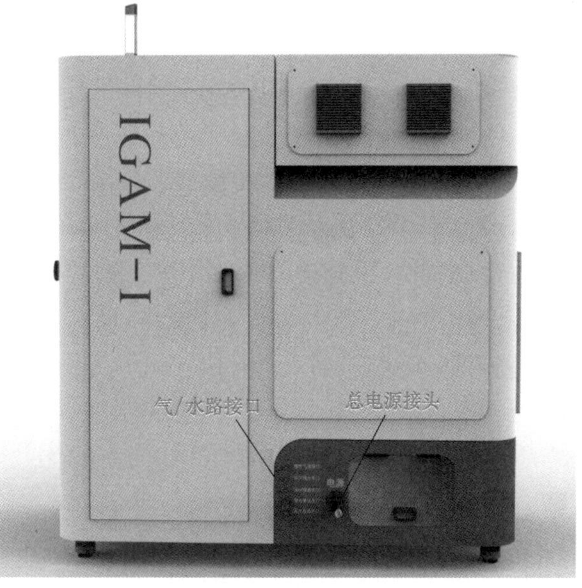

图 3-16　IGAM-I SLM 设备背面接头示意

在进行打印之前需要根据打印制件的材质准备相应的材料，包括：金属粉末、基板以及工具。其中金属粉末选用的是 316L 不锈钢，粉末颗粒直径范围是 10~45μm，氧含量小于 800×10^{-6}，粉末球形度大于 90%，设备粉缸预装粉末为 3L，本次打印力学标准拉伸件高度小于 20mm，准备 5kg 的不锈钢粉末即可满足打印要求；基板根据相似材料易焊接的原则选择了 304 不锈钢材质的基板，尺寸符合 IGAM-I SLM 设备工作缸的安装尺寸；工具包括四个 M4×15 内六角螺钉及配套的扳手，并准备一把工具箱里配备的毛刷，用于清理金属粉末。

（1）工作腔准备　在开始打印前首先需要将工作腔（成形腔）清理干净，包括缸体、腔壁、透镜和铺粉辊 / 刮刀等，然后将需要接触粉末的地方用脱脂棉和酒精擦拭干净，以保证粉末尽可能不被其他物质污染，进而得到更优质的打印件，最后将基板放置在工作缸上表面。

（2）零件加工　做好了打印前的准备工作，接下来操作 IGAM-I SLM 设备进行电话机检验支架的制件工作。

1）启动冷水机。SLM 工艺金属 3D 打印机核心热源为高性能光纤激光器，激光器将电能转化为光能，并产生大量的热，若不及时散热，会影响激光器的性能，甚至影响使用寿命，因此激光器在工作时需要进行水冷却。IGAM-I SLM 设备配备双温双控冷水机，一路冷却激光器主机，一路冷却激光器镜片。在打印之前，需要启动冷水机，使激光器正常工作。按冷水机正面的启动按钮，启动冷水机，如图 3-17 所示。

图 3-17　启动冷水机

2）启动设备总电源。设备总电源开关位于设备右侧上方，将旋钮转置“ON”位置，设备上电启动，工控机自动开机，如图 3-18 所示。

3）设备上电。按设备正面显示器下方的启动按钮，给设备上电，如图 3-19 所示。设备上电后，将工作腔内的照明灯点亮，使设备处于待工作状态。

4）复制打印模型及工艺卡片。在设备启动按钮的右侧，设备自带 USB 接口，将需要打印的模型及工艺卡片通过 U 盘复制到设备的工控机内，保存在 D 盘打印文件夹下，如图 3-20 所示。

5）启动 IGAM-I SLM 设备模型处理与控制软件。双击桌面快速图标，进入 IGAM-I 软件工作页面，如图 3-21 所示。

6）导入电话机检验支架模型。单击“文件”按钮，弹出“载入零件”对话框，在弹出的对话框中选择要导入的模型，在对话框右上角可以预览模型，勾选“自动居中”复选框，单击“打开”按钮，将模型添加到操作平台上，如图 3-22 和图 3-23 所示。

图 3-18 启动总电源

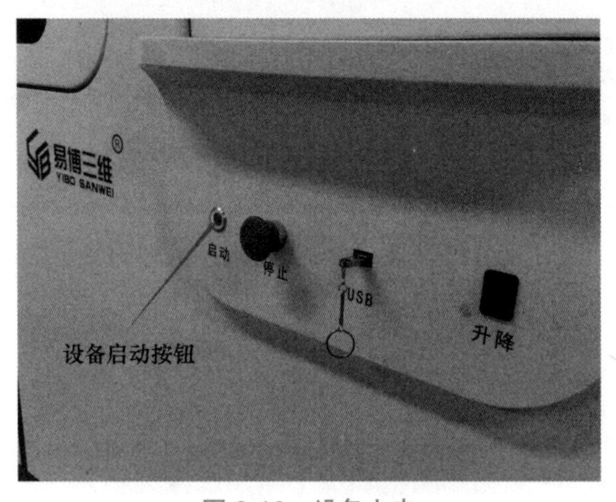

图 3-19 设备上电

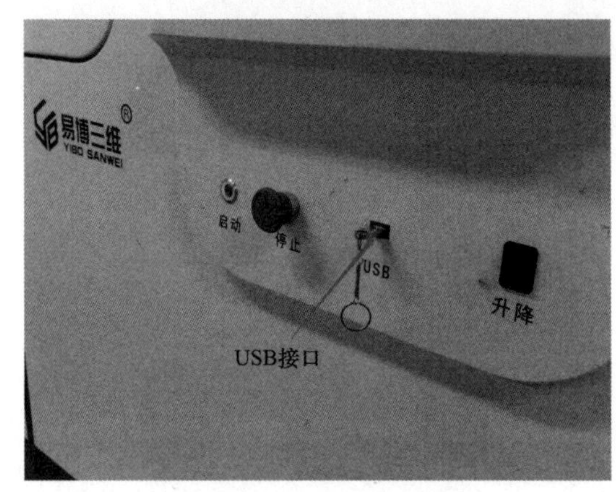

图 3-20 USB 接口示意

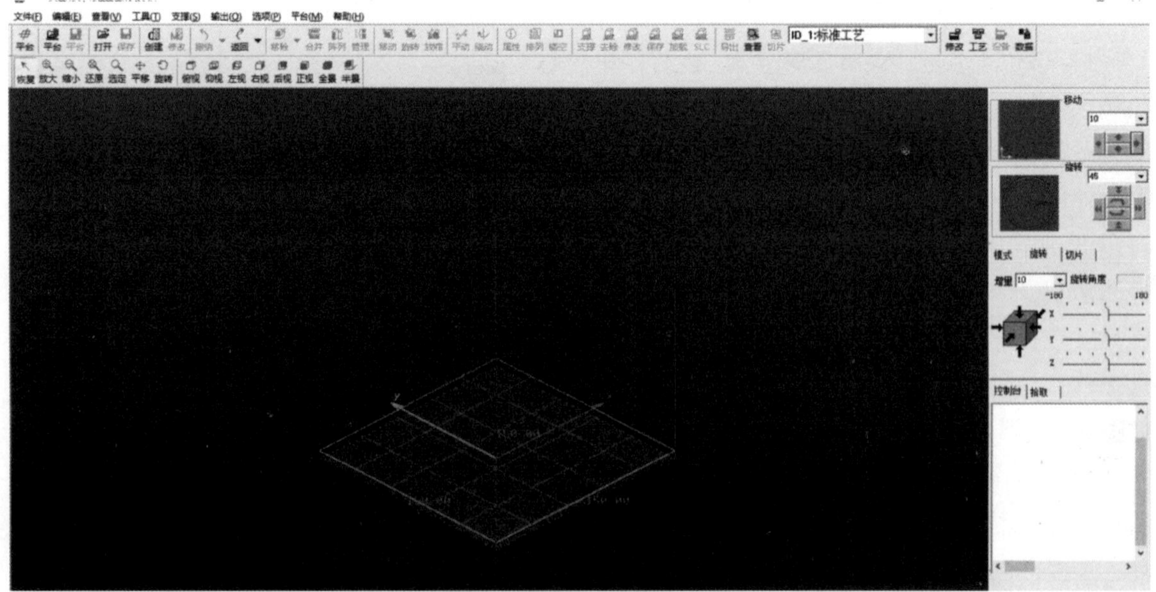

图 3-21 IGAM-I 软件工作页面

7）调整模型位置及角度。若导入的模型超出了打印平台位置，并且该角度打印模型不便于将模型与基板分离，则需要对模型调整打印位置及打印角度。单击“移动”按钮，弹出“实体移动”对话框，如图 3-24 所示。

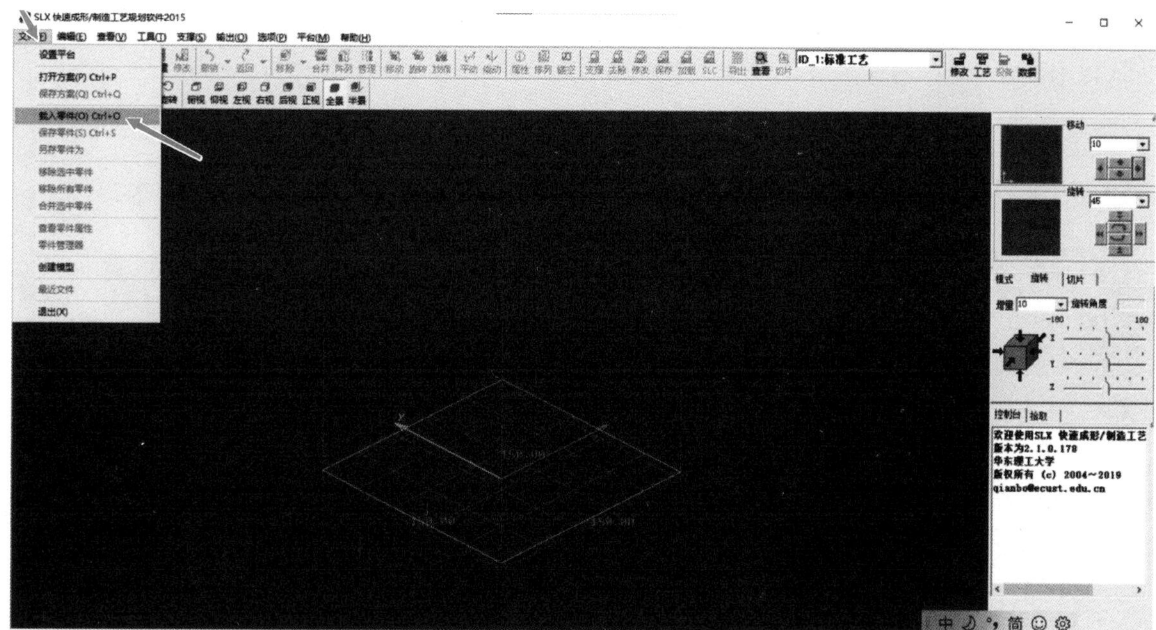

图 3-22　导入模型

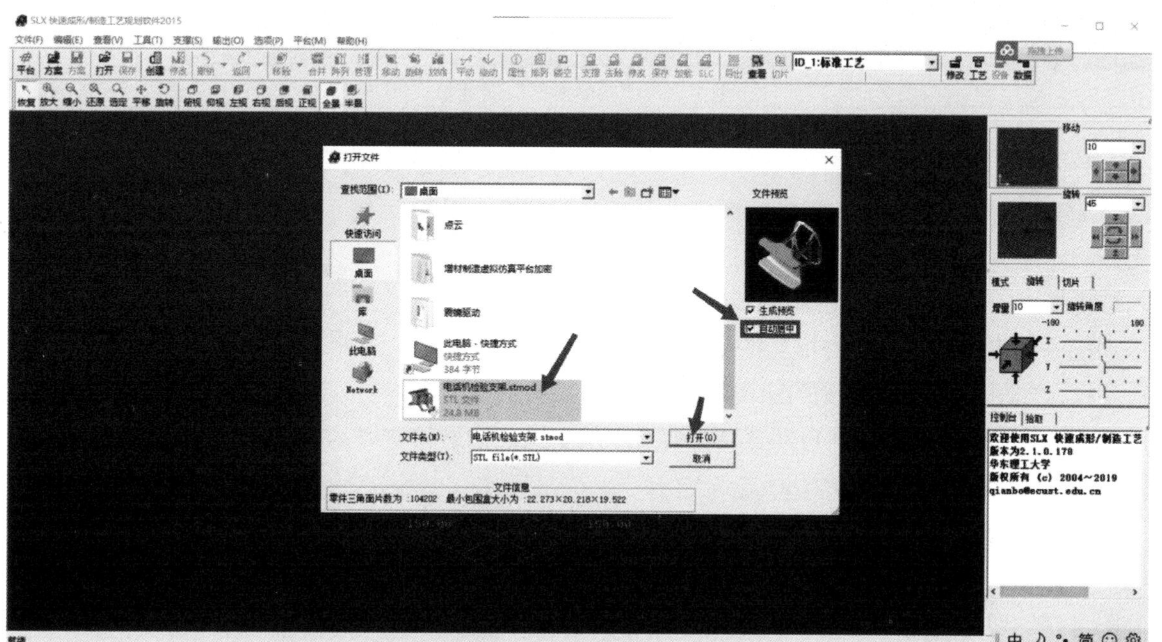

图 3-23　“打开文件”对话框

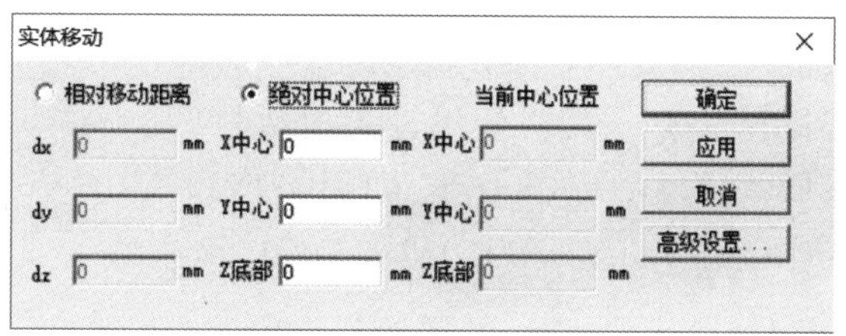

图 3-24　“实体移动”对话框

选中“绝对中心位置”单选按钮，单击“确定”按钮，将打印模型移动到中心位置。若想将模型移动到其他位置，也可以通过修改对话框中“X 中心”“Y 中心”“Z 底部”的对应参数值修改模型位置。单击“旋转”按钮，弹出“实体旋转”对话框，根据模型的坐标关系，沿着 Y 方向旋转 90°，单击“应用”按钮，再次对 X 方向旋转 –45°，如图 3-25 所示，单击“确定”按钮，完成模型旋转。

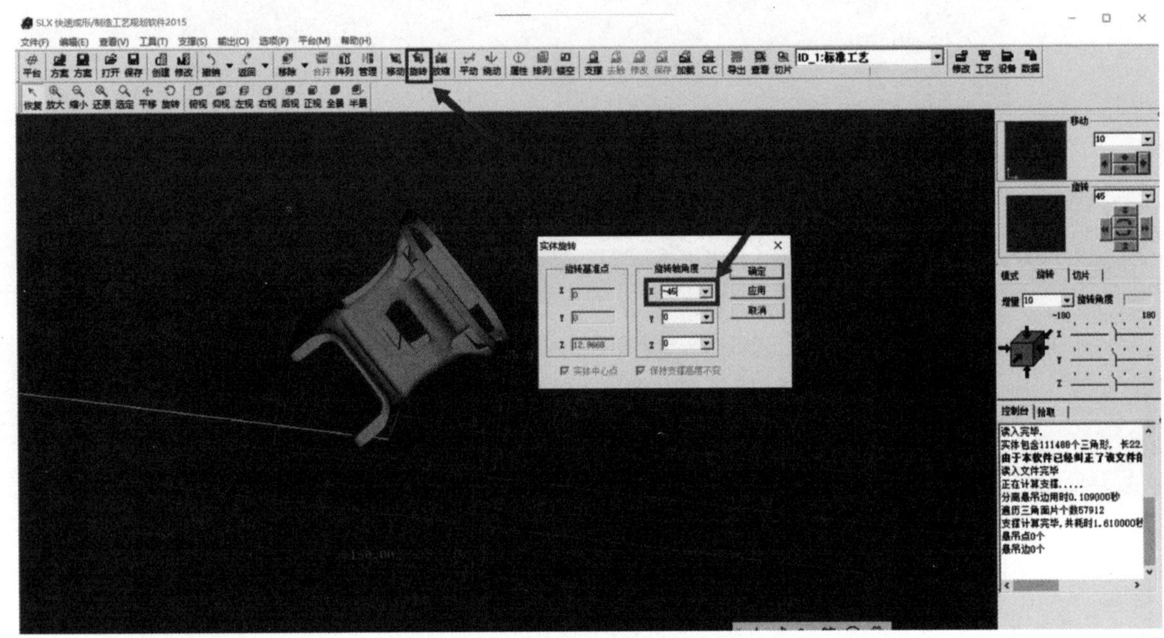

图 3-25 “实体旋转”对话框

8）添加支撑。为了便于将打印的金属零件与基板分离且不损伤零件，需要在零件与基板之间添加支撑。另外，零件一些悬空部位也需要添加支撑，因此支撑的添加至关重要，会影响零件打印的成败。根据此拉伸件的结构特点，适合用圆柱支撑，所以使用本软件自带的添加支撑功能添加支撑。单击“支撑”按钮，弹出“支撑参数设置”对话框，如图 3-26 所示，按照图中的步骤设置支撑参数，完成后单击“确定”按钮，软件自动计算为模型添加支撑，结果如图 3-27 所示。

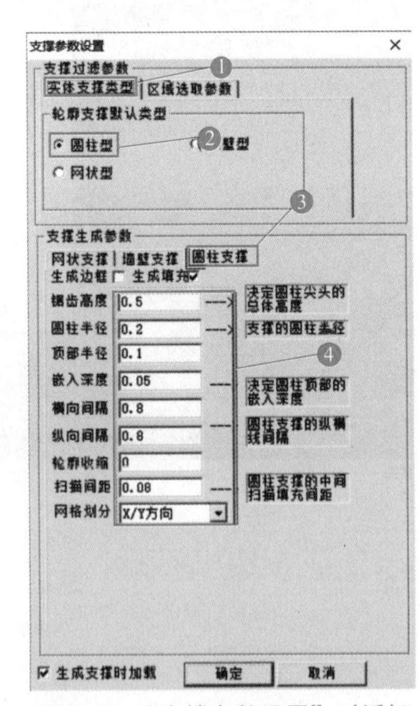

图 3-26 “支撑参数设置”对话框

9）切片预览。单击“切片”按钮，弹出“切片预览”对话框，如图 3-28 所示，模型视角变为正视图，单击模型相应高度即可在“切片预览”对话框中显示该层切片及相应的激光扫描路径。

10）导入工艺卡片。工艺卡片是打印零件过程中各个工艺参数的集合。IGAM-I 软件具备导入、导出工艺卡片功能，可针对不同的零件使用不同的工艺卡片，便于设备再次打印零件时，重新设定工艺参数。此模型采用 316L 不锈钢材料打印，使用已有的工艺卡片即可。单击“工艺”按钮，弹出“工艺管理”对话框，双击“标准工艺”选项，设置工艺参数，如图 3-29a 所示，设置好参数后单击“确定”按钮，再单击“Save As”按钮保存工艺文件，单击“<__>（F）”按钮，弹出“打开工艺文件”对话框，选择相应工艺，单击“打开”按钮即完成了工艺卡片的导入工作，如图 3-29b 所示。

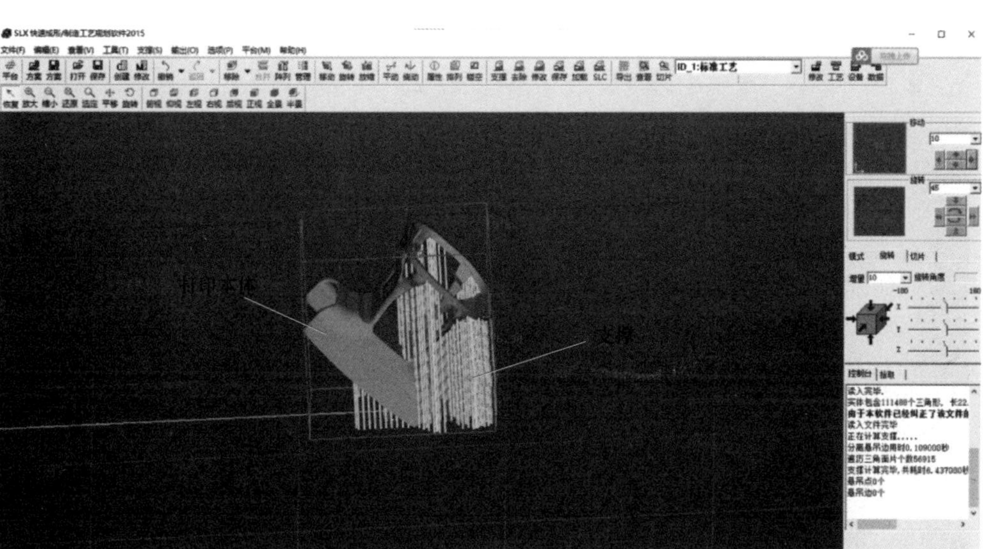

图 3-27　添加支撑

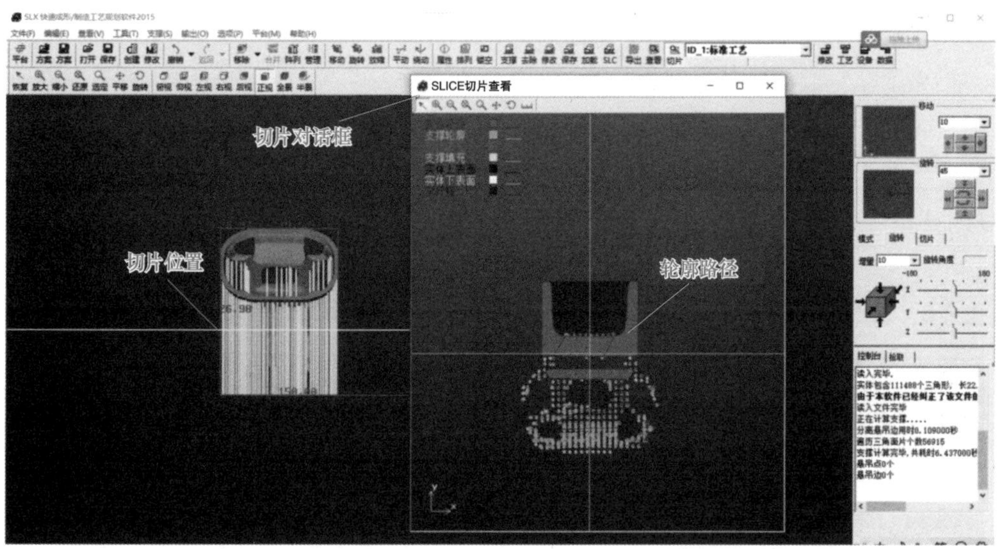

图 3-28　“切片预览”对话框

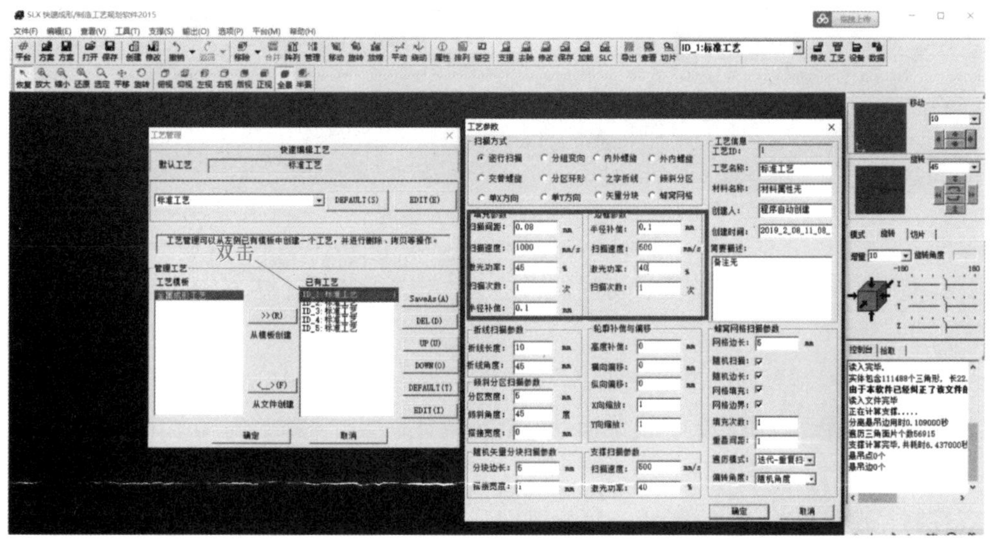

a)

图 3-29　导入工艺卡片

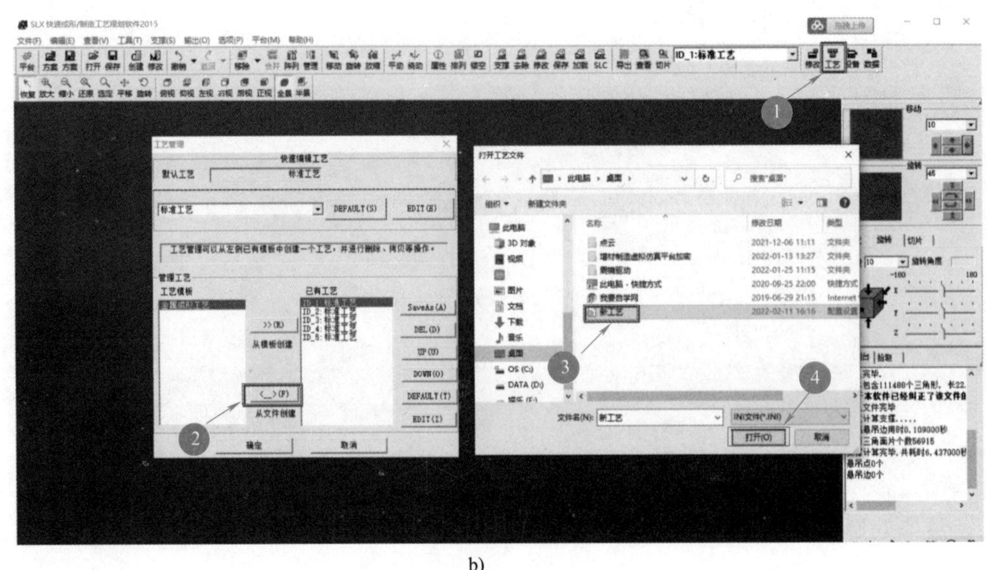

b)

图 3-29　导入工艺卡片（续）

11）指派工艺。成功导入工艺后，将导入的工艺指派给需要打印的零件。如图 3-30 所示，单击“管理”按钮，打开“零件管理器”对话框，单击零件管理器内的零件，单击“指派工艺”按钮，弹出“零件工艺指定对话框”的对话框，通过下拉列表选择刚刚导入的工艺卡片，即完成了工艺卡片的指派。

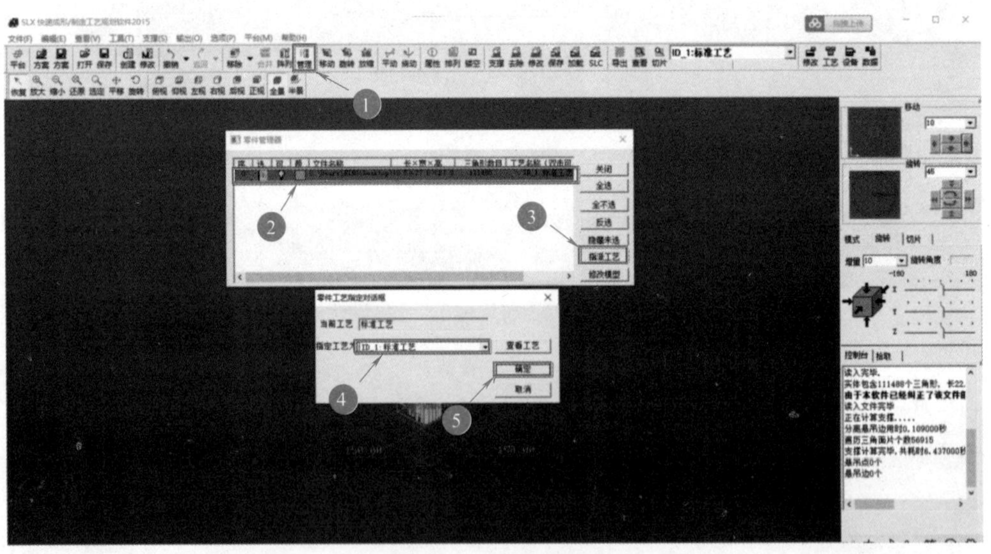

图 3-30　工艺卡片指派

至此，模型的导入、数据处理、切片、工艺卡片导入及指派工作完成，可以操作设备进行零件的打印工作。

12）启动设备控制页面。单击“设备”按钮，启动设备页面，如图 3-31 所示。该页面分为加工控制、实时位置、电源开关、设备指令、数据统计、实时图案、打印范围、信号报警、系统设置九个区域。

加工控制：控制设备开始、暂停、停止制件，并可选择特定高度进行单层制件。

实时位置：显示粉缸、工作缸和铺粉刮刀所处的位置。

电源开关：控制激光器、过滤器、进气阀、电推杆的开关。

设备指令：实时显示设备当前的动作，保证激光扫描、铺粉等。

数据统计：实时显示已经打印的高度和层数，并记录制件用时，显示当前工作腔内氧含量及工作平面温度信息。

实时图案：显示当前打印高度的切片截面。

打印范围：显示打印零件的外轮廓尺寸。

信号报警：显示成形腔内温度超标或氧含量超标的报警。

系统设置：可以设置打印设备的一些硬件参数，并可调试设备的相关动作。

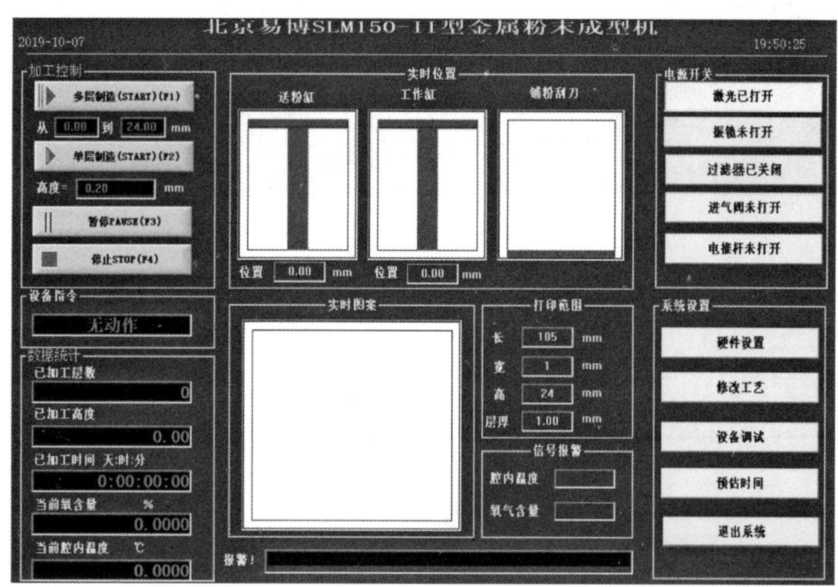

图 3-31　设备控制页面

13）开启工作腔。单击设备控制页面的“电推杆未打开”按钮，按钮变成“电推杆已打开”状态，表示可以开启工作腔，按住设备前面板上升降按钮的升方向，则工作腔开启，如图 3-32 所示。

14）添加粉末。将密封存储的粉末添加到粉缸内，打印机有两个缸，靠后侧的为粉缸，作为打印前放置粉末用；前侧缸为工作缸，作为安装基板打印零件用。如图 3-33 所示，将 316L 不锈钢粉末加入粉缸。

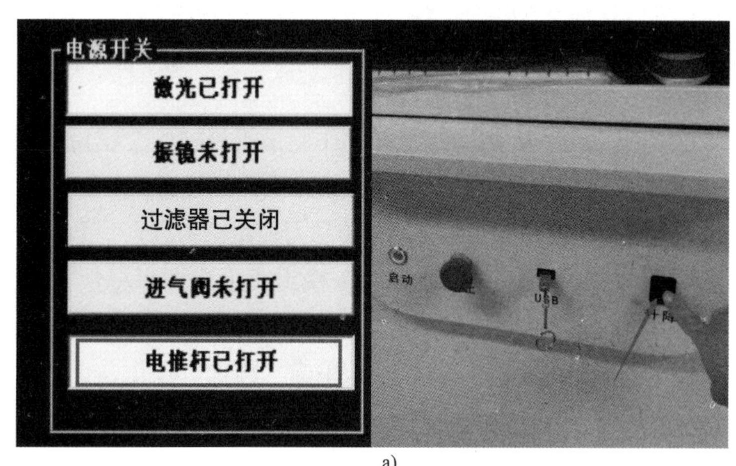

a)

图 3-32　开启工作腔

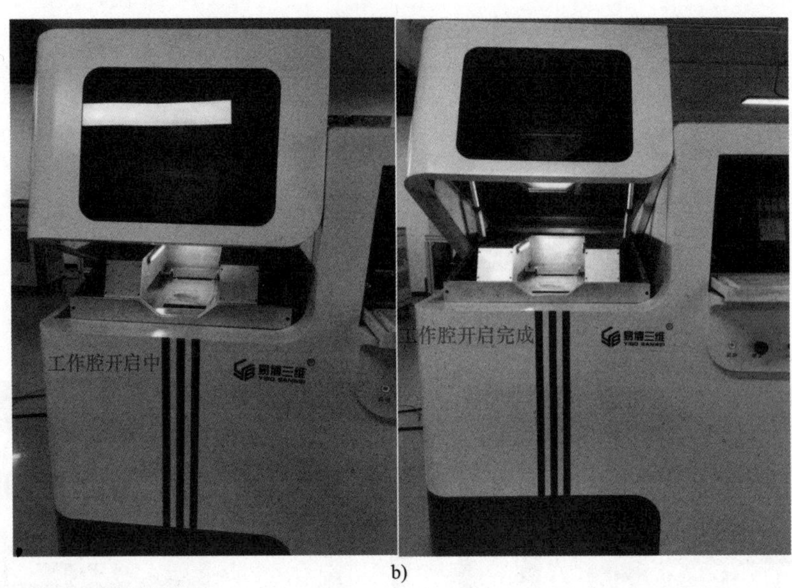

b)

图 3-32　开启工作腔（续）

15）安装基板。SLM 工艺金属 3D 打印都是将零件打印在基板上的，因本次打印的是 316L 不锈钢材料，故选用与打印材料类似的材料的 304 不锈钢基板。用工具盒配备的四个 M4×15 内六角螺钉及扳手将打印基板固定在工作缸上，如图 3-34 所示。

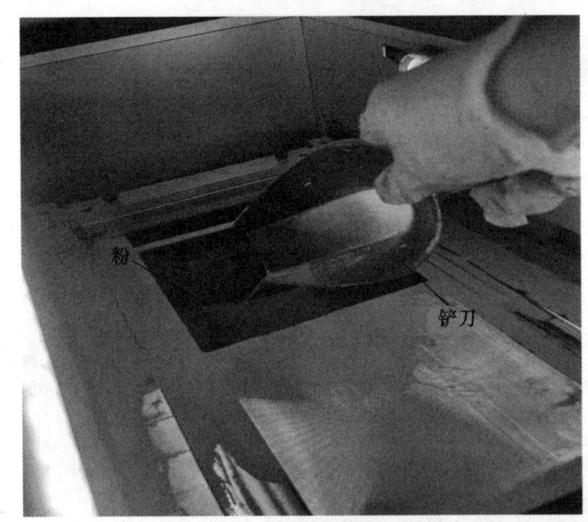

图 3-33　添加金属粉末

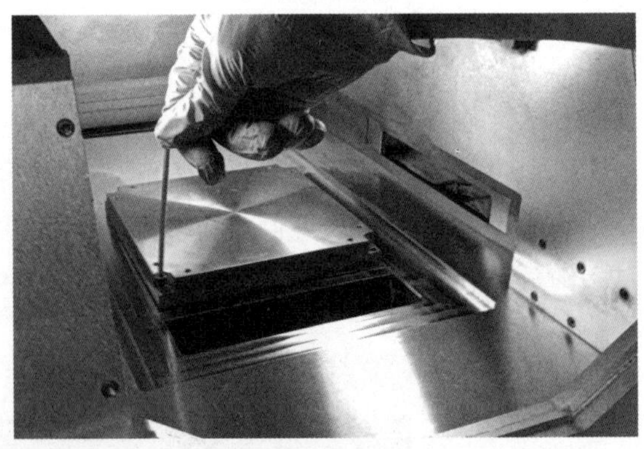

图 3-34　安装基板

16）安装刮刀。本次打印采用橡胶刮刀，刮刀的作用是将粉缸的金属粉末均匀地铺到工作缸基板上表面。因此，刮刀的安装尤其重要，一定要保证刮刀安装的准确性。刮刀模组分为刮刀底座、刮刀、刮刀固定板及螺钉，如图 3-35 所示为组装刮刀模组。

17）刮刀调平。将刮刀模组通过螺钉安装到刮刀模组座上，调平基板。如图 3-36 所示，通过单击“系统设置”里的“设备调试”按钮，弹出“设备调试”对话框，单击“铺粉移动”按钮，铺粉刮刀移动，当刮刀移动到基板中间位置时，单击“停止”按钮，铺粉刮刀停止在基板中间。将厚度为 0.05mm 的塞尺塞入刮刀与基板中间，左右滑动，调整刮刀两侧螺钉，将刮刀与基板缝隙调整均匀，如图 3-37 所示。

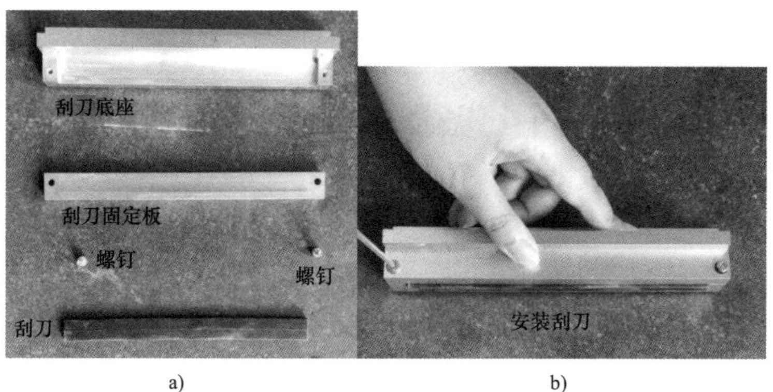

图 3-35 组装刮刀模组

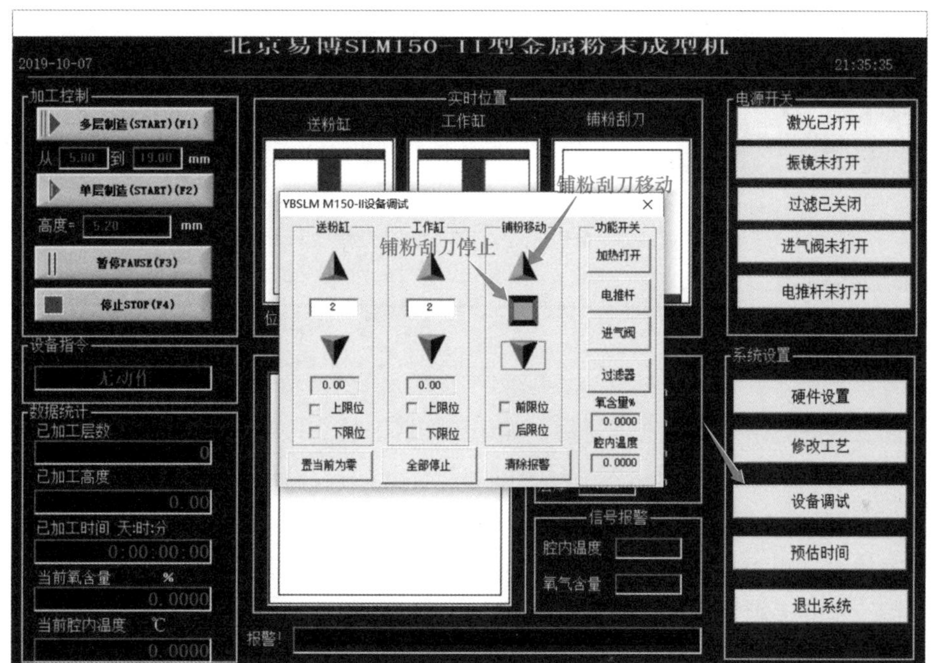

图 3-36 刮刀移动操作

图 3-37 调整刮刀与基板之间的缝隙

18）硬件设置。单击“系统设置”里的“硬件设置”按钮，弹出“硬件设置”对话框，如图 3-38 所示，将对话框中的参数设置为图 3-38 所示的参数。其中“加工层厚”就是切片厚度，每次加工 0.05mm，将“目标氧含量”设置成“1%”。

19）第一层铺粉。单击“设备调试”按钮，弹出“设备调试”对话框，如图 3-39 所示，设置图中所示参数，按照图中操作顺序完成第一层铺粉工作。为了让打印件与基板熔融得更加牢靠，第一层粉末铺粉厚度建议为 0.03~0.05mm，效果如图 3-40 所示。

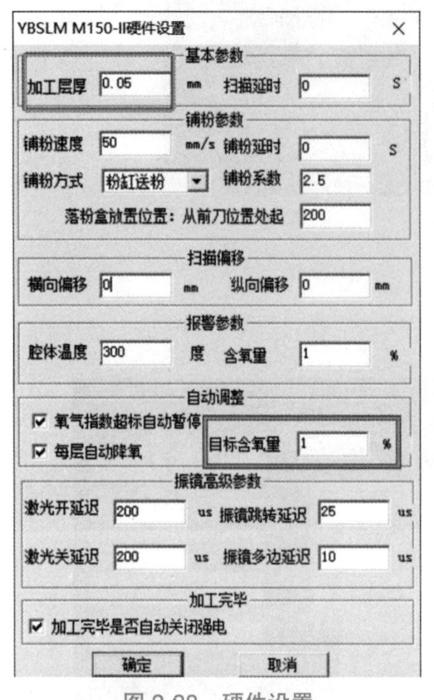

图 3-38　硬件设置

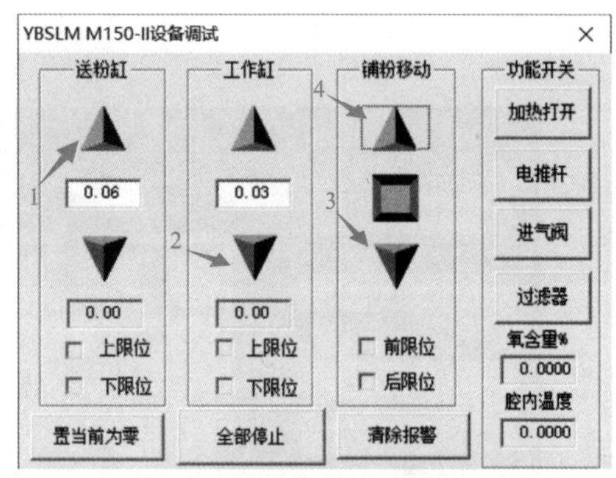

图 3-39　铺粉操作顺序

20）关闭工作腔。第一层粉末铺完后，关闭工作腔。检查按钮“电推杆已打开”的状态，按住电推杆升降按钮，工作腔开始闭合。待工作腔完全闭合后，松开按钮，如图 3-41 所示。

21）洗气。在 SLM 工艺金属 3D 打印过程中，为防止打印过程中金属被氧化，工作腔内需要填充惰性气体，打印 316L 不锈钢材料需要使用氮气作为保护气，单击“进气阀已打开”按钮，打开进气阀门，开始进行气体置换，将工作腔内的氧气排出，填充氮气。由于打印过程激光将金属粉末内部分杂质熔融气化，产生打印黑烟，需要将黑烟过滤，单击“过滤已打开”按钮，打开过滤器，在洗气过程中将过滤器内的氧气洗净。观察设备工作腔上方的氧气传感器数值，当小于 0.5% 时，洗气工作完成。

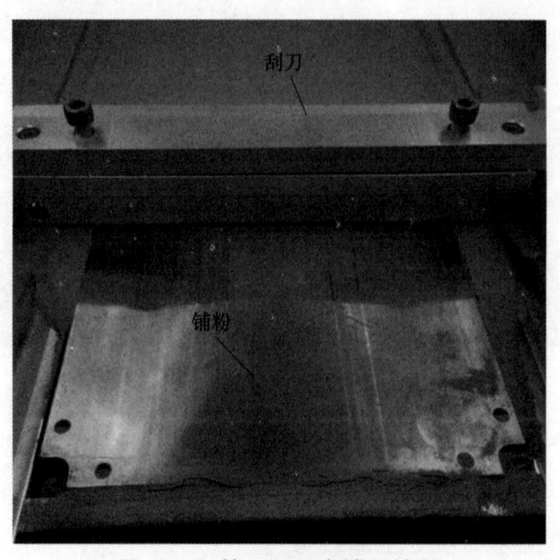

图 3-40　第一层粉末铺粉效果

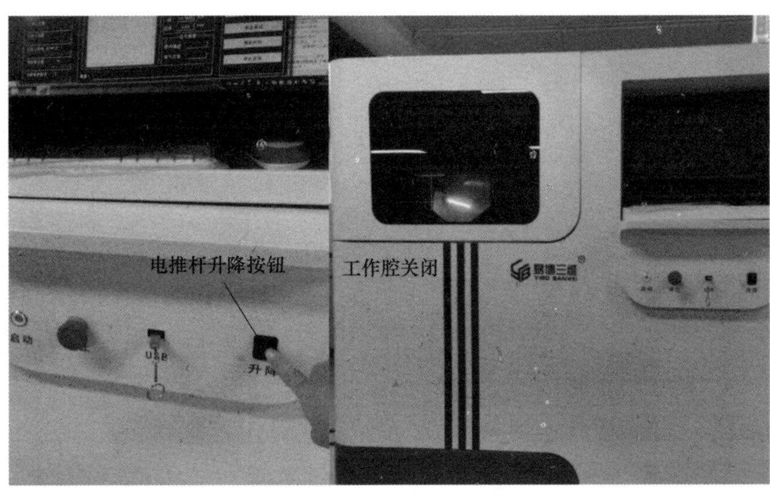

图 3-41　关闭工作腔

22）打印第一层。为了更好地使打印件与基板熔合，第一层选择手动打印，如图 3-42 所示，设置单层打印高度为 0.05mm，单击“单层制造”按钮开始单层打印，单层打印结束后，观察表面效果，打印效果明亮均匀，无球化现象，即可开始连续制造。

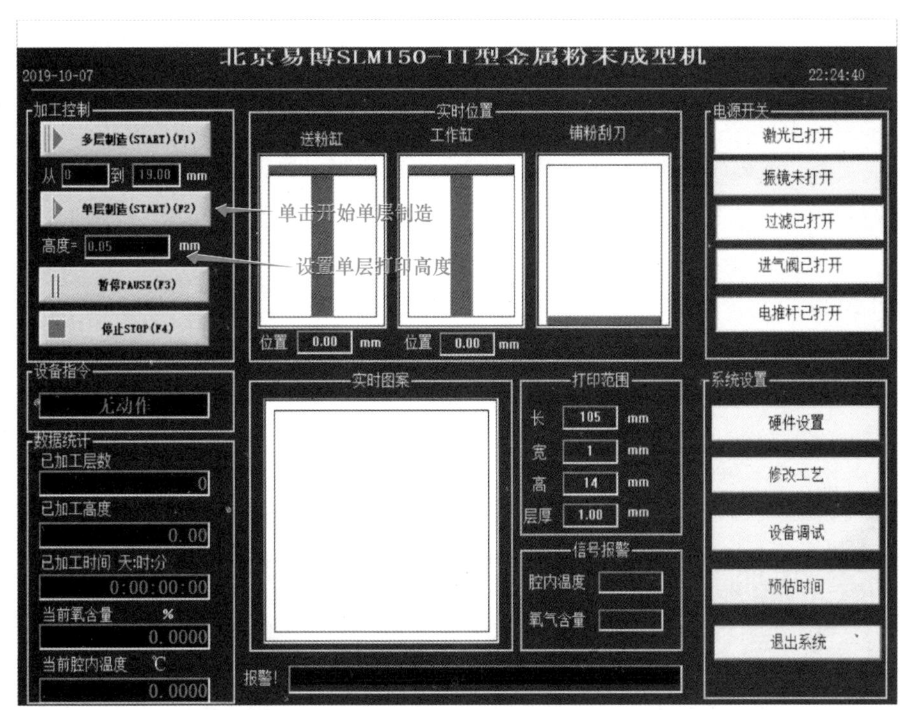

图 3-42　单层打印

23）连续打印。单击加工区的“多层制造”按钮，开始连续制造，如图 3-43 所示。

24）打印结束。当连续制造完毕后，应立即关闭保护气，关闭激光器电源，关闭基板加热功能，关闭吹风扇，将粉盒移动到后端。然后戴上防护口罩，穿好工作服，戴上胶手套，等待约 10min，确保通风换气后，开启工作腔，开启方式同步骤 13）。工作腔开启后，用工具箱里的毛刷清理回收未打印的金属粉末，将金属粉末筛分后用于下次打印，如图 3-44 所示。

至此，该标准力学拉伸件打印完成。清理设备，关闭设备电源。

图 3-43　连续制造

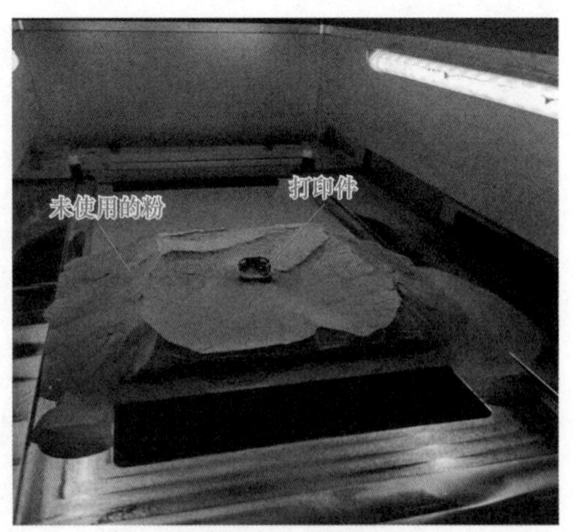

图 3-44　清理零件

3.6.5　零件后处理

零件加工完毕后，首先要将带着基板的打印件进行喷砂处理，去除表面及支撑内部残留的粉末，图 3-45 所示为喷砂设备。然后将打印件与基板进行热处理，去除打印过程中由于温度变化过大而产生的内部应力，图 3-46 所示为热处理设备。回火去应力后，需要将基板与打印件分离，采用线切割设备沿着基板表面将零件及支撑切离，图 3-47 所示为线切割设备。最后将带有支撑的 3D 打印件采用机械加工方式，如铣床、加工中心等去除支撑。由于 SLM 工艺的成形原理，金属粉末原材料为粉末颗粒，打印件的精度为 100mm ± 0.1mm，所以有配合要求的位置都需要进行精加工，以保证尺寸精度。

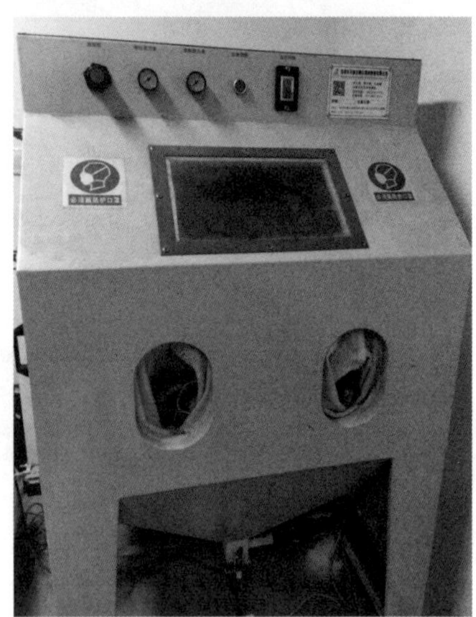
图 3-45　喷砂机

图 3-46　热处理炉

图 3-47　线切割机设备

3.7　SLM 工艺制件主流后处理工艺

3.7.1　SLM 工艺制件后处理工艺流程

SLM 工艺制件的后处理工艺主要有线切割、去支撑、热处理、研磨和喷砂等，如图 3-48 所示。工件经 SLM 工艺制件完成后，通常采用线切割将其从基板上完全剥离，需要在专业的电火花线切割机床上完成操作。

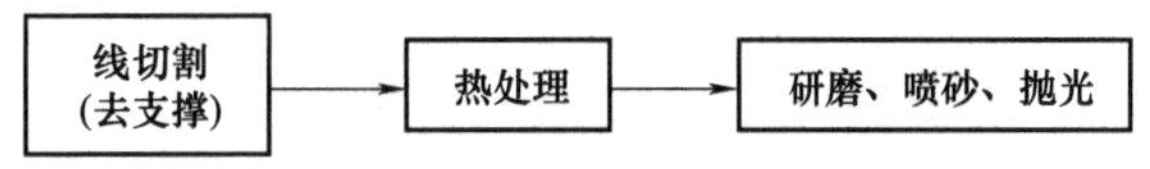

图 3-48　SLM 工艺制件主流后处理工艺

工件从基板剥离后留下许多支撑痕迹，可用打磨头去除支撑痕迹，操作时打磨头需来回运动，不能在某个位置停留太久，将工件突出的支撑点去除即可。

采用 SLM 工艺打印的工件直接投入使用可能无法满足工作要求，通常需要经过热处理工艺提高材料的力学性能、消除残余应力和改善加工性能。对工件表面光顺度有要求时，可在研磨机上打磨，研磨完成后用水或者酒精冲洗。若工件表面严重氧化，可用喷砂机去除氧化层，具体方法是：接通喷砂机电源，起动喷砂机，喷砂机内将喷出水流，水中有很多细小的沙砾，沙砾撞击工件，将工件上的氧化层去除。喷砂完成后需将工件上的水分吹除，防止工件再次氧化。

1. 电火花线切割

电火花线切割（Wire Electrical Discharge Machining，WEDM）的物理原理是自由正离子和电子在场中积累，很快形成一个被电离的导电通道。在这个阶段，两板间形成电流，导致粒子间发生无数次碰撞，形成一个等离子区，并很快升高到 8000~12000℃的高温，在两导体表面瞬间熔化一些材料，同时，由于电极和电解液的气化，形成一个气泡，并且它的压力呈轨迹上升，直到非常高。然后电流中断，温度突然降低，引起气泡内爆炸，产生的动力把熔化的物质抛出弹坑，被腐蚀的材料在电解液中重新凝结成小的球体，并被电解液排走。通过数控系统的监测和管控，伺服机构执行动作，使这种放电现象均匀一致，如图 3-49 所示。

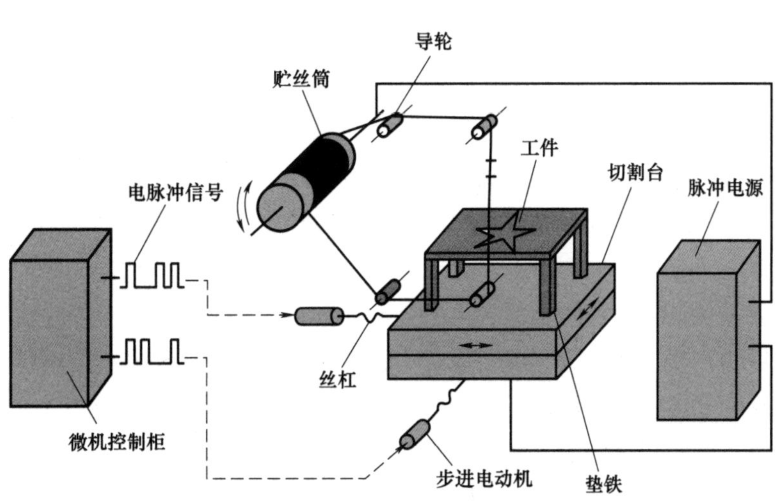

图 3-49　电火花线切割工作原理

在编程系统 CAD 环境下，绘制零件的轮廓；完成后从 CAD 环境进入到 CAM 环境中，完成刀路轨迹的绘制，建立所需加工的零件模型，通过拾取轮廓新建零件；设置机床加工参数，完成零件的建模之后编制程序；使用仿真功能模拟实际加工效果，最后进行后置处理，生成加工所需要的 G 代码文件。接下来使用图 3-50 所示的数控电火花线切割机进行切割。

线切割分离打印基板和工件是 SLM 工艺后处理的第一步，后续处理将根据实际需求进行，如图 3-51 所示。

图 3-50　数控电火花线切割机

图 3-51　线切割分离 SLM 打印基板

2. 样品研磨抛光

金相研磨抛光机由基本部件组成，如底座、抛光板、抛光织物、抛光盖和盖子。电动机固定在底座上，用于固定研磨抛光盘的锥套通过螺钉与电动机轴连接。研磨抛光布通过套圈固定在研磨抛光板上，金相研磨抛光机通过底座上的开关起动后，可以用手对工件施加压力，对旋转的研磨抛光板进行研磨抛光。在研磨抛光过程中加入的研磨抛光液可以通过固定在底座上的塑料板中的排水管流入研磨抛光机旁边的方板中。研磨抛光罩可防止机器不使用时灰尘等杂物掉落在研磨抛光织物上，影响使用效果。除手动研磨抛光机外，还可以选用自动研磨抛光机，在合适条件下选择自动研磨抛光机可节省人力和时间，样品质量也更好，如图 3-52 所示。

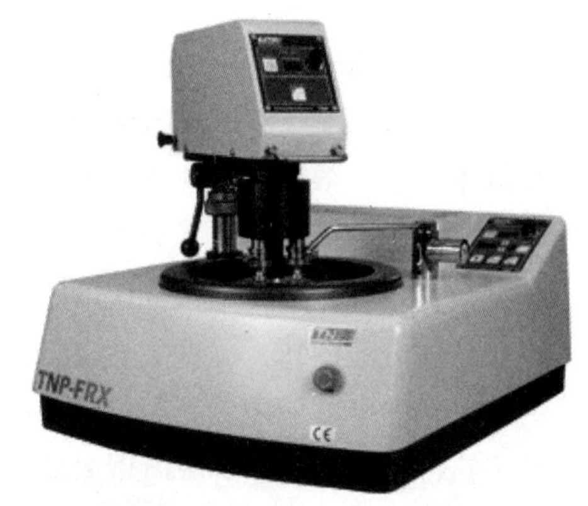

图 3-52　自动金相研磨抛光机

金相研磨抛光机在研磨抛光时，样品研磨面和研磨抛光板应平行并均匀轻轻压在研磨抛光板上，注意防止工件飞出和压力过大造成新的研磨痕迹。同时，工件也应沿转盘的半径方向旋转和来回移动，以避免抛光织物的局部磨损过快。在抛光过程中，应不断添加微粉悬浮液，以保持抛光织物处于一定湿度。湿度会削弱磨削和抛光的磨削痕迹。如果湿度太小，工件会因摩擦生热而发热，润滑效果会降低，抛光后的表面会失去光泽，甚至会出现黑点，轻合金会损坏其表面。为了达到粗抛光的目的，要求转盘的转速较低，不超过 500r/min。研磨和抛光时间应长于去除划痕所需的时间，因为变形层也应被去除。粗抛光后，抛光后的表面光滑，但不光滑，显微镜下观察到均匀细小的磨痕，需要通过精抛光去除。在精细抛光过程中，转盘的速度可以适当加快，研磨和抛光时间适于丢弃粗抛光的损坏层。抛光结束后，抛光后的表面像镜子一样明亮，在显微镜明亮的视野下看不到划痕，但在照明不良的条件下仍然可以看到抛光的痕迹。一般来说，研磨用的砂纸是从低目数逐渐增加至高目数，直到满足研磨要求，常用顺序为 200→400→600→800→1000→1200→1500→2000→3000→5000（目），根据实际情况选择，但必须是从低到高。在进行抛光操作时也应遵循此原则，抛光膏 / 喷雾粒度变化时，应将抛光布上残余的抛光用品清洗干净。

金相研磨抛光机操作的关键是要获得抛光速率，以便尽快去除抛光过程中产生的损坏层。同时，研磨和抛光损伤层不会影响最终观察到的组织，即不会造成假组织。前者要求使用较粗的磨料以确保较高的抛光速率来去除抛光损伤层，但抛光损伤层也更深。后者要求使用精细材料使抛光损伤层变浅，但抛光速率低。解决这个矛盾的办法是把研磨和抛光分成两个阶段。粗抛光的目的是去除抛光的受损层。抛光速率应在此阶段设定。粗糙抛光造成的表面损伤是次要考虑因素，但也应尽可能小。第二种是精细抛光（或最终抛光），旨在消除粗糙抛光造成的表面损伤，并将磨损损伤降至最低。

3. 喷砂

工件在喷砂前应进行表面清理，常用的方法有电动打磨、溶剂清理、酸洗等。开始喷砂后利用高速砂流的冲击作用清理和粗化基体表面。采用压缩空气为动力，以形成高速喷射束将喷料（铜矿砂、石英砂、金刚砂、铁砂、海南砂）高速喷射到需要处理的工件表面，使工件的外表面或形状发生变化。由于磨料对工件表面的冲击和切削作用，使工件的表面获得一定的光洁度和不同的表面粗糙度，使工件表面的力学性能得到改善。对 SLM 工艺 3D 打印件而言，主要是去除样品表面氧化皮和杂质。

3.7.2 SLM 工艺制件的热等静压

热等静压（Hot Isostatic Pressing，HIP）工艺是将制件放置到密闭的容器中，向制件施加各向同等的压力，同时施以高温，在高温高压的作用下，制件得以烧结和致密化。热等静压是高性能材料生产和新材料开发不可或缺的手段，在 SLM 工艺热处理中，将制件包括铝合金、钛合金、高温合金等缩松缩孔的打印件进行热致密化处理，通过热等静压处理后，打印件可以达到 100% 致密化，提高打印件的整体力学性能。

在热等静压过程中，材料在密闭容器中同时受到高温和各方向相同高压的处理。施压气体为惰性气体，以避免与材料发生化学反应，一般用氩气。使用惰性气体，可使材料不发生化学反应。腔室被加热，导致容器内的压力增加。许多系统使用相关的气泵来达到必要的压力水平。从各个方向对材料施加压力（因此称为“等压”）。热等静压也被用作烧结（粉末冶金）制程和金属基复合材料制造的一部分。

总之，SLM 工艺是目前应用广泛的一种金属增材制造工艺。SLM 工艺的基本原理是：先在计算机上利用 SolidWorks、NX、CATIA 等三维软件设计出零件的三维实体模型，然后通过切片软件对该三维模型进行切片分层处理，将处理好的模型导入 SLM 工艺 3D 打印设备中，设备控制激光束选区熔融各层的金属粉末材料，逐步堆叠成三维金属零件。其主要流程为：用建模软件创建模型；对模型进行切片处理；将模型导入 3D 打印设备添加支撑并设置好各项打印参数；开始打印以及打印完成后对打印件进行后处理。

课后练习与思考

1. SLM 工艺制件工作流程是什么？
2. SLM 工艺制件及后处理过程中需要注意哪些问题？

第 4 章　激光选区烧结（SLS）增材制造技术

【学习目标】

知识目标：（1）了解激光选区烧结（SLS）增材制造技术发展历程。

（2）掌握激光选区烧结（SLS）增材制造技术的原理和工艺流程。

（3）掌握激光选区烧结（SLS）增材制造技术的后处理工艺。

技能目标：（1）掌握激光选区烧结（SLS）增材制造设备操作方法和基本步骤。

（2）能够应用激光选区烧结（SLS）增材制造设备成形零件。

素养目标：（1）具有学习能力和分析问题、解决问题的能力。

（2）具有认真、细心的学习态度和精益求精的工匠精神。

（3）具有综合运用所学的理论基础、专业知识、基本技能和处理问题的能力。

【考核要求】

通过学习本章内容，能够系统地了解 SLS 技术和工艺，掌握三维建模与结构优化、增材制造设备参数设置及调整、SLS 设备的操作方法、过程监控、增材制造设备应用维护、增材制造设备装调及后处理等工作流程。

4.1　激光选区烧结（SLS）增材制造技术基本概念

4.1.1　SLS 工艺原理

激光选区烧结（SLS）成形技术是快速原型制造技术的一个重要组成部分，它以激光作为热源，通过将零件的三维 CAD 模型进行分层切片处理，获得每一层的截面轮廓信息后，再由计算机控制激光束对每一层截面进行扫描烧结，经过逐层叠加，最终得到三维功能零件或产品。SLS 工艺成形原理如图 4-1 所示，整个设备由激光器、光路系统、成形腔、缸体升降系统、预热系统、气体保护系统、计算机控制系统七大部分组成，其基本制造过程如下：

1）设计构造零件 CAD 模型。

2）将模型转化为 STL 格式文件（即将零件模型以一系列三角面片来拟合）。

3）将 STL 格式文件进行横截面切片分割。

4）激光器根据零件截面信息逐层烧结粉末，分层制造零件。

5）对零件进行清粉等处理。

在 SLS 工艺成形过程中，激光束每完成一层横截面切片的扫描，工作缸相对于激光束照射平面（成形平面）相应地下降一个切片层厚的高度，而与铺粉辊同侧的储粉缸会上升一定高度，该高度与切片层厚存在一定比例关系。随着铺粉辊向工作缸方向的平动与转动，储粉缸中超出照射平面高度的粉末层被推移并填补到工作缸粉末的表面，即前一层的扫描区域被覆盖，覆盖的厚度为切片层厚，并将其加热至略低于材料玻璃化温度或熔点，以减少热变形，并利于与前一层面的结合。随后，激光束在计算机控制系统的精确引导下，按照零件的分层轮廓选择性地进行烧结，使材料粉末烧结或熔化后凝固形成零件的一个层面，没有烧过的地方仍保持粉末状态，并作为下一层烧结的支撑部分。完成烧结后工作缸下移一个层厚并进行下一层的扫描烧结。如此反复，层层叠加，直到完成最后截面层的烧结成形为止。当全部截面烧结完成后除去未被烧结的多余粉末，再进行打磨、烘干等后处理，便得到所需的三维实体零件。如图 4-1 所示，激光扫描过程、激光开关与功率控制、预热温度以及铺粉辊、储粉缸移动等都是在计算机系统的精确控制下完成的。

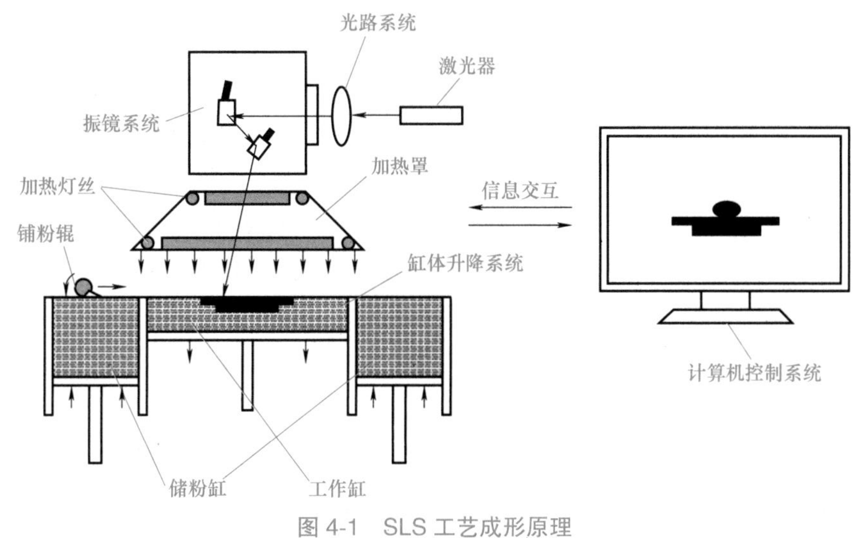

图 4-1　SLS 工艺成形原理

SLS 工艺最大的优势在于材料的适应面广、无须支撑。从原理上看，只要经激光照射后熔化并使得原子间出现黏结的粉末均合适，如有机聚合粉末、金属粉末和陶瓷粉末等，且材料粉末的价格低廉、成本较低。此外，SLS 工艺在打印过程使用的打印材料无浪费，也不需要设计和打印支撑结构，成形与零件复杂程度无关，能生产硬度较大的模具，因而得到了广泛的关注。SLS 工艺特点可以归纳为以下几点：

1）材料适应面广且成本低，利用率高。打印过程中使用的材料若未被烧结，则可以重新利用机器过筛后回收利用，使得打印粉末材料的利用率相比其他制造方式更高。

2）无须支撑结构且制造柔性化。SLS 工艺在烧结过程中，成形件附件没有被烧结的粉末材料可以作为成形件的有力支撑，在打印成形件的一些悬空或镂空的部位时，也不需要支撑结构，因此也就减少了后期去除成形件支撑的步骤。同时由于无须打印支撑结构，SLS 工艺可以打印出任何结构复杂的成形件，因此对于内部结构比较复杂的成形件的打印制造，具有相比于传统制造方式无法比拟的优点。

3）设计和生产的周期短。从模型设计到产品的生产制造仅用数个小时就能完成，制造的整个流程完全被数字化控制，可以根据自身的要求随时对打印的模型进行修改与改进，减少了产品设计和生产的时间。

4）应用范围广。由于 SLS 工艺的选材广泛、制造柔性化，也可以与传统铸造工艺相结合，能够迅速进行小批量零件的加工、模具的制造和型壳铸造等，从而使得 SLS 工艺在众多工业领域有着广泛应用。

4.1.2 SLS 工艺激光烧结机理

烧结一般是指将粉末材料变为致密体的过程。Kruth 等人根据成形材料不同，将 SLS 工艺的烧结机理主要分为固相烧结、化学反应连接、完全熔融和部分熔融。

固相烧结一般发生在材料的熔点以下，通过固态原子扩散（体积扩散、界面扩散或表面扩散）形成烧结颈，然后随着时间的延长，烧结颈长大进而发生固结。这种烧结机理要求激光扫描的速度非常慢，适用于早期 SLS 工艺成形低熔点金属和陶瓷材料。

化学反应连接是指在 SLS 工艺成形过程中，通过激光诱导粉末内部或与外部气氛发生原位反应，从而实现烧结。例如，Slocombe 等人采用 SLS 工艺成形 TiO_2 Al 和 C 的混合粉末，通过激光引发的放热反应得到 TiC-Al_2O_3 复合陶瓷。

完全熔融和部分熔融是 SLS 工艺成形高分子材料的主要烧结机理。完全熔融是指将粉末材料加热到其熔点以上，使之发生熔融、铺展、流动和熔合，从而实现致密化。半晶态高分子材料熔融黏度低，当激光能量足够时，可以实现完全熔融。部分熔融一般是指粉末材料中的部分组分发生熔融，而其他部分仍保持固态，发生熔融的部分铺展、润湿并连接固体颗粒。其中低熔点的材料称为黏结剂（Binder），高熔点的称为骨架材料（Structure material）。利用 SLS 工艺间接法制备金属、陶瓷构件的过程中，采用高分子材料作为黏结剂均采用了此机理。部分熔融也发生在单相材料中，如非晶态高分子材料，在达到玻璃化转变温度时，由于其熔融黏度大，只发生局部的黏性流动，流动和烧结速率低，呈现出部分熔融的特点。另外，当激光能量不足时，半晶态高分子粉末中的较大颗粒很难完全熔融，也表现为部分熔融。

与注射成形等传统的高分子加工方法不同，SLS 工艺成形是在零剪切作用力的状态下进行的，烧结的驱动力主要来自于表面张力。许多学者就 SLS 工艺成形过程中的烧结动力学开展了实验与理论研究。黏性流动是高分子烧结的主要烧结机理，Frenkel 和 Eshelby 等人最早提出黏性流动理论来解释粉末的烧结过程，该理论认为黏性流动的驱动力来自于熔体的表面张力，而材料的熔融黏度则是其烧结的阻力。该模型可以简化为两等半径球形颗粒的等温烧结过程，如图 4-2 所示，假设两颗粒点接触 t 时间后形成一个圆形的接触面，即烧结颈，由此可以推导出烧结过程的控制方程为

$$\frac{d\theta}{dt}=\frac{\gamma}{2a_0\eta\theta} \tag{4-1}$$

其中，a_0 为粉末颗粒的半径，γ 为熔体的表面张力，η 为熔体的黏度。Rosenzweig 等人通过 PMMA 颗粒的烧结过程验证了 Frenkel 模型的可行性，Brink 等人进一步阐明 Frenkel 模型同样适用于半晶态高分子粉末的烧结过程。然而该模型没有考虑在烧结过程中颗粒的大小变化，因此只适用于烧结的初始阶段。Pokluda 等人考虑到烧结速率随烧结颈大小的动态变化，将式（4-1）修正为

$$\frac{d\theta}{dt}=\frac{\gamma}{a_0\eta}\,\frac{2\frac{5}{3}\cos\theta\sin\theta(2-\cos\theta)\frac{1}{3}}{(1-\cos\theta)(1+\cos\theta)\frac{1}{3}} \tag{4-2}$$

$$\sin\theta=\frac{x}{a} \tag{4-3}$$

其中，x 为烧结颈半径，a 为粉末颗粒的动态半径。

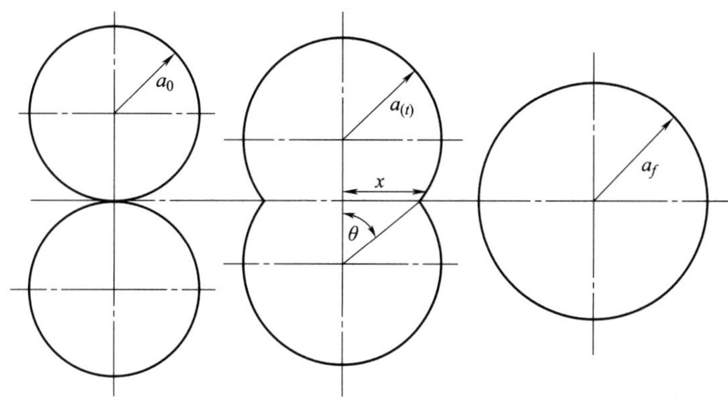

图 4-2　两等半径球形液滴的黏性流动模型

然而，以上烧结模型均只描述了两个颗粒在等温条件下的烧结过程，而 SLS 工艺是大量粉末无序堆积而成的粉末床烧结，且激光烧结也是非等温的烧结过程。因此 Sun 等人提出烧结立方体模型来描述 SLS 工艺成形过程中粉末床的致密化过程，烧结速率可以用烧结颈半径随时间的变化率来表示：

$$\dot{x}=-\frac{\xi(1-\rho)\pi\gamma a^2}{24\eta\rho^3x^3}\left\{a-(1-\xi)x+\left[x-\left(\xi+\frac{1}{3}\right)a\right]\frac{\eta(x^2-a^2)}{18ax-12a^2}\right\} \tag{4-4}$$

其中，ξ 为参与烧结的颗粒所占的比例，ξ 取值范围为 0~1，代表任意两个粉末颗粒形成一个烧结颈的机率，ξ=1 时，代表所有的粉末颗粒都烧结；ρ 为粉末床的相对密度。

从以上 SLS 工艺成形的烧结动力学分析可以得出，粉末的致密化速率与材料的表面张力 γ 成正比，与材料的熔融黏度 η 和颗粒半径 a 成反比。

4.1.3　SLS 工艺成形材料

SLS 工艺的突出优点在于可成形材料的种类非常广泛。从理论上讲，任何能够吸收激光能量而黏度降低的粉末材料都可以用于 SLS 工艺，但开发性能优异的粉末材料仍然是 SLS 技术发展中的关键环节之一。按材料性质主要可分为金属粉末材料、陶瓷粉末材料、高分子粉末材料和覆膜砂材料。

（1）金属粉末材料　金属粉末材料的激光选区烧结分为直接烧结法和间接烧结法。直接烧结法是利用大功率激光直接烧结金属粉末得到成形零件，间接烧结法是在金属粉末中添加有机黏结剂使其熔化后黏结金属粉末，再经过后续处理得到成形零件。

直接烧结法中使用的金属粉末材料主要有单组分金属粉末、多组分金属粉末和预合金粉末三类。目前研究较多的单组分金属粉末有 Sn、Zn、Pb、Fe、Ni 等。与烧结单一金属粉末相比，烧结多组分金属粉末或预合金粉末对于提高成形件的致密度和性能更加有效。在多组分金属粉末混合材料中，通常将高熔点的金属作为结构材料，低熔点的金属作为黏结剂。多组分金属粉末的激光烧结机理为液相烧结，当激光烧结温度超过黏结金属的熔点时，该组分材料熔化形成液相。预合金粉末在熔化 - 凝固的过程中存在一个固液共存的区间，预合金粉末的激光烧结也是通过液相烧结来实现的，烧结温度在其组分的液相线温度和固相线温度之间进行选择，称为超固相线液相烧结。激光加热预合金粉末至略高于固相线温度时，液相沿着预合金粉末颗粒的表面及其内部晶界而生成，颗粒经受破裂和再填充，使液相分布均匀，液体流动并润湿晶界和固体颗粒，通过颗粒的重排以及后续的溶解—再沉淀过程，致使粉末快速致密化。

间接烧结法中有机黏结剂的加入有两种方式，一种是与金属粉末混合，一种是包覆在金属粉末表面。间接法通过利用小功率（小于 50W）激光烧结粉末得到形坯，形坯再经适当的后续处理，一般为脱脂、高温烧结、熔渗金属或浸渍树脂，最终获得具有一定强度的金属零件。

（2）陶瓷粉末材料　陶瓷粉末材料的激光选区烧结也分为直接烧结和间接烧结两种方法。目前常用的陶瓷粉末有 Al_2O_3、SiC、ZrO 等。

在直接烧结法中，陶瓷粉末被激光加热，然后以固相烧结或熔融的方式黏结在一起。由于陶瓷材料烧结温度高，可塑性差，所以该方法面临着很多困难，且得到的制品密度低，力学性能差。目前对该领域的研究主要采用间接烧结法，即在陶瓷粉末中加入低熔点的黏结剂，通过烧结时黏结剂的熔化将陶瓷粉末黏结起来，制成陶瓷生坯，然后去除黏结剂并通过后处理来提高陶瓷制品的性能。间接烧结中使用的黏结剂有三种，即无机黏结剂、有机黏结剂和金属黏结剂。

（3）高分子粉末材料　高分子粉末材料是应用最早，也是目前应用最广泛的激光选区烧结成形材料，包括非晶态聚合物和晶态聚合物等。非晶态聚合物在温度上升到玻璃化温度以上后发生烧结。目前所用的非晶态聚合物主要有 PC、PS 等。在 SLS 技术发展初期，PC 粉末就被用作 SLS 工艺成形材料。目前对聚碳酸酯烧结成形的研究已经比较成熟，其成形件强度高、表面质量好，且容易脱模，主要用作熔模铸造在航空、医疗、汽车工业的金属零件的消失模以及制作各行业通用的塑料模。

晶态聚合物的烧结温度在熔融温度（T_m）以上，T_m 以上时其熔融黏度非常低，因而烧结速率较高，成形件的致密度非常高，一般在 95% 以上。因此，当材料的本体强度较高时，晶态聚合物成形件具有较高的强度。然而，晶态聚合物收缩率非常大，在烧结过程中容易翘曲变形，成形件的尺寸精度较差。尼龙粉末已被证明是目前 SLS 技术直接制备塑料功能件的最好材料。对它的激光选区烧结研究已经基本成熟，而尼龙复合材料的成形件具有某些比纯尼龙成形件更加优越的性能，如力学性能、耐热性等，因而可以满足不同场合、用途对塑料功能件性能的需求，所以尼龙复合粉末材料成为目前的研究热点。

（4）覆膜砂材料　在 SLS 工艺中，覆膜砂零件是通过间接法制造的。覆膜砂与铸造用热型砂类似，采用酚醛树脂等热固性树脂包覆锆砂、石英砂的方法制得，如 3D Systems 公司的 SandForm Zr。在激光烧结过程中，酚醛树脂受热产生软化、固化，使覆膜砂黏结成形。由于激光加热时间很短，酚醛树脂在短时间内不能完全固化，导致成形件的强度较低，须对成形件进行加热处理，处理后的成形件可用作铸造用砂型或砂芯来制造金属铸件。

4.2　SLS 工艺发展历史及现状

SLS 工艺属于选材广泛、柔性度高的增材制造技术，被美国德克萨斯大学的 C.R.Dechard 在 1989 年首次研发出。由于其制造工艺简单快速、原材料范围广、制造灵活等，已迅速被应用于制造业的各个方面，并成为增材制造技术重要发展方向之一。在 SLS 工艺的商业化方面，目前美国的 3D System 公司和德国的 EOS 公司仍处于主导地位。3D System 公司的前身为始建于 1987 年的美国德克萨斯奥斯汀 DTM 公司。DTM 公司拥有有多项 SLS 技术专利，于 1992 年推出 Sinterstation 2000 系列商品化 SLS 成形机，随后分别于 1996 年、1998 年推出了经过改进的 SLS

成形机 Sinterstation 2500、Sinterstation 2500 plus，同时开发出多种烧结材料，可直接制造蜡模、塑料、陶瓷和金属零件。该公司于 2001 年被 3D System 公司收购后，于 2004 年推出了新一代 Sinterstation HiQ 成形机，目前 3D System 公司拥有了最先进的 SLS 技术。

德国 EOS 成立于 1989 年，同样在 SLS 技术方面占有主导地位。1994 年 EOS 公司先后推出了三个系列的 SLS 成形机：烧结热塑性塑料粉末的 EOSINT P，用于制造塑料功能件及熔模铸造和真空铸造的原型；直接烧结金属粉末的 EOSINT M，用于制造金属模具和零件；直接烧结树脂砂的 EOSINT S，用于制造复杂的铸造砂型的砂芯。EOS 公司不断致力于通过改进硬件和软件来提高成形速度、成形精度和加工尺寸，简化操作，从而使得市场所占比例也逐渐扩大。

与国外针对激光选区烧结领域的研究相比，国内相关领域的研究虽然起步稍晚，但发展也较为迅速。国内从 1994 年开始研究 SLS 技术，北京隆源公司推出了用于熔模铸造的系列成形设备，其中采用 CO_2 激光器烧结塑料粉末，分层厚度为 0.08~0.3mm，成形材料包括精密铸造模料、树脂砂和工程塑料等，金属件采用光纤激光器，分层厚度可以低至 0.02mm，成形的金属材料包括不锈钢、模具钢、钛合金和钴铬合金等；华中科技大学也研发了以覆膜砂和聚苯乙烯（Polystyrene，PS）为材料的一系列成形设备；南京航空航天大学开发了 RAP-I 系列的 SLS 成形系统。

4.3　SLS 工艺金属制件的应用

采用 SLS 工艺也能够制造大型、复杂结构的非金属零件，主要用于制造砂型铸造用的砂型（芯）、陶瓷芯、精密铸造用的熔模和塑料功能零件。目前已被广泛应用于航天航空、机械制造、建筑设计、工业设计、医疗、汽车和家电等行业。

4.3.1　铸造砂型（芯）成形

SLS 工艺可以直接制造用于砂型铸造的砂型（芯），从零件图样到铸型（芯）的工艺设计，铸型（芯）的三维实体造型等都是由计算机完成，无须过多考虑砂型的生产过程。特别是对于一些空间的曲面或者流道，用传统方法制造十分困难。采用传统方法制造铸型（芯）时，常常将砂型分成几块，然后将砂芯分别拔出后进行组装，因而需要考虑装配定位和精度问题。而采用 SLS 工艺可实现铸型（芯）的整体制造，不仅简化了分离模块的过程，铸件的精度也得到提高。因此，采用 SLS 工艺制造覆膜砂型（芯），在铸造中有着广阔的前景。图 4-3 所示为利用 SLS 工艺制造的覆膜砂型（芯）及其铸件。

a)

b)

c)

图 4-3　SLS 成形的砂型（芯）及其铸件

4.3.2　铸造熔模成形

铸造过程中铸型的制造是成形过程中一个周期较长且工艺较复杂的过程，零件的形状结构和尺寸数据的变化都会对铸型（铸模）的设计、制造和装配产生较大的影响。激光选区烧结（SLS）增材制造技术可以实现将零件的 CAD 模型直接转化成零件原型，该零件原型经过后处理之后能直接应用于熔模精密铸造。将激光选区烧结（SLS）增材制造技术与传统铸造结合起来，将提高铸造的柔性，可快速地生产铸件，满足新产品的试制和小批量产品生产的需求。此外 SLS 工艺采用的是数字化技术，排除了人为因素的干扰，制造的蜡模质量稳定可控，同时不存在使用寿命的约束，可连续生产，节约了成本。图 4-4 所示为采用 SLS 工艺成形的熔模，以及用其浇注的铝合金铸件。

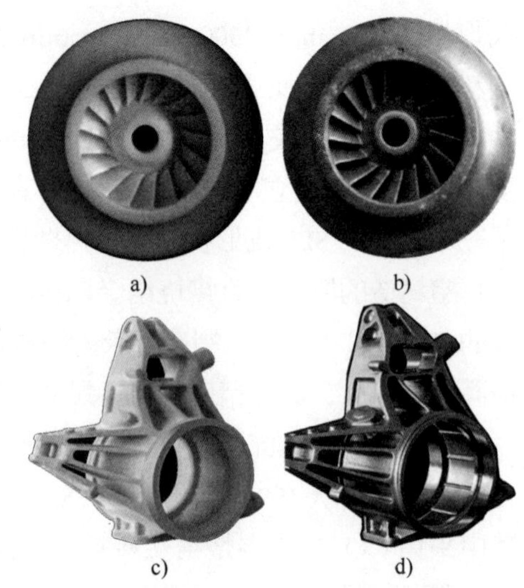

图 4-4　采用 SLS 工艺成形的熔模及其铸件

4.3.3　高分子功能零件成形

高分子材料作为新型功能材料，在当前得到了广泛的应用和发展。为获得更高性能和应用价值，常采用 SLS 工艺成形高分子聚合物制件。其中频繁使用的高分子原料是聚酰胺（尼龙）基复合材料，填充陶瓷材料或金属材料。如采用铝填充聚酰胺基质可获得具备金属外观、精加工性能和高硬度的 SLS 制件。

用于 SLS 工艺成形的材料主要是热塑性高分子及其复合材料。热塑性高分子又可以分为晶态和非晶态两种，由于晶态和非晶态高分子在热性能上的决然不同，造成了它们在激光烧结参数设置及制件性能上存在巨大的差异。

直接制造是指通过 SLS 工艺成形的高分子制件具有较高的强度，可直接用作塑料功能件。一般晶态高分子的预热温度略低于其熔融温度，激光扫描后熔融，熔体黏度较低，烧结速率快，成形件的致密度可以达到 90% 以上，成形件的强度较高，可直接用作功能零件。用于 SLS 的典型晶态高分子包括尼龙 −12、聚丙烯等。图 4-5 所示为采用 SLS 工艺直接成形的尼龙功能零件。

间接制造是指通过 SLS 工艺成形的高分子制件强度较低，需要浸渗树脂等后处理工艺来提高其力学性能，从而用作强度要求不高的塑料功能件。非晶态高分子的预热温度一般接近其玻璃化温度，激光扫描后高分子超过去玻璃化温度，但是其黏度很大，烧结速率慢，制件的致密度和强度非常低。常用于 SLS 工艺成形的非晶态高分子包括聚苯乙烯、聚碳酸酯等。图 4-6 所示为采用 SLS 工艺间接成形的塑料功能零件。

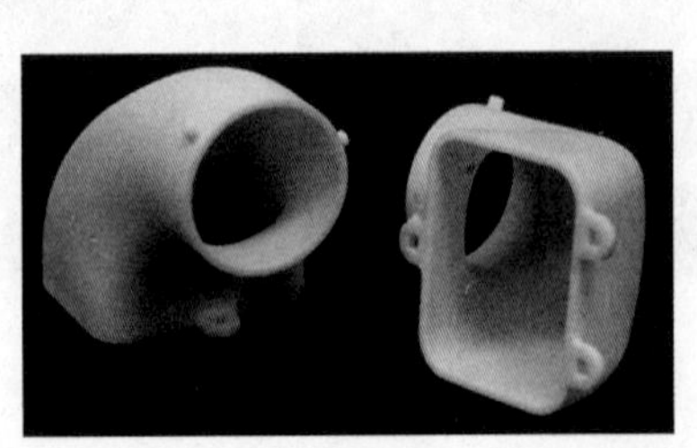
图 4-5　采用 SLS 工艺直接成形的尼龙功能零件

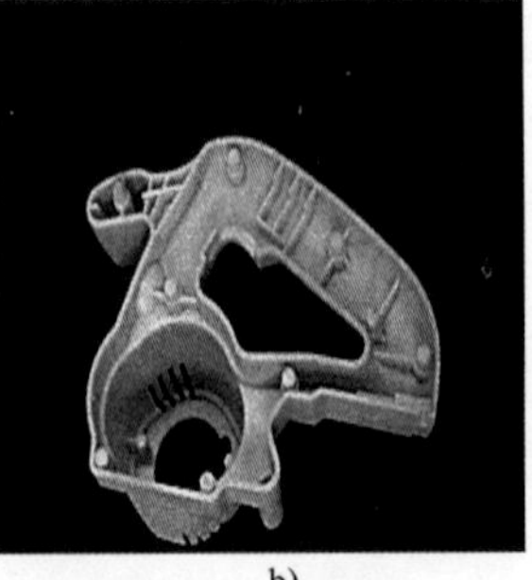

图 4-6　采用 SLS 工艺间接成形的塑料功能零件

4.3.4　生物医学

SLS 技术在生物医学领域同样具有重大的应用价值。SLS 技术通过计算机辅助设计，可个性化定制具有复杂结构的三维通孔组织支架和生物植入体，有效控制孔隙率、孔型、孔径及外形结构，其中主要包括解剖模型、植入件、生物组织、人造骨骼等。其中人造骨骼技术作为当前最具价值的研究之一，已经逐步得到了临床医学的认可。SLS 工艺制件具有灵活性、生物相容性、易加工性等优势，能够在生物医学领域得到应用与推广。

随着 SLS 技术的改进与发展，SLS 工艺制件开始应用于心脏组织、多孔组织、骨组织工程等，尤其是在骨组织工程领域，取得了较大的研究进展。采用多孔 3D 支架可为骨组织修复提供必要的环境，且能够实现组织生长，其多孔 3D 支架模型及采用 SLS 工艺生产的支架如图 4-7 所示。

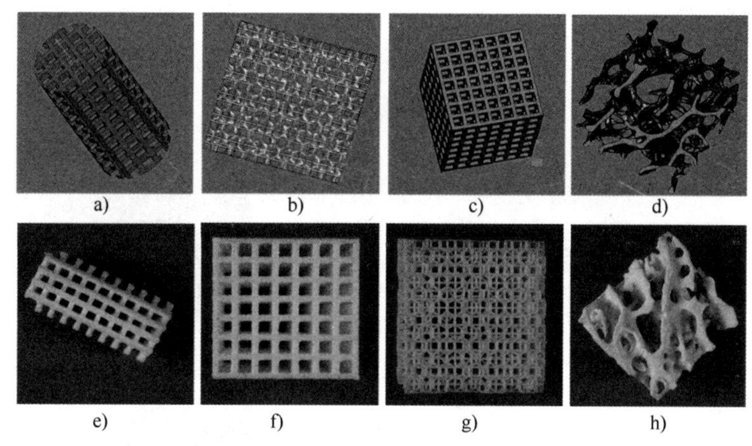

图 4-7　多孔 3D 支架模型及采用 SLS 工艺生产的支架

4.4　SLS 工艺增材制造设备的主要构成

SLS 工艺增材制造设备的核心器件主要包括 CO_2 激光器、振镜扫描系统、粉末传送系统、成形腔、气体保护系统和预热系统等。

（1）CO_2 激光器　SLS 工艺设备采用 CO_2 激光器，波长为 10.6μm，激光束光斑直径为 0.4mm。CO_2 激光器中的主要工作物质由 CO_2、N_2、He 三种气体组成。CO_2 激光器是以 CO_2 气体作为工作物质的气体激光器。放电管通常是由玻璃或石英材料制成，里面充以 CO_2 气体和其他辅助气体（主要是 He 和 N_2，一般还有少量的 H_2 或 Xe）。CO_2 激光器的激发条件是：放电管中通常输入几十毫安或几百毫安的直流电流，放电管中的混合气体内的 N_2 分子由于受到电子的撞击而被激发起来。这时受到激发的 N_2 分子便和 CO_2 分子发生碰撞，N_2 分子把自己的能量传递给 CO_2 分子，CO_2 分子从低能级跃迁到高能级上形成粒子数反转发出激光。

（2）振镜扫描系统　SLS 工艺振镜扫描系统与 LOM 工艺激光振镜扫描系统类似，由光学反射镜片、X/Y 方向光学扫描头和电子驱动放大器组成。计算机控制器提供的信号通过驱动放大电路来驱动光学扫描头，使 XY 平面控制激光束的偏转。

（3）粉末传送系统　如图 4-8 所示，SLS 工艺设备送粉通常采用两种方式，一种是上落粉方式，即将粉末置于机器上方的容器内，通过粉末的自由下落完成粉末的供给；另一种是粉缸送粉方式，即通过送粉缸的升降完成粉末的供给。铺粉系统也有刮刀和铺粉辊两种方式。

（4）成形腔　它是激光进行粉末成形的封闭腔体，主要由工作缸和送粉缸等组成，缸体可以沿 Z 轴上下移动，如图 4-9 所示。

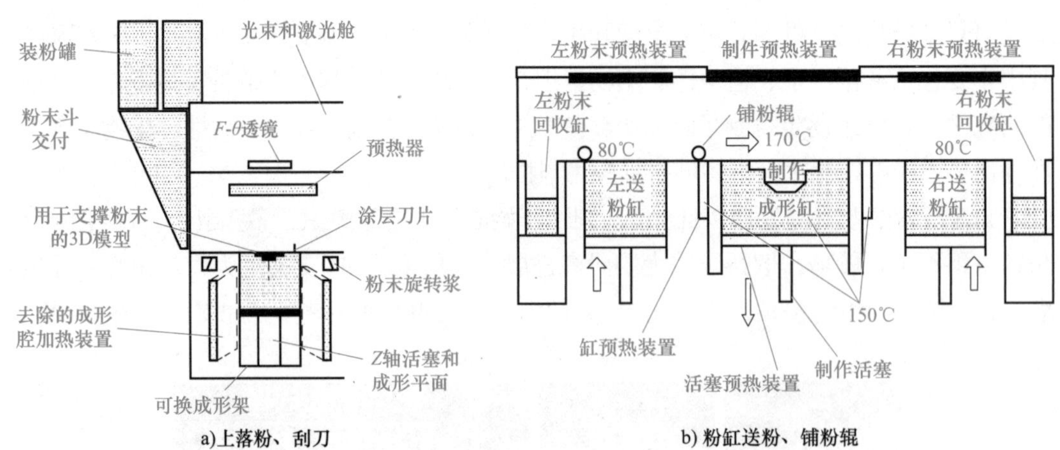

图 4-8　两种不同的粉末传送系统

（5）气体保护系统　在成形前通入成形腔内的惰性气体（一般为 N_2 或 Ar），可以减少成形材料的氧化降解，保持工作台面温度场的均匀性。

图 4-9　成形腔结构

（6）预热系统　采用 SLS 工艺在成形过程中，工作缸中的粉末通常要被加热到预热温度。在预热温度附近，粉末烧结产生的收缩应力会尽快松弛，从而减小了 SLS 工艺制件的翘曲变形。

一般来说，SLS 工艺制件的翘曲变形随预热温度的升高而降低，但是预热温度不能太高，否则会造成粉末结块，使成形过程终止。在 SLS 工艺成形过程中，非晶态聚合物粉末的预热温度不能超过 T_g，为了减小 SLS 工艺制件的翘曲，通常略低于 T_g，因为对于非晶态聚合物，在玻璃化温度（T_g）时，大分子链段运动开始活跃，粉末开始黏结、流动性降低，并且晶态高分子的预热温度要低于熔融开始温度 T_{ms}。

4.5　案例：应用 SLS 工艺制件

激光选区烧结增材制造技术可以使用覆膜砂、金属粉末、陶瓷粉末、塑料粉末等材料进行烧结成形，具有成本低、周期短、产品多样化等特点，可以大大缩短公司新产品试制的周期，并且非常适合小批量铸件的生产。此处主要列举了在铸造生产中激光烧结技术的应用案例。

使用激光选区烧结 SLS 设备打印编钟 PS 蜡模的过程。

编钟作为古代重要的打击乐器，其形状复杂，模具设计和加工的难度较大，制作周期长，投入成本大。利用 SLS 工艺设备 YBRP-360 直接打印出 PS 蜡模，免去了模具设计和加工的环节，节约了大量的时间和成本。采用传统的方法制造编钟，模具设计制造周期约为 2 个月，费用约为 20 万；采用 SLS 工艺，熔模成形时间为 2 天，制壳和铸造过程约为 7 天，比传统方法节约了 2 个月。以下为详细过程。

1）将编钟 3D 模型以 STL 格式输入 SLS 工艺设备，对 PS 塑料粉末进行激光扫描烧结叠层堆积成形，即可得到编钟 PS 蜡模。图 4-10 为 YBRP-360 设备和打印完成的编钟 PS 蜡模。

2）用毛刷或压缩空气清理 PS 蜡模表面的残余粉末，然后将其浸入 60℃左右的医用低温蜡液中进行渗蜡，使蜡液渗入 3D 打印堆叠成形的 PS 蜡模粉料的空隙中，以增加 3D 打印 PS 蜡模的力学性能。图 4-11 所示为渗蜡后表面光滑的编钟 PS 蜡模。

a)

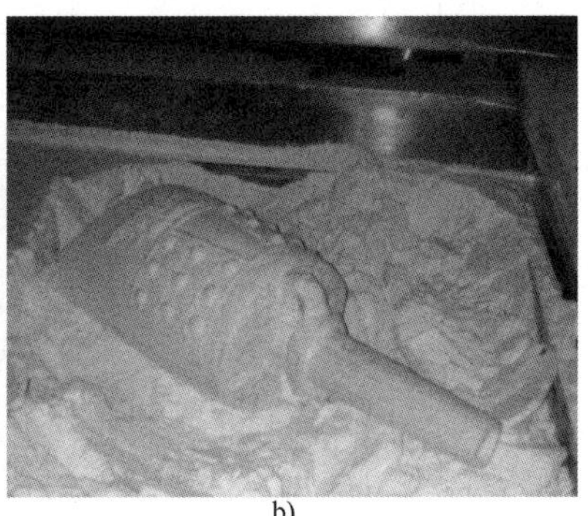

b)

图 4-10　YBRP-360 设备和打印完成的编钟 PS 蜡模

3）在编钟蜡模上焊接浇注系统，将编钟蜡模表面浸涂耐火涂料后对浸涂料蜡模撒砂。图 4-12 为撒砂后硬化的编钟外壳。

4）模壳再经过两次的涂料、撒砂处理，硬化之后用铁丝紧固模壳。图 4-13 所示为紧固后的模壳。

图 4-11　渗蜡后表面光滑的编钟 PS 蜡模

5）用熔铜液浇注编钟青铜铸件，之后进行清砂处理，就会得到一个编钟铸件，最后对编钟表面进行还原上色处理。图 4-14 为编钟铸件和编钟进行上色处理后的最终效果。

图 4-12　已硬化的面层模壳

图 4-13　用铁丝紧固涂料、撒砂后的加固层模壳

a) 清砂处理后的编钟铸件

b) 编钟还原上色后的效果

图 4-14　最终效果

4.6 SLS 工艺制件主流后处理工艺

由于 SLS 工艺成形过程及材质本身等因素，成形件易存在裂纹、致密度低、变形、表面粗糙及强度差等缺陷。因此，需要对 SLS 工艺成形件进行后处理，改善成形件的精度，提高制件的致密化程度和力学性能。目前常见的后处理方式包括热等静压、高温烧结等，后处理主要分为四个阶段：清粉处理、脱脂、烧结成形和浸渗工艺。

后处理工艺各阶段的基本原理差异较大，且达到的预期效果均不同。其中清粉处理作为第一个环节，主要是采用外力（如粉刷、吹风机等）去除 SLS 工艺成形件表面及工作平台上的残余原料粉末，避免表面粉末结块，提高成形件表面的光滑度。脱脂主要是为了去除环氧树脂黏结剂，一般采用热脱脂技术进行处理，便于后续的高温烧结处理。烧结成形是在助烧剂的协助下提高制件的强度和硬度，但该环节对材料性能影响最大，其中烧结参数（如烧结温度、激光功率和扫描速率等）能够显著影响材料的力学性能。浸渗处理过程是通过向制件浸渗树脂固化增强，提高制件的各项性能。借助单一环氧树脂或纤维网格环氧树脂进行表面处理，如刷树脂工艺，采用毛细管法能提高制件内部孔道树脂填充率，该过程有利于强化材料的理化性质并进一步固化成形。

借助不同的后处理工艺可以实现材料性能的定向提升。此外，对于不同的材料后处理工艺也存在差异。

（1）铸造砂型后处理　激光扫描成形砂型的初始强度较弱，其原因可能与激光束作用时间短、砂型导热系数低和激光束辐照的最高加热温度不允许过高有关。层厚、材料的导热系数以及激光束的辐照温度（主要取决于激光束的输出功率和扫描速度）对成形件强度有很大影响。另外，SLS 工艺成形的砂型必须进行固化，以满足金属铸造的要求。

此外，由于成形过程中的台阶效应，砂型表面粗糙。对于分体式烧结的 SLS 模具，模具型腔内壁经过保温处理后可进行抛光处理，以降低型腔表面粗糙度值；对于采用整体烧结的 SLS 砂型芯，为了提高表面质量，需要进行涂层处理。涂层处理后，模具应干燥两次，以去除涂层中的水分和挥发性物质。

（2）熔模后处理　由于 SLS 工艺成形熔模件的气孔率高，强度低，表面粗糙，所以目前广泛采用的方法是用蜡或树脂浸润，可以同时提高表面精度和强度，也有利于后续抛光。另外，为了满足熔模铸造的要求，SLS 熔模必须在脱脂过程中完全可去除或燃尽。

（3）陶瓷和金属部件后处理　采用 SLS 工艺成形的金属和陶瓷部件致密度较低，目前常见的致密化技术包括渗透和等静压。渗透方法包括压力渗透、无压渗透和真空渗透，已成功用于增加 SLS 工艺制件的最终密度和强度。等静压是另一种致密化工艺，包括准等静压（QIP）、温等静压（WIP）和冷等静压（CIP），已应用于使用外部压力增加 SLS 工艺制件的密度。等静压工艺，特别是 WIP 和 CIP，可能是显著提高 SLS 工艺制备陶瓷和金属部件致密化的有效途径，促进 SLS 技术制备高性能陶瓷和金属部件在航空航天、国防等领域的应用。

（4）高分子部件后处理　采用 SLS 工艺打印的高分子零件精度高、强度好，通常用作功能零件。由于基于粉末的熔合工艺的性质，采用 SLS 工艺打印高分子部件具有粉状、颗粒状的表面，需要对表面进行后处理，涂层定期添加到 SLS 工艺部件中以提高制件性能。此外，功能性涂层也有助于弥补 SLS 工艺缺乏的可行材料。

SLS工艺作为最常用的增材制造技术之一，具有适用性广、原料来源广、制备成本低等优点，能够广泛应用于金属粉末、生物骨骼、高分子材料、无机粉末等领域，但也存在制件硬度差、韧性差等缺陷。为此常需要对制件进行后处理来提高 SLS 工艺制件的力学性能。SLS 工艺制件后处理工艺种类较多，有高温烧结、热等静压等。

课后练习与思考

1. SLS 工艺的常用材料有哪些？可以应用于什么领域？
2. 非结晶性、半结晶性高分子在 SLS 工艺成形中存在哪些差异？是什么原因造成的？
3. SLS 工艺的常见后处理工艺有哪些？

第 5 章　电子束选区熔化（EBSM）增材制造技术

【学习目标】

知识目标：（1）掌握电子束选区熔化（EBSM）增材制造技术的基本概念。

（2）了解电子束选区熔化（EBSM）增材制造技术的发展历史及现状。

（3）掌握电子束选区熔化（EBSM）增材制造设备的主要构成。

（4）了解采用 EBSM 工艺制件的相关案例。

（5）了解 EBSM 工艺金属打印的应用领域。

（6）掌握 EBSM 制件主流后处理工艺。

技能目标：（1）能够根据产品结构及特征选择适合的 EBSM 工艺。

（2）能够正确认识 EBSM 工艺设备的主要构成部件。

（3）能熟练运用 EBSM 制件后处理工艺。

素养目标：（1）具有学习能力和分析问题、解决问题的能力。

（2）具有认真、细心的学习态度和精益求精的工匠精神。

【考核要求】

通过学习本章内容，能够充分理解 EBSM 工艺金属增材制造的优缺点，合理运用 EBSM 制件工艺及后处理工艺。

5.1　电子束选区熔化（EBSM）增材制造技术基本概念

电子束选区熔化（Electron Beam Selective Melting，EBSM）增材制造技术是以高能电子束为热源，通过控制磁场偏转线圈进行扫描成形，从而将金属粉末熔化并迅速冷却的过程。该过程是利用电子束与粉末之间的相互作用形成的，包括能量传递、物态变化等一系列物理化学过程。

如图 5-1 所示，EBSM 工艺使用高能电子束作为热源，在真空条件下将金属粉末完全熔化后快速冷却并凝固成形，其具有能量利用率高、无反射、功率密度高、扫描速度快、真空环境无污染、低残余应力等优点。

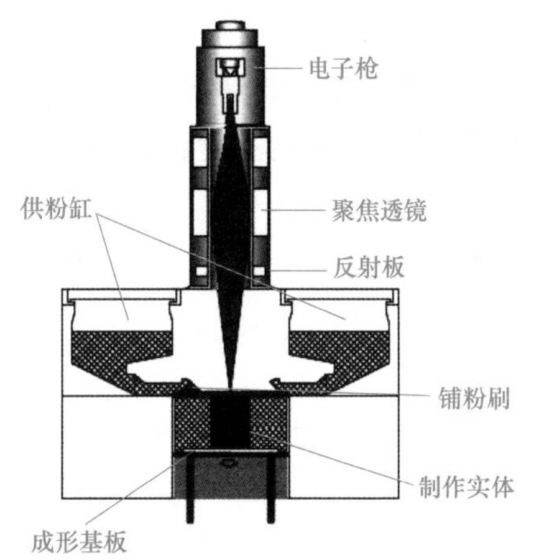

图 5-1　Arcam（A1）型电子束选区熔化设备示意

5.2　EBSM 工艺发展历史及现状

EBSM 工艺是在 20 世纪 90 年代发展起来的一类增材制造技术，起步较晚，但由于 EBSM 工艺在各个领域展现出来的潜力吸引了国内外众多企业及科研机构对这项技术展开广泛的研究。

瑞典 Arcam 公司是世界上第一家推出 EBM 商业化设备的公司，该公司在 2001~2003 年以较快的速度完成利用电子束在粉床上制造三维零件相关专利的申请到开发设备，然后实现 EBM 工艺装备真正的商业化。随后改进设备，又陆续推出了 A1、A2、A2X、A2XX、Q10、Q20 等不同型号的 EBSM 工艺设备。目前，Arcam 公司不仅局限于制造商业化 EBSM 工艺增材制造设备，同时向客户提供应用于医疗器械、航空航天等领域的配套球形金属粉末，拓展其在 EBSM 工艺增材制造领域的业务。

除瑞典 Arcam 公司外，我国清华大学、西北有色金属研究院、上海交通大学也开展了 EBSM 工艺设备的研制。特别是在 2004 年时，清华大学机械工程系申请了我国最早的 EBSM 工艺设备专利，在粉末铺设系统、电子束扫描控制系统等技术上实现突破，研制出 EBM-15、EBM-250 等设备。同时，天津清研智束科技有限公司在清华大学及天津高端装备研究院的基础上进行 EBSM 工艺设备的研发，其 2018 年发布的 Qbeam Lab200、Qbeam Med200、Qbeam Areo350 分别为研究机构、医疗植入体领域以及航空航天领域在新材料的研发和 EBSM 工艺开发提供了有力帮助，能够提供更高的制造精度和生产率。

EBSM 工艺设备的研发较为复杂，涉及光学（电子束）、机械、自动化控制及材料等领域，因此 EBSM 工艺设备在自动化程度、智能化程度、成形尺寸和成形精度方面仍具有较大改进空间。目前使用 EBSM 工艺设备时仍需专业人员进行不同流程的处理，无法集合为一个辅助系统，通过以较低的成本实现各个流程的可靠性和效率，提高装备的自动化水平，尽可能实现 EBSM 工艺的一键操作。在 EBSM 工艺成形过程中面临较多实验因素的影响，因此若能通过对打印过程实时监控，如通过热成像设备对表面温度场进行裂纹等分析，及时自动调整工艺参数，可实现智能化制造。目前 EBSM 工艺设备受限于电子束的束斑质量随偏转角度的增加会快速下降、无法将粉床均匀预热至指定温度等，最大成形尺寸仍停留在 Arcam 公司制造的 Q20plus 以及清研智束研制的 QBeam Aero。通过缩小电子束的束斑大小或将激光引入 EBSM 工艺设备也将会是未来利用 EBSM 工艺提高制件表面精度的主要方向。

5.3 EBSM 工艺增材制造设备的主要构成

EBSM 工艺设备主要包括电子枪系统、真空系统、成形及铺粉系统、控制系统和软件系统的几个部分。

1. 电子枪系统

电子枪系统是 EBSM 工艺设备产生电子束的核心部件，是影响 EBSM 工艺制件质量的直接因素。电子枪系统主要由电子枪、高压电源、栅极、聚束线圈和偏转线圈构成。

（1）电子枪　主要由阴极、阳极、栅极以及线圈构成。阴极温度很高，产生电子与阳极一起构成加速电场；栅极与线圈用于控制电子束电流；根据加热的方式的不同，电子枪分为直热式电子枪、间热式电子枪和激光加热阴极电子枪。直热式电子枪是在灯丝上施加大电流，产生电阻热加热灯丝；间热式电子枪是在电子枪上层增加一个小型直热式电子枪，发射电子束加热阴极材料；激光加热阴极电子枪是利用低功率激光加热阴极到指定温度。

（2）高压电源　EBSM 工艺设备的能量源，它通过内部的逆变和升压系统，将 380V/50Hz 的工业用交流电转变为 60kV 高压直流电。同时提供电压控制与反馈控制来维持束流稳定并快速响应束流变化。

（3）栅极　由金属细丝组成的筛网状或螺旋状电极，位于最靠近阴极的地方插在电子管另外两个电极之间，起到控制板极电流强度、改变电子管性能的作用。

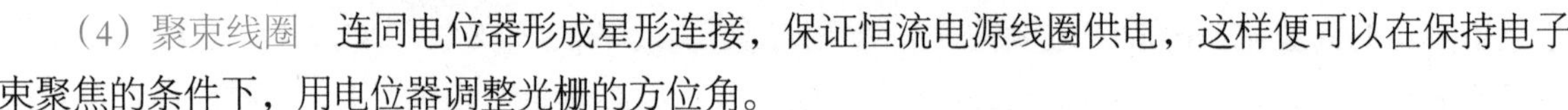

（4）聚束线圈　连同电位器形成星形连接，保证恒流电源线圈供电，这样便可以在保持电子束聚焦的条件下，用电位器调整光栅的方位角。

（5）偏转线圈　由一对水平线圈和一对垂直线圈组成，圈数相同、形状一致，互相串联或并联构成。线圈的形状按要求设计、制造而成。当分别给水平和垂直线圈通以一定的电流时，两对线圈分别产生一定的磁场。

2. 真空系统

由于电子束只有在真空环境下才能产生，所以真空系统是 EBSM 工艺设备运行的前提。真空系统由密封腔、多级真空泵、惰性气体回填装置及其控制系统构成，其作用是创造并维持设备内真空环境。多级真空泵主要包括机械泵、分子泵和扩散泵，在起动时先由机械泵抽出腔内空气，使气压达到 10Pa，随后起动分子泵或扩散泵进一步降低气压至 10^{-3}Pa 以下，最后通入惰性气体使气压保持在 0.1Pa 左右。回填惰性气体一方面防止合金氧化，另一方面抑制金属在高能束作用下气化，以防止吹粉。此外，真空室中通常还需要设置观察窗口来实时观察成形情况。

3. 成形及铺粉系统

成形及铺粉系统主要包括工作缸、储粉缸以及铺粉装置构成。工作缸体连接成形台面，在完成一层打印后，缸体下降一个打印层厚的高度。由于 EBSM 工艺具有很高的能量密度，使零件在打印完成后具有很高的温度，部分设备会在成形台面底部设置冷却装置，其作用是在打印完成后平台下降到底部，由冷却水快速降温便于取出零件。

储粉装置主要包括存储原始粉末的缸体以及收集多余粉末的集粉箱。储粉缸在打印完成后上升 1~1.5 个层厚的高度，随后由铺粉装置将粉末铺至成形台面进行下一层的打印，多余的粉末被铺粉装置推至集粉箱中待打印完成后收集，回收并再次使用。

铺粉装置是将粉末由储粉缸推至成形台面的装置，其作用是铺粉且压实粉末以便打印时获得平整、无缺陷的平面，提高成形质量。铺粉装置主要由刮刀和铺粉辊两种，与 SLM 工艺设备基本相同。

4. 控制系统

EBSM 工艺设备的成形过程由计算机控制，属于数字控制系统，包括运动控制系统、扫描控制系统、真空控制系统、电源控制系统和温度监测系统等部分。

5. 软件系统

EBSM 工艺设备的软件系统包括 CAD 模型处理系统、运动控制系统、温度控制系统、信号处理系统（气压、真空度等）等。商用的 EBSM 工艺设备通常配有相应的软件系统，通常也可进行自主二次开发。

6. 典型 EBSM 工艺设备

Arcam 公司目前已推出针对高温易开裂材料制备的 Spectra H、针对医疗器械打印的 Q10plus、用于高效航空领域的 Q20plus、大尺寸成形的 Spectra L 以及针对实验探究的 A2X 等设备，针对不同的应用领域具有不同的设备参数，如图 5-2 所示。

国内最具竞争力的 EBSM 工艺设备公司主要是由清华大学控股和提供技术支持的清研智束科技有限公司，该公司也提供了用于科研探究的 QbeamLab、医疗领域的 QbeamMed 以及航天领域的 QbeamAero 等商用设备，如图 5-3 所示。

a) Spectra L　　b) Q20plus

图 5-2　Arcam 公司设备

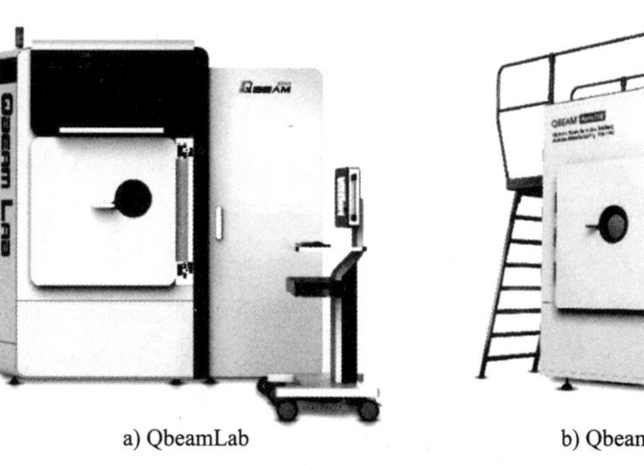

a) QbeamLab　　b) QbeamAero

图 5-3　智束公司的实验室设备

5.4　案例：应用 EBSM 工艺制件

EBSM 工艺是金属增材制造技术的主流工艺之一。电子束极高的能量密度使其较其他工艺在成形难熔金属、复杂结构、零件精度等方面具有优势，目前在生物医疗以及航空航天一体化、定制化成形方面等高精尖领域具有广泛应用前景。

1. EBSM 工艺在医疗领域的应用

EBSM 工艺在医疗领域的应用主要集中在定制化的医疗植入体方面，如图 5-4 所示，医疗植

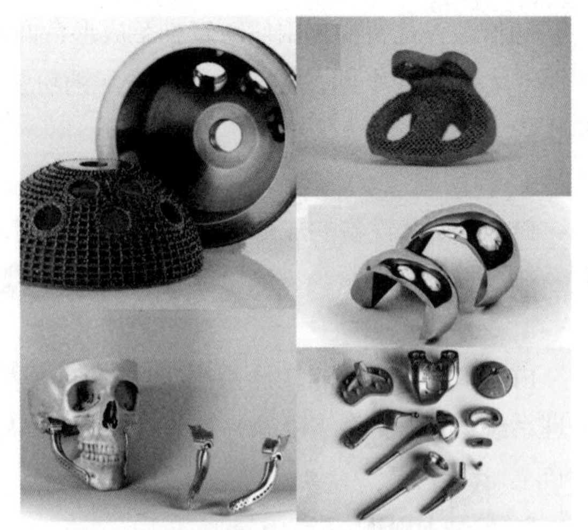
图 5-4　Arcam 公司采用 EBSM 工艺制备的医疗植入体

入体需要根据患者的骨骼结构和缺陷进行定制化生产。传统模具制造需要设计模具、定制模具及成形零件，生产周期长且成本高，大大增加了医疗费用和治疗周期。增材制造技术能实现定制化的制造，非常适用于医疗植入体的制造。目前医疗领域应用最多的金属材料是钛合金，其具有良好的生物相容性，同时采用激光增材制造技术制备的医疗植入体具有密度不够、缺陷大的缺点，EBSM 工艺被认为是钛合金增材制造的最佳工艺。国内外研究人员通过对 EBSM 工艺成形件的致密性及多孔钛合金零件的生物相容性、耐蚀性及力学性能方面进行大量研究，证明了 EBSM 成形钛合金医疗植入体的可行性。目前，已实现 EBSM 工艺对于钛合金医疗植入体的临床应用，主要包括颅骨、髋关节、踝关节、骶骨等。采用 EBSM 工艺制备的髋臼杯钛合金医疗植入体在国外已经进入临床应用，国内北京爱康宜城医疗器材股份有限公司采用 EBSM 工艺制备的髋臼杯也得到了国家食品药品监管局的批准获得 CFDA 三类医疗器械上市许可。EBSM 工艺在医疗领域的应用必将越来越广泛。

2. EBSM 工艺在航空航天领域的应用

EBSM 技术以其高效率、低成本、一体化成形复杂结构的特点被广泛应用于航空航天领域。自 2005 年以来，美国航空航天中心的马歇尔空间飞行中心、快速制造行业的 Cal RAM 公司以及波音公司都先后购买了 Arcam 公司的 EBSM 工艺设备用于航空航天零部件的制造。图 5-5a 所示为莫斯科 Chernyshev 利用 EBSM 技术制造的 ϕ267mm × 75mm 的火箭汽轮机压缩机承重体，总制造时间不超过 30h；图 5-5b 所示为 Cal RAM 公司采用 EBSM 工艺制造的钛合金火箭发动机叶轮，尺寸为 ϕ140mm × 80mm，制造时间仅为 16h；如图 5-5c 所示为 Arcam 公司采用 EBM Q20plus 设备制造的航空发动机部件。

a)

b)

c)

图 5-5　火箭汽轮机压缩机承重体、火箭发动机叶轮及航空发动机部件

2016 年，德国纽伦堡大学的研究团队报道了他们利用 EBSM 工艺制备出了致密无裂纹的第二代镍基单晶材料 CMSX-4 的单晶试样。法国的研究团队也实现了单晶的 3D 打印。上述研究表明了 EBSM 工艺在制造单晶涡轮叶片领域的应用潜力，有望解决航空航天单晶叶片的“卡脖子”问题。图 5-6 所示为采用 EBSM 工艺制造的零部件。

EBSM 工艺可以实现航空航天领域关键复杂零部件的低成本、高效率制造，但目前对于其装备、工艺以及电子束与材料作用机理的研究尚未取得进展，大部分应用仍处在实验阶段，随着研究的不断深入，EBSM 工艺在航空航天领域必将大放异彩。

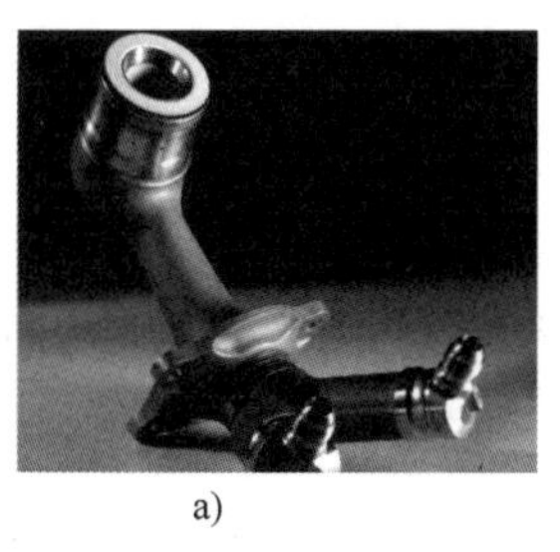

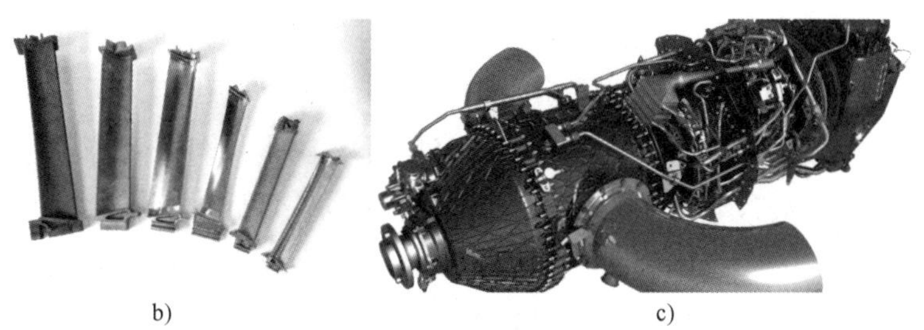

a) b) c)

图 5-6 发动机部件、低压涡轮叶片及喷嘴

5.5 EBSM 工艺金属制件的应用

受纯金属应用的局限性，EBSM 工艺的主要研究对象为合金材料，钛合金、镍基高温合金、钴铬合金因其在航空航天和医疗行业的广泛使用被研究应用得最多，而具有极佳的导电导热性的铜及铜合金、有超导电性的铌也常被研究及应用。

5.5.1 钛合金材料及其成形工艺

钛合金具有比强度高、工作温度范围广、耐腐蚀能力强、生物相容性好等特性，在航空航天和医疗领域被广泛应用。Ti-6Al-4V 是目前 EBSM 工艺成形研究使用最多的金属材料之一。

在成形 Ti-6Al-4V 材料时，粉末床预热温度为 650~700℃。EBSM 工艺中温度梯度主要沿着构件成形方向，因此采用 EBSM 工艺成形的 Ti-6Al-4V 中可见沿沉积方向生长的比较粗大的柱状晶，内部有非常细小的微观组织，如图 5-7 所示，为细针状的 α 相和 β 相组成的网篮组织。由于扫描过程的快速凝固，β 相转变为马氏体，但是在后续的沉积过程中，材料被多次加热，马氏体分解为 α/β 相，虽然如此，在试样的顶部较薄的区域还可以看到最初形成的马氏体组织。一方面，β 柱状晶的生长方向还受构件形状的影响，另一方面，构件尺寸、摆放方向、摆放位置、能量输入、与底板距离等都会对微观组织的产生显著影响。EBSM 工艺在制造 Ti-6Al-4V 宏观构件的同时，有条件通过改变成形参数达到控制微观组织的目标，从而获得特定的性能，实现宏观成形、微观组织调控和性能控制相统一。

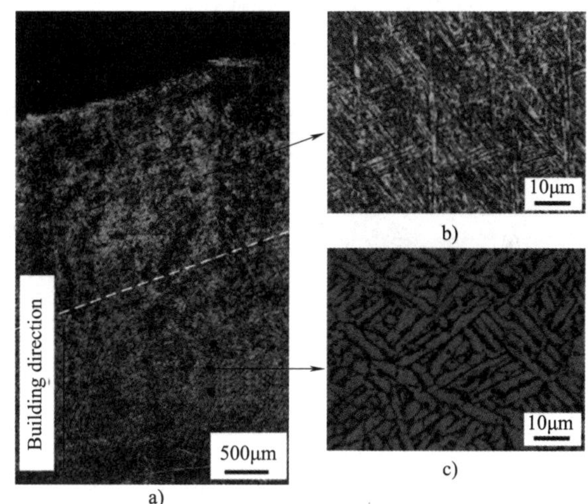

a) b) c)

图 5-7 采用 EBSM 工艺成形 Ti-6Al-4V 的微观组织

应用 EBSM 工艺的 Ti-6Al-4V 构件的拉伸性能可达 0.9~1.45GPa，延伸率为 12%~14%，与锻件标准相当。由于存在沿沉积方向的柱状晶，其性能有一定的各向异性。热等静压后处理可以使构件内部的孔隙闭合、组织均匀化，构件的拉伸强度有所降低，但疲劳性能得到明显提高。

5.5.2 镍基高温合金材料及其成形工艺

镍基高温合金因为在高温环境下的极佳力学性能、蠕变性能、耐腐蚀性能和抗氧化能力，主要用于制造包括航空发动机在内的高端燃气轮机的高温部件，因此引起了增材制造领域产学研界的高度重视。镍基高温合金可以分为两类，一类是难焊高温合金，如 CM247、Inconel 738、CMSX-4、DD5、DD6，这类合金由于具有大量 γ′强化相，所以容易在制造中产生裂纹。这类合金一直以铸造的方式进行成形的。EBSM 工艺由于具有很高的预热温度，可以降低成形过程中构件受到的热应力，所以在一定工艺参数下可以实现此类高温合金的成形。另一类是以 Inconel 718 为代表的可焊高温合金，预热到 700℃就能够获得无裂纹的 Inconel 718 制件，工艺参数范围相对于难焊高温合金宽很多。采用 EBM 工艺制造的 Inconel 718 制件内部主要为柱状晶粒，晶粒取向与沉积方向一致，因此在力学性能上表现出各向异性。通过调整成形参数，可以有效控制制件内部组织，从而对材料性能进行有效控制。经过测试，经过热处理的 Inconel 718 EBSM 工艺制件可以获得很好的力学性能。

5.5.3 铜和铜合金材料及其成形工艺

铜和铜合金具有极佳的导电和导热性能，使其成为制造电流和热流传导结构的最佳材料。增材制造技术可以实现复杂结构的直接制造，可满足复杂换热结构的巨大需求，使得铜及铜合金的增材制造受到很多重视。

由于铜对于激光有很高的反射率，所以 EBSM 工艺成为铜和铜合金增材制造的最合适的工艺。铜具有极佳的导热性，预热过程将会变得更短，但是铜的熔点低，容易熔合，当预热过度时，粉末床强度过高，难以从构件上剥离。

由于铜极易氧化，所以在粉末保存和运输过程中需要做好保护。铜粉含氧量的上升会造成制件导热性下降，如果使用循环粉末，预热参数和熔化参数需要进行增强才能达到与新粉同等的粉末床温度和成形质量。

5.5.4 钛铝基金属化合物材料及其成形工艺

钛铝基合金或称钛铝基金属间化合物，是一种新型轻质的高温结构材料，被认为是最有希望代替镍基高温合金的备用材料之一。由于钛铝基合金室温脆性大，采用传统的制造工艺成形钛铝基合金比较困难。EBSM 工艺通过预热获得了极高的成形温度，降低了成形过程的热应力，具有成形钛铝基合金的潜力。

采用 EBSM 工艺成形的 Ti48Al2Cr2Nb 钛铝基合金在经过热处理后获得双态组织，在经过热等静压后获得等轴组织，材料具有与铸件相当的力学性能。相比于传统工艺成形钛铝基合金，采用 EBSM 工艺成形的 Ti48Al2Cr2Nb 微观组织非常细小，呈现明显的快速熔凝特征。EBSM 工艺在高真空环境下进行，钛铝基合金中的 Al 元素由于熔点低，在成形时会大量蒸发，造成材料的化学成分快速变化，影响制件的最终性能。为了实现制造合格钛铝基合金制件的目的，需要根据 Al 元素的蒸发情况对原材料粉末进行特殊制作。虽然这一现象给钛铝基材料的成形造成不便，但是也提供了一种梯度材料制造的思路，依靠调整工艺参数诱导材料中特定元素比例的下降来调控材料成分，进而实现材料性能的调节。

5.5.5 其他金属材料及其成形工艺

在 EBSM 工艺中常用的钴铬合金是 Co-26Cr-6Mo-0.2C，它具有很高的强度和硬度，是一种耐磨损、耐高温的材料，主要用于人造关节、牙体修复、切削刀具和燃料喷嘴等易磨损器件的制造。铸造和锻造是此种材料的传统成形方式。钴铬合金的 SLM 工艺制造已经取得不错的进展，但是 EBSM 工艺研究应用还较少，存在对钴铬合金的 EBSM 工艺一些研究：钴铬合金构件的质量强烈依赖于成形参数和热处理工艺，经过适当的热处理，钴铬合金的力学接近或者略微优于铸件和锻件；铌由于潜在的超导特性备受关注，通过 EBSM 工艺制造了铌的试样，与其他材料一致，铌的显微组织表现为与沉积方向平行的柱状晶结构，受成形过程中热应力的影响，铌制件中存在显著高于锻件的位错密度。

5.6 EBSM 工艺制件主流后处理工艺

5.6.1 EBSM 工艺冶金缺陷

EBSM 工艺是利用高能电子束将金属粉末熔化并迅速冷却的过程，而该过程若控制不当，成形过程中容易出现“吹粉”和“球化”等现象，并且成形零件会存在分层、变形、开裂、气孔和熔合不良等缺陷，这些缺陷势必会影响制件的组织及性能。

1. “吹粉”现象

“吹粉”是 EBSM 工艺成形过程中特有的现象，它是指金属粉末在成形熔化前已偏离原来的位置，导致无法后续成形。“吹粉”现象严重时，成形底板上的粉末床会全面溃散，从而在成形舱内出现类似“沙尘暴”的现象。一般认为，高速电子流轰击金属粉末引起的压力是导致金属粉末偏离原来位置，形成“吹粉”现象的主要原因，另外，由于电子束轰击导致金属粉末带电，粉末与粉末之间、粉末与底板之间以及粉末与电子流之间存在互相排斥的库伦力（F_C），并且一旦库伦力使金属粉末获得一定的加速度，还会受到电子束磁场形成的洛伦兹力（F_L）。上述力的综合作用是发生“吹粉”现象的另一主要原因。无论哪种原因，目前通过预热提高粉末床的黏附性使粉末固定在底层或者预热提高导电性，使粉末颗粒表面所带负电荷迅速导走，是避免“吹粉”的有效方法。

2. “球化”现象

“球化”现象是 EBSM 工艺和 SLM 工艺成形过程中一种普遍存在的现象。它是指金属粉末熔化后未能均匀地铺展，而是形成大量彼此隔离的金属球的现象。“球化”现象的出现不仅影响成形质量，导致内部孔隙的产生，严重时还会阻碍铺粉过程，最终导致成形零件失败。在一定程度上提高线能量密度能够减少“球化”现象的发生。另外，采用预热方式，以增加粉末的黏度，将待熔化粉末加热到一定的温度，可有效减少球化现象。

3. 变形与开裂

复杂金属零件在直接成形过程中，由于热源迅速移动，粉末温度随时间和空间发生急剧变化，导致热应力的形成。另外，由于电子束加热、熔化、凝固和冷却速度快，同时存在一定的凝固收缩应力和组织应力，在上述三种应力的综合作用下，成形零件容易发生变形，甚至开裂。

通过成形工艺参数的优化，尽可能地提高温度场分布的均匀性，是解决变形和开裂的有效方法。对于 EBSM 工艺成形而言，由于高能电子束可实现高速扫描，所以能够在较短时间实现大面积粉末床的预热，有助于减少后续熔融层和粉末床之间的温度梯度，从而在一定程度上能够减轻成形应力导致变形开裂的风险。为实现脆性材料的直接成形，在粉末床预热的基础上，可采用随形热处理工艺，即在每一层熔化扫描完成后，通过快速扫描实现缓冷保温，从而通过塑性及蠕变使应力松弛，防止制件应力应变累积，达到减小变形、抑制制件开裂、降低残余应力水平的目的。

除预热温度，熔化扫描路径同样会对变形和开裂具有显著的影响。不同扫描路径下成形区域温度场的变化对制件温度场均匀程度的影响结果表明，扫描路径的反向规划和网格规划降低了制件温度分布不均匀的程度，避免了成形过程中制件的翘曲变形。

5.6.2 主要后处理工艺

因电子束选取熔化（EBSM）增材制造技术具有致密度高、成形精度高等优势，其零件在多数情况下可以直接使用。但对于用在航空航天等领域的精密零件，在经 EBSM 工艺加工后必须经过其他后处理工艺才可使用。

1. 热等静压处理

对采用 EBSM 工艺制造的零件进行热处理，主要是为了减少内部孔隙，以获得尽可能完全致密的材料，热等静压是 EBSM 工艺后处理中最常用的工艺。

热等静压（HIP）是将制品置于密闭容器中，在高温高压的惰性气体中消除制品孔隙，以提高致密度和均匀化程度的技术。热等静压技术是消除 EBSM 工艺零件孔隙、延长零件寿命的有效方法，被广泛应用于处理 EBSM 工艺成形后的零件。

图 5-8 和图 5-9 所示为 Ti-6Al-4V 合金 EBSM 工艺制件热等静压前、后的 X 射线计算机断层扫描图（XCT），其中蓝色部分为孔隙，可见制件在热等静压后孔隙明显减少，甚至消失。其中一号制件和三号制件的孔隙得到完全消除，二号制件的孔隙也得到明显改善。

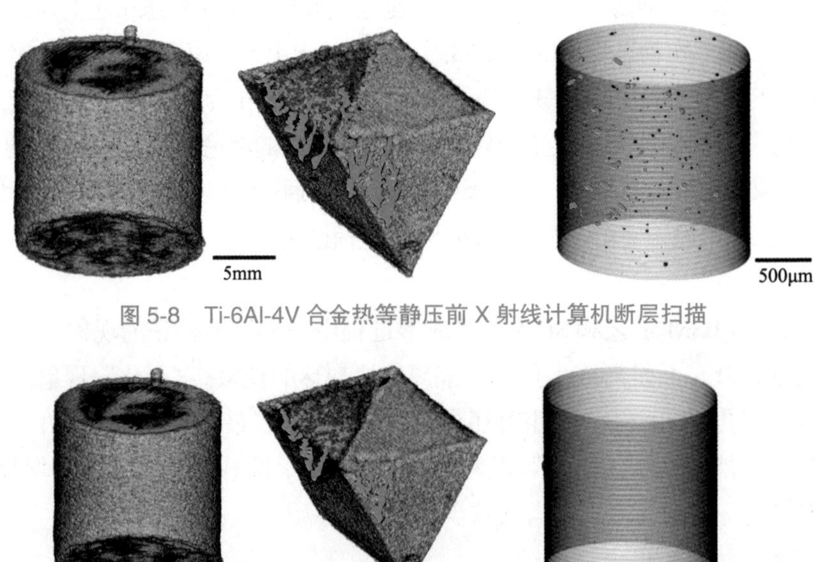

图 5-8　Ti-6Al-4V 合金热等静压前 X 射线计算机断层扫描

图 5-9　Ti-6Al-4V 合金热等静压后 X 射线计算机断层扫描

对于生物医用 Co-Cr-Mo 合金，经过热处理之后其静态力学性能能够达到医用标准要求，并且经热等静压处理后其高周疲劳强度达到 400~500MPa（循环 10^7 次），经时效处理后，其 700℃的高温拉伸强度高达 806MPa。

除热等静压外，通过回火、时效等方式处理 EBSM 工艺制件，可有效消除制件内部残余应力，细化晶粒，以提高材料的强度、塑性等力学性能。将 EBSM 工艺成形的 M2 高速钢零件经多次回火处理后，可使其致密度和抗弯强度得到明显提高。

对于目前航空航天领域广受关注的 γ-TiAl 金属间化合物，采用 EBSM 工艺成形 Ti-48Al-2Cr-2Nb 合金，经热处理（双态组织）或者热等静压后（等轴组织）具有与铸件相当的力学性能。同时，采用 EBSM 工艺成形 TiAl，其室温和高温疲劳强度同样能够达到现有铸件水平，并且表现出比铸件优异的裂纹扩展抗力和与镍基高温合金相当的高温蠕变性能。

2. 表面加工

采用 EBSM 工艺成形的零件表面质量相对较差，且易附着未熔化的粉末颗粒。因此，对 EBSM 工艺直接成形的零件进行吹砂处理可清除其表面附着的粉末，可在一定程度上改善制件表面质量。但对于表面质量要求较高的零件，则需通过切削、磨削等机械加工方式对制件表面进行处理。针对复杂形状零件的表面处理，传统机械加工方法难以有效进行，因此需结合无损表面改进技术，如微弧氧化（Micro-Arc Oxidation，MAO）。

微弧氧化技术是通过电参数与电解液的匹配调节，在镁、铝、钛等金属表面生成以基体金属氧化物为主的陶瓷性涂层，能大幅提高零件的硬度、耐腐蚀性，同时能显著提高零件的表面质量。

图 5-10 所示为 Ti-6Al-4V 合金 EBSM 制件微弧氧化前后 3D 形貌及表面粗糙度值对比，表面粗糙度值从 *Ra* 28.80μm，*Rz* 179.53μm，降低到了 *Ra* 11.31μm，*Rz* 66.41μm，可见经过微弧氧化处理后制件的表面质量得到了极大的改善。

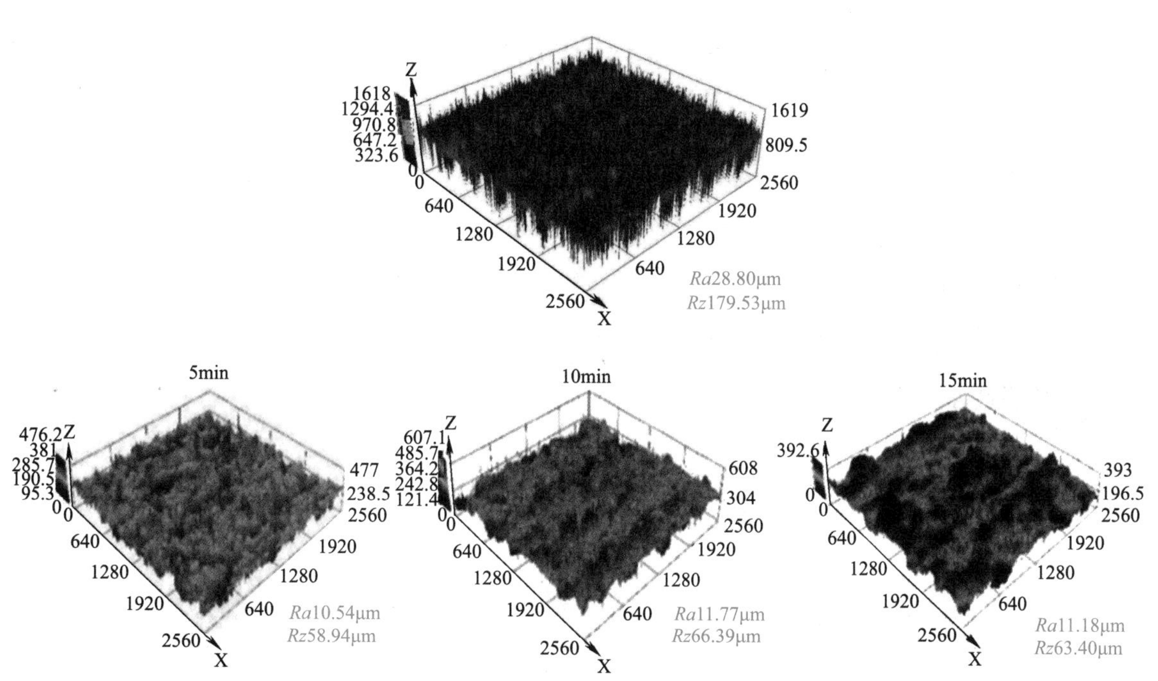

图 5-10　Ti-6Al-4V 合金微弧氧化前后 3D 形貌及表面粗糙度值对比

总之，电子束选区熔化（Electron Beam Selective Melting，EBSM）技术是一种增材制造工艺，通过电子束扫描、熔化粉末材料，逐层沉积制造金属零件。由于电子束功率大、材料对电子束能量吸收率高，所以 EBSM 工艺具有效率高、热应力小等特点，适用于钛合金、钛铝基合金等高性能金属材料的成形制造。EBSM 工艺在航空航天领域高性能复杂零部件的制造、个性化多孔结构医疗植入体的制造方面具有广阔的应用前景。

课后练习与思考

1. 简述 EBSM 工艺的特点。
2. 制件的应用领域有哪些？
3. EBSM 工艺制件主流后处理工艺都有哪些？

第 6 章　线弧增材制造（WAAM）技术

【学习目标】

知识目标：（1）掌握线弧增材制造（WAAM）技术基本概念。

（2）掌握 WAAM 工艺制件主流后处理工艺。

（3）掌握线弧增材制造（WAAM）设备的主要构成。

（4）了解线弧增材制造（WAAM）技术发展历史及现状。

技能目标：能够根据零件特征及需求选择正确后处理工艺。

素养目标：（1）具有学习能力和分析问题、解决问题的能力。

（2）具有认真、细心的学习态度和精益求精的工匠精神。

【考核要求】

通过学习本章内容，能够掌握线弧增材制造（WAAM）技术基本概念及主流的后处理工艺，了解 WAAM 工艺的发展历史及现状。

6.1　线弧增材制造（WAAM）技术基本概念

线弧增材制造（Wire and Arc Additive Manufacturing，WAAM）技术是一种利用逐层熔覆原理，以钨极惰性气体保护焊（Gas Tungsten Arc Welding，GTAW）、熔化极气体保护焊（Gast Metal Arc Welding，GMAW）和等离子弧焊（Plasma Arc Welding，PAW）产生的电弧作为热源（图 6-1），不断熔化填充丝材，通过填充将焊丝沿规划路径逐层沉积堆敷，逐渐成形出金属零件的先进数字化制造技术。WAAM 工艺基本原理如图 6-2 所示。

WAAM 工艺实际上是将气体保护电弧焊方法应用到增材制造领域，主要分为熔化极和不熔化极两种形式。熔化极包含长弧和短弧两种工艺，前者为熔滴自由过渡的熔化极气体保护焊电弧，后者为熔滴短路过渡的冷金属过渡（Cold Metal Transfer，CMT）电弧。

WAAM 工艺所获堆焊层的质量取决于熔覆材料、增材制造时工艺参数以及周围环境的影响。堆焊层的耐磨性又取决于熔覆层中硬质相的类型、形状和分布以及与基体的熔合情况。为了有效发挥堆焊层的作用，通常希望所获得的堆焊层有较小的稀释率、合理的组织类型、形状以及分布状况。

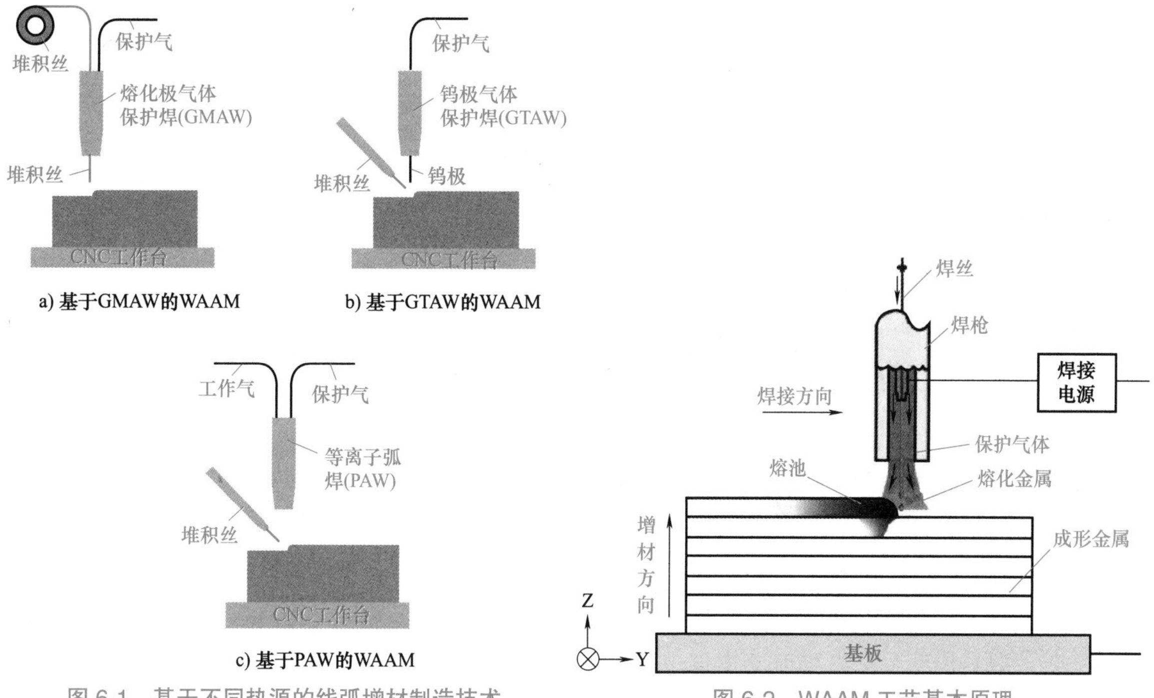

图 6-1　基于不同热源的线弧增材制造技术

图 6-2　WAAM 工艺基本原理

WAAM 工艺采用逐层堆焊的方式制造致密金属实体结构件，因以电弧为载能束，热输入高，成形速度快，适用于大尺寸复杂结构件低成本、高效快速近净成形，图 6-3 所示为常见金属增材制造工艺性能比较。面对特殊金属结构制造成本及可靠性要求，其结构件逐渐向大型化、整体化、智能化发展，因而该技术除了增材制造技术所共有的优点外，相比于其他增材制造技术还具有以下优点：

1）WAAM 工艺技术成形过程形式灵活，成形零部件的尺寸、形状和重量几乎不受限制。国内外 SLM 工艺设备的常规成形尺寸目前大约为 500mm × 500mm × 500mm，而 WAAM 工艺设备成形尺寸则可达到 3000mm × 3000mm × 2000mm 或者更大。

2）WAAM 工艺生产率高。以激光和电子束作为热源的金属增材制造技术的生产率为 2~10g/min，而 WAAM 工艺可达 50~130g/min，若选择适当参数，最高可达到几公斤 / 小时。在能量利用率方面，激光为 2%~5%，电子束为 15%~20%，而 WAAM 工艺参数选择合适时可达 50% 以上。

3）WAAM 工艺耗材为丝材而非金属粉末，丝材价格远低于粉末价格，例如钛合金 TC4 金属丝材的市场价格仅为粉末价格为 1/4。金属粉末在打印过程中也会造成浪费，粉末单次利用率小于 30%。为了节约成本，部分厂家都会收集二次粉末并重复使用，产品的性能和表面质量会受到影响。而丝材在成形过程中材料利用率极高，90% 以上的焊接材料都能利用。

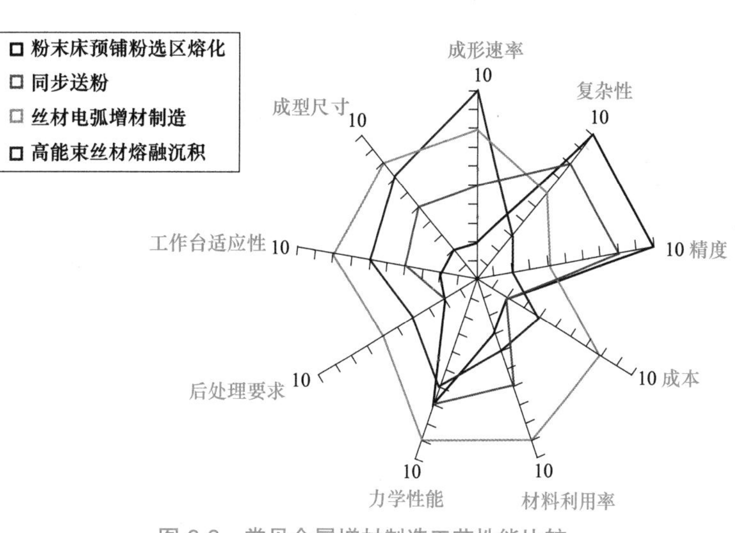

图 6-3　常见金属增材制造工艺性能比较

4）WAAM 工艺适用材料范围广，可对铜、铝等对激光反射率高的材质进行加工，获得的熔覆层成分均匀，堆焊层与母材或堆焊层之间实现冶金结合，力学性能好。

随着计算机技术和数控技术的发展，在生产大型复杂结构件和金属材料修复过程中，WAAM 技术展现出了极大的优势，具有广阔的应用前景，成为目前增材制造技术研究中的热点，研究主要集中于 WAAM 工艺成形过程中的精度控制、成形件的显微组织和力学性能等方面。

6.2 WAAM 工艺发展历史及现状

6.2.1 发展历史

采用 WAAM 技术直接成形金属件的构思可追溯到 20 世纪 80 年代，德国学者通过埋弧焊的方法堆积成形了大型圆柱容器，其具有良好的屈服强度、抗拉强度和韧性等。然而该方法只能适用于制造大型结构件且成形精度非常低。而 WAAM 技术采用电弧作为热源，因此在增材制造过程中形成的熔池较大，且存在电源特性的作用和电弧吹力等干扰因素，形成了不稳定的熔池，要求 WAAM 工艺成形时各个单层的组织、成分、性能等有优异的重复再现性。此外，随着堆焊层数的增加，其存在散热条件差、工件热量积累较严重等问题，增加了熔池凝固所需时间，导致熔池形状、成形尺寸及边缘形貌难以控制。

直到 20 世纪 90 年代，得益于数控技术和计算机技术的极速发展，基于数字控制手段结合线弧增材制造技术在成形大型复杂结构件上展现的优势，越来越多的科研机构相继开始并专注于线弧增材制造技术的开发工作。在 WAAM 工艺发展过程中有一个重要阶段，1998 年英国诺丁汉大学提出 3D 焊接成形方法，利用机器人操作成形金属件，并通过红外测温装置对成形过程中的热输入量进行控制，从而达到提高成形件表面质量的目的。

20 世纪 90 年代中期，英国首次成功地将其应用于飞机发动机高温合金机匣的制造生产中，该技术被欧洲航天局称为一种低能耗、可持续的绿色环保制造技术，特别适用于大规格贵金属零件的增材制造。如今，随着损伤容限理念的应用对金属结构的适应性和可靠性提出了新的要求，线弧增材制造技术逐渐向智能化、大型化、精密化方向发展。

6.2.2 研究应用现状

表 6-1 列出了近年来国内外高校所做的 WAAM 技术部分研究概况。

1. 国外研究应用现状

国外有关 WAAM 工艺及表面质量的研究，主要涉及工艺优化、过程监控以及实时反馈等方面。工艺优化方面主要通过试验方法，针对不同的材料体系、不同的焊接方法，选出关键影响因素，如焊接速度、焊丝直径、送丝速度、层间温度、电流与电压等。

英国谢菲尔德大学采用统计方法探讨钨极气体保护焊增材制造技术构件的尺寸、弧长、焊速和热输入密度对成形件表面质量、体积收缩、组织等的影响规律。研究表明一定范围内增大焊丝直径、送丝速度、焊接速度可获得较好的表面形貌。

美国南卫理公会大学采用变极性钨极气体保护焊工艺堆焊制造 5356 铝合金构件，指出影响构件尺寸精度、表面质量的关键是控制弧长、基板预热温度及层间温度。

美国塔夫茨大学建立了利用熔化极惰性气体保护焊进行堆焊成形的控制系统，通过两套光传感器对工件熔覆层的形貌特征进行实时监测，并采用红外相机对成形件表面温度进行在线监测，完善了双输入输出的闭环控制系统。该系统通过对堆积速度和送丝速度进行控制，获得了较好的零件外形。

表 6-1　国内外高校所做的 WAAM 技术部分研究概况

研究机构	成形材料	成形工艺	研究内容
克兰菲尔德大学	Ti-6Al-4V	TIG	层间轧制对 WAAM 残余应力的影响
佛罗伦萨大学	—	GMAW	基于新型热源模型的 WAAM 建模分析
曼尼托巴大学	AT1718Plus	TIG	AT1718Plus 合金 WAAM 的显微组织分析
南卫理公会大学	5356 焊丝	GMAW	变极性钨极氩弧焊零件成型 5356 铝合金
华中科技大学	ERTi-5	PAW	超声冲击 WAAM 钛合金零件的组织性能研究
北京航空航天大学	ER-2319	TIG	激光冲击强化对 WAAM 微观组织、残余应力的影响
哈尔滨工业大学	Inconel625	GMAW	Inconel625 合金的 WAAM 工艺研究
天津大学	5356 焊丝	MIG	焊接参数及路径对熔覆层尺寸的影响

2. 国内研究应用现状

国内研究的 WAAM 工艺成形方法包含 TIG 焊、MIG 焊和 CMT 法，主要涉及成形精度控制、组织性能研究、力学性能研究等方面，并取得了较多的研究成果。

哈尔滨工业大学开展了 2219 铝合金交流 TIG 堆焊成形技术的研究，利用二次通用旋转组合设计的实验样本建立了熔宽稳定区成形尺寸与工艺参数模型，可预测熔宽值，误差率基本控制 5% 以内。并对铝合金堆焊试样进行分析，发现晶粒沿堆焊高度方向定向生长，顶部圆弧区组织为等轴树枝晶，中部区层内组织由上到下可分为粗大胞状晶 + 共晶组织、胞状晶、柱状晶和平面晶，试样底部组织为典型的柱状晶。

天津大学采用 ϕ1.2mm 的 5356 焊丝，研究了 MIG 焊熔滴过渡形式对零件成形精度的影响，得出了最佳成形时熔滴的过渡形式及焊接参数范围，并分析指出：熔覆层宽度随焊接电流的增加呈线性增加，随扫描速度的增加而降低，焊接电流对堆积高度影响较复杂，堆积高度随扫描速度增加而降低，在不同路径的制造过程中，需在拐角处调整参数以保持制件尺寸精度。

CMT 技术能够实现无焊渣飞溅，这减少了焊后清理工作，而且其弧长控制较精确，焊接过程中热输入量小、电弧更加稳定。因此，CMT 技术一经提出便受到国内外学者的广泛关注。尤其是对于低熔点金属，如铝合金等材料，CMT 技术工艺特点非常适合，因此铝合金 CMT 线弧增材制造技术已成为近几年国内外学者研究的热点。哈尔滨工业大学研究了工艺参数 5356 铝合金 CMT 单层、柱状、多层成形形貌的影响，发现除了焊接电流、焊接速度、CMT 工艺之外，预热温度也对成形形貌有重要影响，预热可以解决小参数条件下焊缝成形不均匀的问题。姜云禄等作为国内最早一批研究铝合金 CMT 增材制造的学者之一，还实现了船用三叶螺旋桨的快速成形制造研究，证实了 CMT 技术可以用于复杂试样的增材制造。

WAAM 技术具有成形速度快和成形尺寸不受限制的突出优点，具有十分广阔的应用前景。目前对 WAAM 工艺构件的质量研究工作主要在工艺优化和过程控制两个方面，还未解决构件内部质量，即晶粒及显微组织等的控制问题。因此，控制零件内部晶粒及显微组织变化，通过熔滴的平稳过渡来获得高质量成形件是亟待解决的关键问题之一。

6.3　WAAM 工艺增材制造设备的主要构成

线弧增材制造技术是数字化连续堆焊成形过程，其成形系统主要由硬件系统和软件系统两部分构成。图 6-4 所示为典型的线弧增材制造流程。

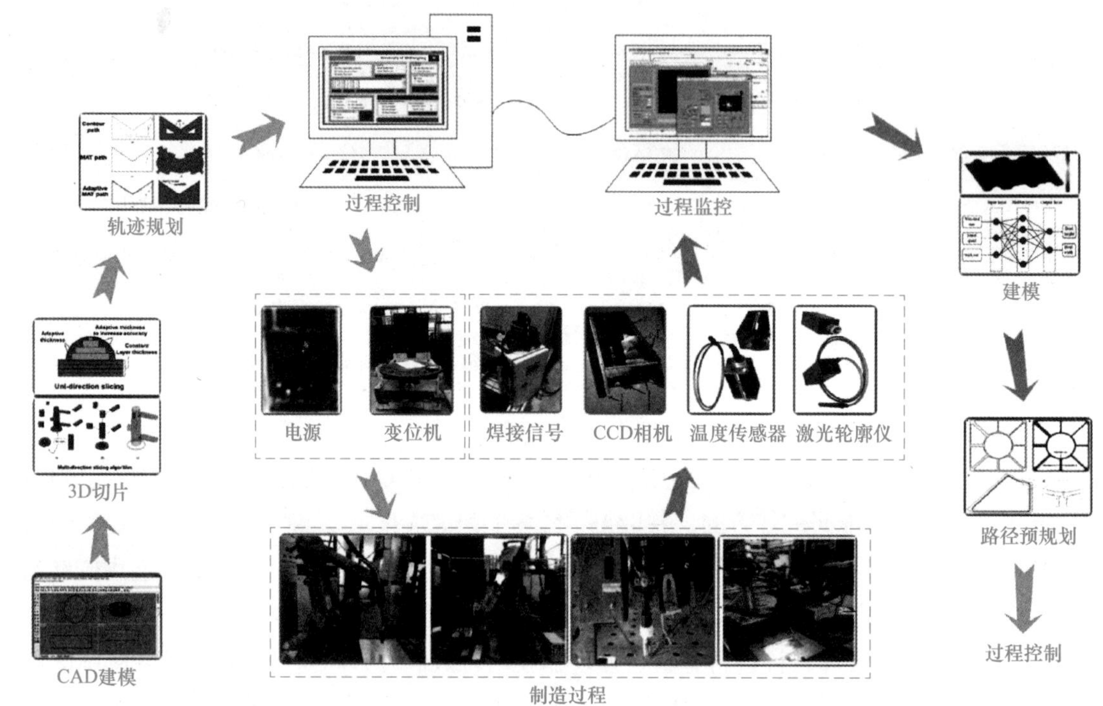

图 6-4　典型的线弧增材制造流程

硬件系统一般包括成形热源、送丝系统及运动执行机构。WAAM 工艺零件的实体构造依赖于逐点控制的熔池在线、面、体的重复再现，其电弧越稳定，越有利于控制成形过程。因此，电弧稳定、无飞溅的非熔化极气体保护焊和基于熔化极惰性，以及活性气体保护焊开发出的冷金属过渡技术成为目前主要使用的热源提供方式。

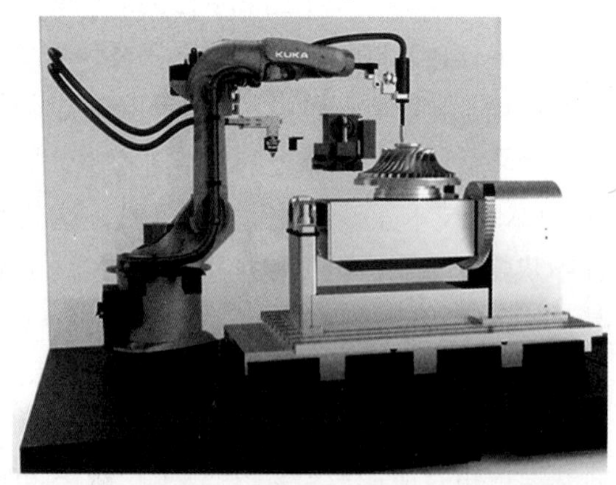

图 6-5　Y12 型金属 3D 打印机

运动执行机构的位移与速度、位置的重复定位精度、运动稳定性等对成形件尺寸精度的影响至关重要，目前使用较多的是数控机床和机器人。数控机床多用于形状简单、尺寸较大的大型构件成形，而机器人具有更多的运动自由度，与数控变位机配合，在成形复杂结构及形状上更具优势。图 6-5 所示为国内 JointX 公司开发的线弧增材制造工艺设备——Y12 型金属 3D 打印机，其运动执行机构采用的是 6 自由度关节机器人。

国内自主研发设备系统：

南京航空航天大学设计了基于 CMT 线弧增材制造成形系统，如图 6-6 所示。该系统中硬件部分由 CMT 电源、CMT 送丝机、CMT 焊枪、机器人控制柜、焊接工作台等组成，用于线弧增材制造成形实验研究；软件部分包括一台高性能计算机，配置了数控加工和机器人离线仿真软件，能够对线弧增材制造成形过程进行路径规划以及离线仿真。

该系统基于刀具在进行铣削加工时的运动轨迹与线弧增材制造技术中层层堆敷、逐层累加原理，把铣削的逆过程作为线弧增材制造过程，将铣削路径转化为线弧增材制造中的焊接路径。系统的运作流程为：首先，在计算机上用数控加工软件设计所需制造零件的三维模型；然后，根据零件的特点，使用软件中的模拟铣削刀具路径功能生成铣削路径；再将路径导入到机器人仿真软件中，对铣削路径进行转换，得到焊接时机器人的运动路径，选择系统中机器人型号后将其转化为相应的机器人识读的程序；最后将程序导入机器人控制器，在焊机和机器人的协同作用下实现金属零件的直接堆积成形。

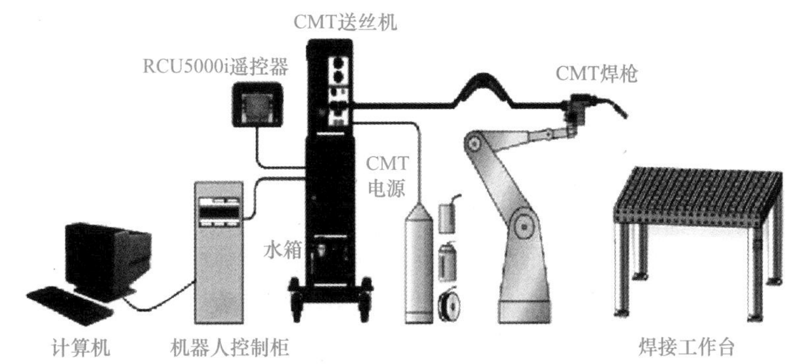

图 6-6　CMT 线弧增材制造成形系统

哈尔滨工业大学设计了一套用于焊道特征尺寸控制的双被动视觉传感系统，如图 6-7 所示。该系统可同时获得熔敷层宽度和焊枪到熔敷层表面的高度图像，实现熔敷层有效宽度、堆高等参数的准确检测。同时，以熔敷层有效宽度为被控变量，焊速为控制变量，设计了单神经元自学习 PSD（Proportional Summational Differential）控制器，通过模拟仿真和干扰试验验证控制器性能。参数自学习 PSD 控制器在熔敷层定高度、变高度控制中均可获得良好的控制效果，同时通过对熔敷层表面到焊枪喷嘴的距离进行监测和自适应控制，满足了 WAAM 成形稳定性的需求。

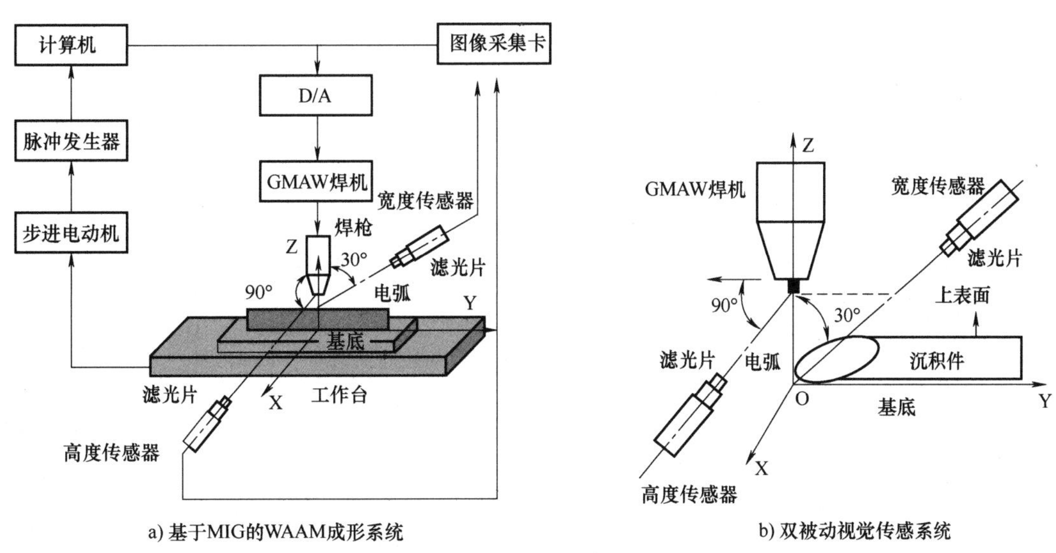

图 6-7　基于双被动视觉传感系统控制的 MIG 增材制造成形系统

然而，线弧增材制造过程中容易出现垂直于沉积方向的粗大柱状晶，从而降低其力学性能，进而限制了其在工业中的应用。因此，将传统塑性成形工艺引入线弧增材制造技术中，形成线弧增材塑性成形复合制造技术，从而改善成形件微观组织，提升综合力学性能及其均匀性。图 6-8 所示为南华大学设计的冷轧变形与线弧增材复合制造技术设备，它将高频微锻造引入到增材制造技术中，能将表面的铸造组织转变为锻造组织，从而提升增材制造部件的力学性能。

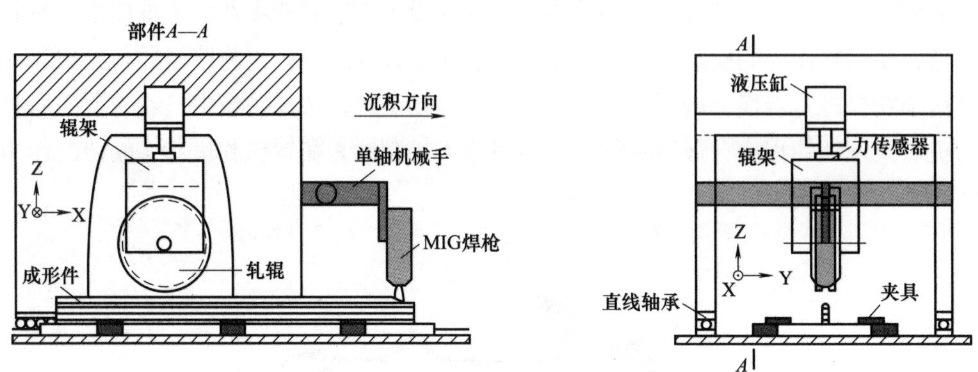

图 6-8　冷轧变形与线弧增材复合制造技术设备

6.4　WAAM 工艺金属制件的应用

随着航空航天、国防军工高精尖技术的不断更新，以及结构件研制周期的进一步缩短，尺寸高精化、形状复杂化成为这些合金结构件发展的方向，这对复杂精密合金构件的制造技术提出了新的要求。WAAM 工艺由于其高度柔性和高应变能力，在军事与航空航天等领域展示出了巨大的优越性，从而广泛应用于钛合金、铝合金以及钢、镍、镁等合金部件的成形制造。在过去的研究中，以激光为代表的高能束热源已经实现了铝合金、钛合金构件的增材制造，且工艺已较为成熟，其相关产品已应用于各种高精尖技术领域核心部件的生产制造中，但存在效率低、成本高等问题。特别对于铝合金材料激光会产生折射，这导致激光吸收率低且成形速度慢。同时电子束为热源需要真空环境，限制了其在大型零件成形上的应用。

采用线弧增材制造（WAAM）技术成形的零件化学成分均匀且致密度高，具有效率高、成本低等优点，近些年来受到了广泛的关注，生产出了大量零部件，如管路支架（2219 合金）、壳体模拟件（4043 合金）、框梁结构（5B06 合金）、网格结构（4043 合金）等，并在航天和兵器行业中得到了应用。

在油气行业，大口径、高强度厚壁三通管件制造一直都是我国高压长输管线建设的瓶颈之一。中国石油集团石油管工程技术研究院联合南方增材科技有限公司，在国内首次将 WAAM 工艺应用于高钢级、大口径厚壁三通管件的制造，克服了传统制造方法的壁厚壁垒，产品性能完全满足中俄东线低温环境用 X80 热挤压三通管件的标准要求。国内华中科技大学等设计了新型的药芯焊丝，采用 CMT 增材制造技术制造了应用于大型舰船的艉轴架，如图 6-9 所示。该金属型药芯丝材的成形性能良好，堆积过程电弧稳定，飞溅率低。无损探伤结果

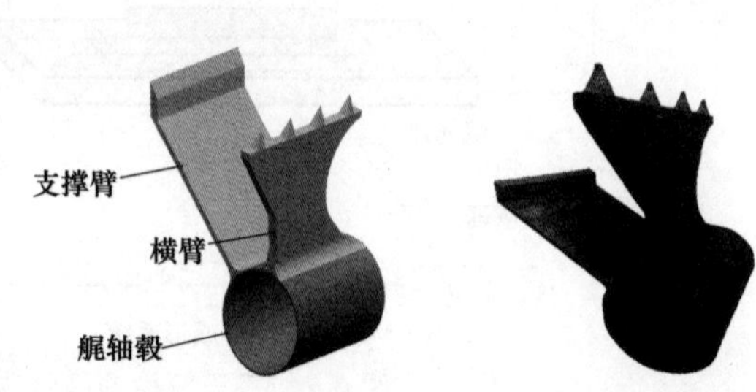

图 6-9　大型舰船的艉轴架与 CMT 金属增材制件

表明，艉轴架模拟件无裂纹、气孔等缺陷，且成形尺寸精良，实际尺寸与目标尺寸误差在 1mm 内。

6.5　WAAM 工艺制件主流后处理工艺

常用的增材后处理方法主要包括热处理、轧制与表面处理等。WAAM 工艺是个热循环叠加累积的过程，金属的熔化与冷却不平衡导致增材制件产生各种缺陷，如图 6-10 所示。这些缺陷通过改变焊接材料或改变工艺的方法难以去除，需要采用后处理手段来强化工件或消除残余缺陷。

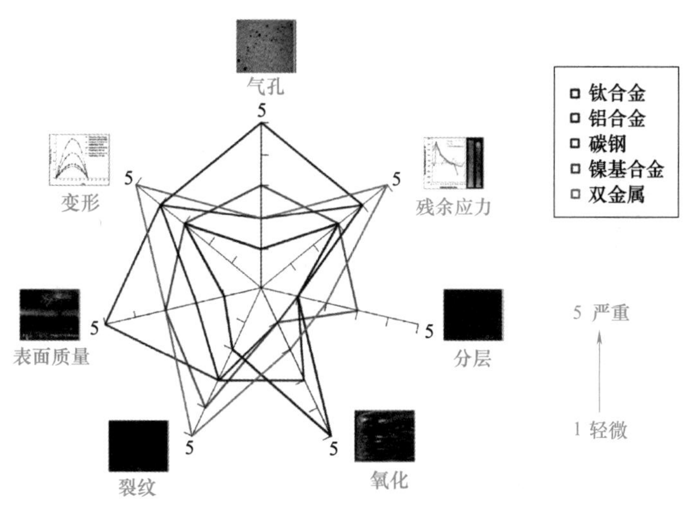

图 6-10　WAAM 工艺中材料与缺陷的关系

1. 热处理

热处理是 WAAM 工艺中广泛应用的一种后处理强化手段，热处理可以有效减小残余应力，增强构件力学性能。然而对于不同的材料或增材工艺有着不同的热处理工艺，选取不同的热处理工艺会大大改变内部的组织特征及析出相，从而显著影响组织性能。在探究 T6 热处理对铝合金的增材结构件组织性能影响时，发现热处理后铝合金的力学性能得到了大幅提高，晶粒直径更加均匀，各向异性明显减轻，其主要的强化机制是沉积强化。通过对比 A357 铝合金薄壁有无热处理的影响，证明热处理可明显减少气孔数量，增强强度和伸长率的各向同性，显著提升了显微硬度和强度，使之达到了铸件的最低要求。但是也会造成晶粒变得粗大，不仅增大气孔还会导致少数材料被破坏，因此在使用热处理工艺时，需要考虑具体的材料属性与应用。

2. 轧制

轧制是 WAAM 工艺中广泛应用的另一种强化手段。冷轧通常是在堆积固定层数后实施或在整体堆积完后进行。相较于整体堆积后进行轧制，采用层间冷轧的零件在平均显微硬度、屈服强度以及强度极限等性能方面提升较为明显，同时材料的塑性未有明显下降，材料性能的提高可归功于晶粒细化、变形强化及固溶强化。电弧堆积与层间冷轧的交替进行，可显著减小了变形及残余应力，甚至生成了有益的残余压应力。同时，轧制过程中产生较高的位错密度，可促进下一层中较细奥氏体晶粒的生成，随着冷却的进行，较细的奥氏体晶粒转化为小尺寸的铁素体晶粒，从而获得了显著的晶粒细化。由于层间冷轧需使用的轧制载荷较高，所用设备笨重与庞大且采购费用高昂，层间冷轧当前仅适用于处理外形结构简单的零件。

相较于其他增材制造技术，线弧增材制造工艺过程中具有较大的热输入，熔池凝固后将在一段时间内保持高温状态。因此，可通过提高电弧电压与电流增大热输入，延长焊道高温的时间，利用高温焊道的余热进行热轧。在显著降低轧制载荷和设备刚度需求的同时，还提高了效率。在线热轧不仅显著增强了材料性能，也提高了材料外形精度。华中科技大学在 2013 年首次提出了混合沉积和微轧制（Hybrid Deposition and Micro-Rolling，HDMR）的方法。在焊枪后方安装了随着焊枪同步运动的小轧辊，通过调节小轧辊与焊枪的距离实现对轧制温度的控制，可保证轧制温度高于再结晶温度，而小轧辊作用于高温焊道的上表面以实现在线热轧，如图 6-11 和图 6-12 所示。由于微轧辊的冷却作用，采用 HDMR 工艺轧制后的温度快速下降，焊缝的柱状枝晶在微轧辊的轧制作用下被转化成破碎枝晶，而下一层堆积过程再加热及塑性变形能共同促进破碎枝晶再结晶，晶粒尺寸大大减小。因此，采用 HDMR 工艺制备的零件在强度、塑性及硬度方面均强于其他方法制备的零件，可达到航空金属零件的标准。

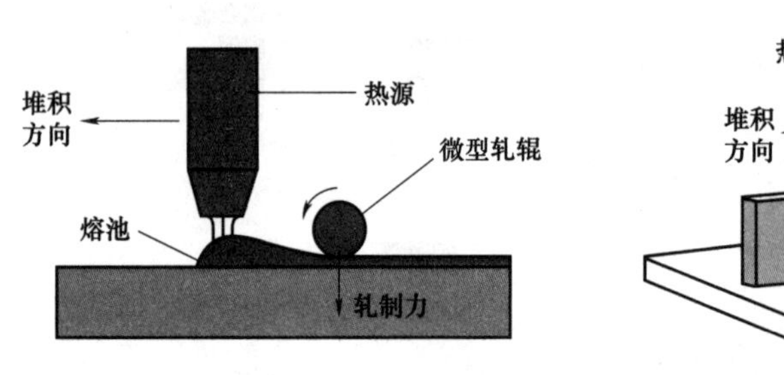

图 6-11　HDMR 堆积原理

3. 表面处理

表面处理方法也是线弧增材制造技术中常用的后处理技术。常见的表面处理方法有机械冲击、激光冲击强化、喷丸等。通常，表面处理方法的作用厚度有限，只能提高表层材料的性能，适用于对表面质量要求较高的场合。已有研究中，通过约 200 Hz 的中等频率振动的小直径压头锤击材料，压头尖端经历了弹性变形及较大的塑性变形，得到了厚度为 3mm 的表层晶粒细化区。采用激光冲击强化技术处理线弧增材制造制备的 2319 铝合金零件，如图 6-13 所示，表层区内平均晶粒尺寸得到了细化，产生了厚度为 1.2mm 的表面硬度提高层，且在厚度超过 0.75mm 时，残余应力从拉伸状态转化为压缩状态。

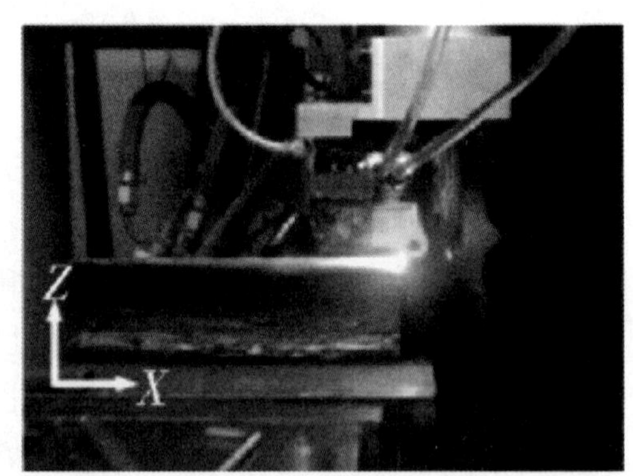

图 6-12　HDMR 堆积过程

线弧增材制造技术以较低的设备成本，较高的材料利用率以及较高的生产率被广泛应用于各个领域。虽然线弧增材制造的过程中还有较多的问题亟待解决，伴随着工业化进程的加快以及增材制造技术的发展与成熟，线弧增材制造技术将迎来更多的发展道路，得到更广泛的应用。

总之，线弧增材制造技术是一种利用逐层熔覆原理，以钨极惰性气体保护焊、熔化极气体保护焊的和等离子弧焊产生的电弧作为热源，不断熔化填充丝材，通过填充将焊丝沿规划路径逐层沉积堆敷，而逐渐成形出金属零件的先进数字化制造技术。

与其他采用粉末原料的多种增材制造技术相比，WAAM 工艺材料利用率更高，成形效率高，设备成本低，对成形件的尺寸基本无限制，虽然成形精度稍差，成形件微观组织粗大，但仍是与激光增材制造方法优势互补的增材制造技术。

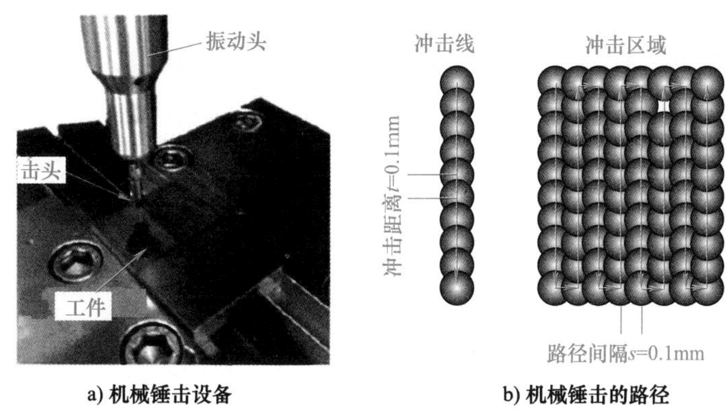

a) 机械锤击设备　　b) 机械锤击的路径

图 6-13　机械锤击设备及锤击路径

课后练习与思考

1. 线弧增材制造技术的概念是什么？
2. 线弧增材制造技术主流的后处理工艺有哪些？
3. 简述线弧增材制造技术的特点。

第 7 章　制件精度检测

【学习目标】

知识目标：（1）掌握量具检测的基本知识。
（2）掌握三坐标测量机的原理和检测流程。
（3）掌握三维扫描仪的原理和检测流程。
（4）掌握表面粗糙度的检测方法。

技能目标：（1）能够根据产品结构及特征选择正确检测方法。
（2）能够使用常用量具对制件的尺寸公差进行检测。
（3）能够使用常用三坐标测量机对制件的尺寸公差、几何公差进行检测。
（4）能够使用常用三维扫描仪对制件的曲面偏差进行检测。
（5）能够完成制件表面粗糙度的检测。
（6）能够完成装配件配合尺寸的检测。

素养目标：（1）具有学习能力和分析问题、解决问题的能力。
（2）具有认真、细心的学习态度和精益求精的工匠精神。

【考核要求】

通过学习本章内容，能够根据产品结构及特征选择正确的检测方法，并能完成产品的尺寸公差、几何公差、曲面偏差、表面粗糙度及配合尺寸的检测，能分析模型表面粗糙度产生的原因。

7.1　制件的手工检测

7.1.1　常用量具的结构

1. 检测的概念

采用增材制造技术制造的零件尺寸是否满足公差要求，需要通过检测加以判断。检测包含检验与测量。检验是指确定零件的集合参数是否在规定的极限范围内，并做出合格性判断，而不必得出被测量的具体参数；测量是指将被测量与作为计量单位的标准量进行比较，以确定被测量具体数值的过程。

检测不仅用来评定产品质量，而且用于分析产生不合格品的原因，及时调整生产，监督工艺过程，预防废品产生。检测是机械制造的“眼睛”。无数事实证明，产品质量的提高，除了提高设计和加工精度，往往更有赖于检测精度的提高。

2. 常用量具

图 7-1 所示为导向套的零件图样，根据图样中标注的尺寸可知，检测该零件需要使用游标卡尺、外径千分尺和内径千分尺。

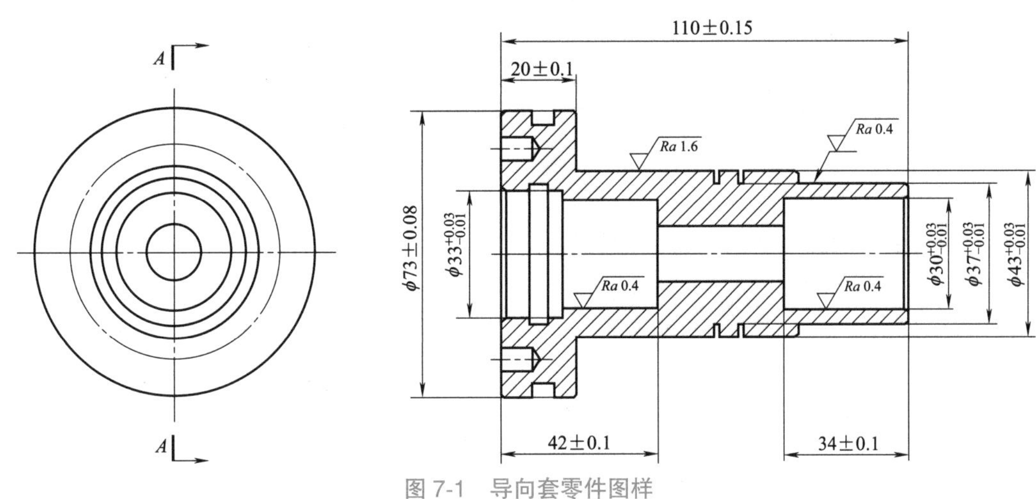

图 7-1　导向套零件图样

（1）游标卡尺　游标卡尺是工业中常用于测量长度的量具，其结构如图 7-2 所示。

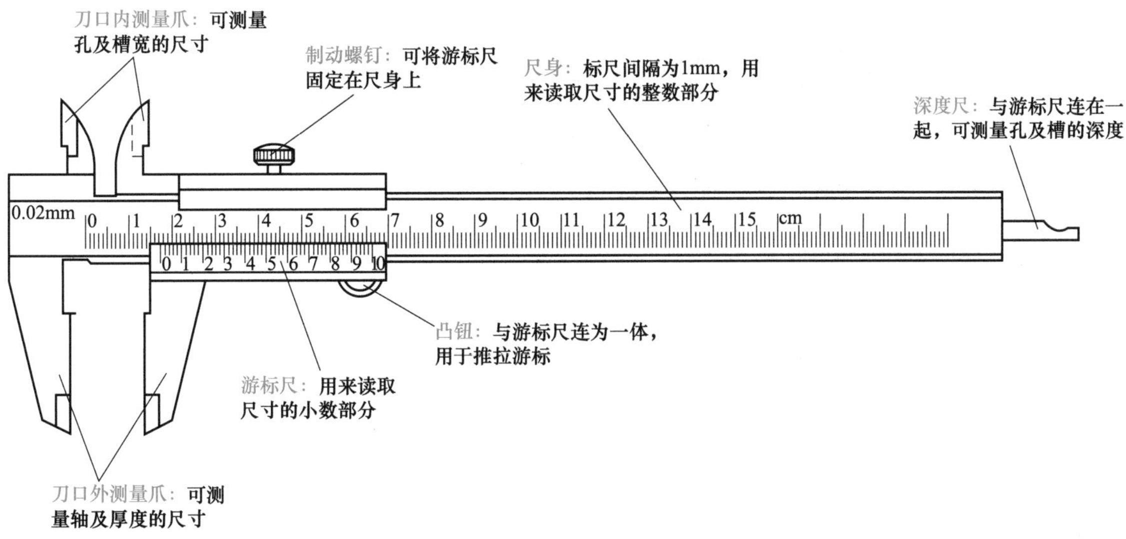

图 7-2　游标卡尺结构

（2）千分尺　千分尺（micrometer）又称螺旋测微器，是比游标卡尺更精密的测量长度的工具，其分度值为 0.01mm，有多种规格。千分尺一般由测砧、测微螺杆、锁紧装置、固定套管、微分筒及棘轮等部分构成，按用途一般可分为外径千分尺和内测千分尺，如图 7-3 和图 7-4 所示。

7.1.2　常用量具的使用方法

1. 游标卡尺的读数方法

游标卡尺的读数原理是利用尺身上的标尺间距（简称线距）和游标尺上的标尺间距之差来读出

小数部分，例如：尺身上的线距为 1mm，游标尺上有 10 格，其线距为 0.9mm。当两者的零线重合时，若游标尺移动 0.1mm，则它的第一根刻线与尺身的第一根刻线重合；若游标尺移动 0.2mm，则它的第二根刻线与尺身的第二根刻线重合。依此类推，可从游标尺与尺身刻线重合处读出量值的小数部分。尺身与游标尺线距的差值（0.1mm）就是游标卡尺的分度值。同理，若它们线距的差值为 0.05mm 或者为 0.02mm（游标尺上分别有 20 格或 50 格），则其分度值分别为 0.05mm 或 0.02mm。

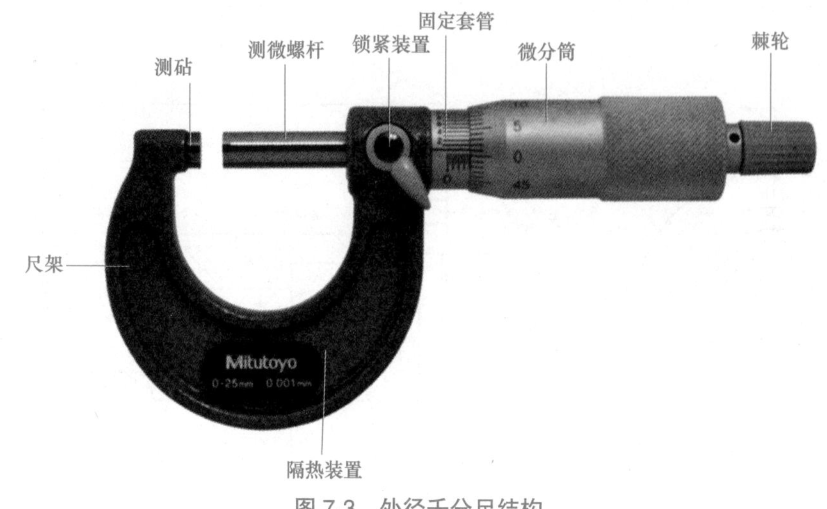

图 7-3　外径千分尺结构

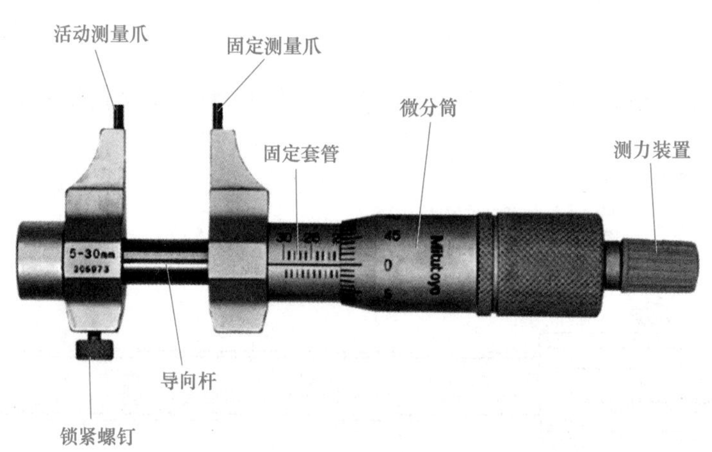

图 7-4　内测千分尺结构

游标卡尺的读数方法有以下三个步骤：

1）读取尺身的数值。

2）读取游标尺上的数值（游标尺与尺身重合线的数值）。

3）通过公式计算尺寸数值：测量值 = 尺身数值 + 游标尺数值 × 分度值。

2. 游标卡尺的使用注意事项

（1）游标卡尺使用前准备工作

1）将游标卡尺用软布擦拭干净。

2）拉动游标尺，检查滑动是否灵活，有无卡死，制动螺钉能否正常使用。

3）合拢两个测量爪，检查测量爪间是否透光，检验游标尺零线与尺身零线是否对齐。

4）擦净被测工件表面油污和灰尘。

（2）误差产生的因素　用游标卡尺测量工件时，可能产生测量误差的因素较多，主要包括测量人员视差、游标卡尺不符合阿贝原则引起的误差、游标卡尺和工件的实际温度对标准温度的偏差引起的热膨胀误差、刀口测量爪的厚度和在测量小孔直径时测量爪之间的间隙所带来的误差。

此外，还有其他误差因素，如标尺的准确性、参考边缘垂直度、尺身的标尺平整度、测量爪的垂直度，这些因素都包含在仪器的误差公差里。因此，只要游标卡尺在仪器的误差公差范围内，尺寸就可以正常使用。

游标卡尺为非恒定测力装置，使用游标卡尺时必须使用正确的测力来测量工件。当用测量爪的根部或尖端测量工件时，需要特别注意，因为这种情况下可能会发生较大的测量误差。

（3）内尺寸测量

1）测量前，测量爪尽可能深地插到工件内部，使测量爪尽量多地接触被测量面。

2）测量内尺寸时，应多次测量读取最大的显示值。

3）测量沟槽宽度时，应多次测量读取最小的显示值。

（4）深度测量　测量深度时，游标卡尺和被测工件应紧密接触。

（5）视差的影响　当检查游标尺刻线是否与尺身刻线对齐时，应直视游标尺刻线。

如果从斜方向查看游标尺刻线，对齐位置会明显扭曲，这是由于游标尺标尺面与尺身面间的阶差高度而引起的视觉误差，从而导致读数误差。为了避免这种读数错误，一般规定阶差高度应不大于 0.3mm。

（6）结构形变的影响　引导游标尺滑动的尺身如果有弯曲，会导致测量误差。

（7）温度的影响　游标卡尺为不锈钢材质，它和铁系金属有着相同的热膨胀系数，测量时需要考虑被测物的材质、温度及室温等对测量结果的影响。

（8）其他注意事项

1）游标卡尺测量爪很锐利，因此仪器必须小心处理，避免造成人身伤害。

2）避免损坏游标卡尺的标尺，不要在游标卡尺上标记识别符号。

3）避免将游标卡尺与硬物相碰、跌落在凳子或者地板上，以免损坏游标卡尺。

3. 千分尺的读数方法

千分尺是依据螺旋运动的原理制成的，即螺杆在螺母中旋转一周，螺杆便沿着旋转轴线方向前进或后退一个螺距的距离。因此，沿轴线方向移动的微小距离就能用圆周上的读数表示出来。螺旋测微器的精密螺纹的螺距是 0.5mm，可动刻度有 50 个等分刻度，可动刻度旋转一周，测微螺杆可前进或后退 0.5mm，因此旋转每个小分度，相当于测微螺杆前进或退后 0.5/50=0.01mm。可见，可动刻度每一小分度表示 0.01mm，因此螺旋测微器的分度值为 0.01mm。由于还能再估读一位，可读到 mm 的千分位，又名千分尺。

千分尺的读数方法有以下三个步骤：

1）读取固定套管上的数值。

2）读取微分筒上的数值。

3）通过公式计算尺寸数值：测量值 = 固定套管数值 + 微分筒数值 × 分度值。

4. 外径千分尺的使用注意事项

1）千分尺是一种精密量具，只适用于精加工零件的测量，严禁测量表面粗糙的毛坯。

2）测量前必须把千分尺及工件的测量面擦拭干净。

3）测量时，测微螺杆应缓慢接触工件，直至棘轮发出 2~3 下“咔咔”声，然后进行读数。

4）避免尺架热误差。手握住尺架可能导致千分尺产生明显的测量误差，这是由于当手握住尺架时，手上的热量将传导给千分尺，材料热膨胀使千分尺变形，从而导致明显的测量误差。测量时如果必须手持千分尺，则尽量减少接触时间。测量人员戴一副手套将会大大减少测量误差。

5）避免测微螺杆热误差。在室温 20℃的条件下，当手长时间握持千分尺测微螺杆的顶端时，测微螺杆会发生膨胀。因此，在调整零位时，不要用手直接接触测微螺杆，尽量戴手套或者尽量减少接触时间。如果测微螺杆已经受热膨胀，则必须等测微螺杆的温度降到标准温度后再调整零位。

5. 内测千分尺的使用注意事项

1）使用时必须用测量爪的最大接触面积测量，并且避免测量时由于测量爪的弯曲对测量结果产生影响。

2）测量时应检查测量爪固定和松开时的变化量。

3）测量孔时，将测量爪伸进孔内并且支撑在被测内孔的表面上，然后调整微分筒，使微分筒一侧测量爪的测量面在孔的径向截面内摆动，找出最大尺寸，然后拧紧锁紧螺钉后取出千分尺并读数。

4）注意温度对测量结果的影响。防止手或者其他热源的传热影响，因此测量前应严格等温，测量时尽量缩短测量时间。

7.1.3 制件的检测

一个制件的完整检测可分为测前、测中和测后三个阶段，具体过程见表 7-1。

表 7-1 制件的检测流程

测量流程	内容
检测前准备阶段	1）检查制件后处理是否完成 2）游标卡尺的擦拭与归零检查 3）千分尺的校准 4）制作检测计划表
制件的测量阶段	1）制件尺寸公差的检测 2）制件检测报告的生成
检测后整理阶段	1）游标卡尺的维护与保养 2）千分尺的维护与保养

1. 检测前准备阶段

（1）游标卡尺归零检查 测量前，用软布将测量爪擦拭干净，使其并拢，查看游标尺和尺身的零线是否对齐。如对齐则可直接进行测量：如不对齐则要记取零误差：游标尺的零线在尺身零线右侧时称为正零误差；在尺身零线左侧时称为负零误差。

（2）千分尺校准

1）如图 7-5a 所示，将外径千分尺隔热装置固定在千分尺支架上，左手握持检验棒（或环规），右手握持微分筒。

2）旋转微分筒，将检验棒（或环规）放到测砧与测微螺杆之间。

3）测量检验棒（或环规），查看读数是否与标准值一致，如一致，量具校验完成；如不一致，则需先拧紧锁紧装置，取下检验棒（或环规），用扳手旋转固定套管，使读数与标准值一致。

4）内测千分尺的校准如图 7-5b 所示。

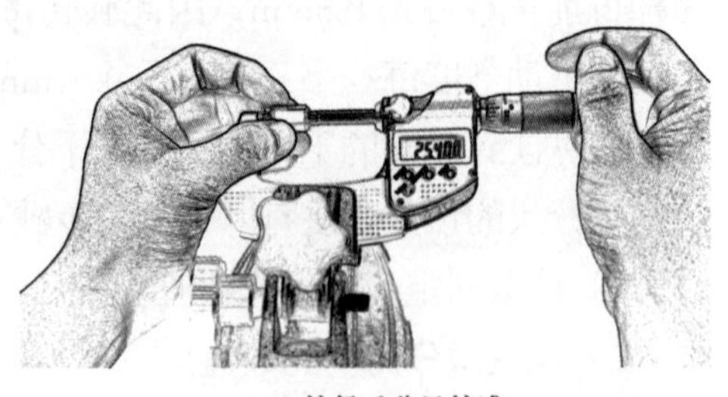

a) 外径千分尺校准

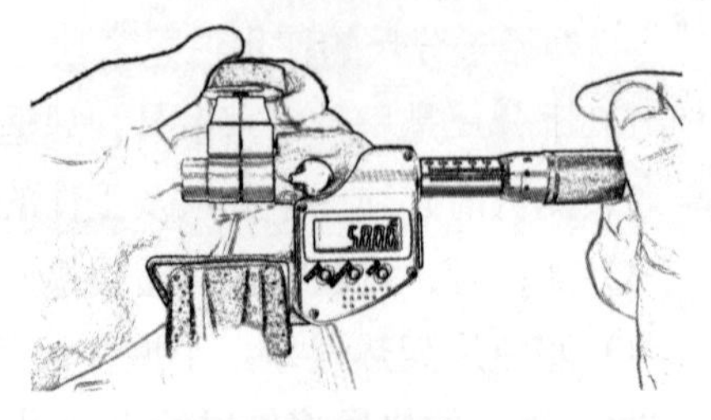

b) 内测千分尺校准

图 7-5 千分尺校准

导向套检测方案见表 7-2。

表 7-2　导向套检测方案

检测卡片			产品型号			零件图号		
			产品名称			零件名称		
工序号	工序名称	车间	检测项目	技术要求	检测工具	检测方案	检测操作要求	
110±0.15 20±0.1 Ra 1.6 Ra 0.4 Ra 0.4 Ra 0.4 $\phi73\pm0.08$ $\phi33^{+0.03}_{-0.01}$ $\phi30^{+0.03}_{-0.01}$ $\phi37^{+0.03}_{-0.01}$ $\phi43^{+0.03}_{-0.01}$ 42±0.1 34±0.1			ϕ73mm ± 0.08mm	ϕ73.08~ ϕ72.92mm	0~150mm 游标卡尺	外径尺寸偏差检测	避免在外测量爪处留下指纹而引起生锈及测量误差	
			$\phi33^{+0.03}_{-0.01}$ mm	ϕ33.03~ ϕ32.99mm	25~50mm 内测千分尺	内径尺寸偏差检测	避免在两测量爪处留下指纹而引起生锈及测量误差	
			$\phi30^{+0.03}_{-0.01}$ mm	ϕ30.03~ ϕ29.99mm	25~50mm 内测千分尺	内径尺寸偏差检测	避免在两测量爪处留下指纹而引起生锈及测量误差	
			$\phi37^{+0.03}_{-0.01}$ mm	ϕ37.03~ ϕ36.99mm	25~50mm 外径千分尺	外径尺寸偏差检测	避免在两测量爪处留下指纹而引起生锈及测量误差	
			$\phi43^{+0.03}_{-0.01}$ mm	ϕ43.03~ ϕ42.99mm	25~50mm 外径千分尺	外径尺寸偏差检测	避免在两测量爪处留下指纹而引起生锈及测量误差	
			110mm ± 0.15mm	110.15~ 109.85mm	0~150mm 游标卡尺	长度尺寸偏差检测	避免在外量爪处留下指纹而引起生锈及测量误差	
			20mm ± 0.1mm	20.1~ 19.9mm	0~150mm 游标卡尺	长度尺寸偏差检测	避免在外量爪处留下指纹而引起生锈及测量误差	
			42mm ± 0.1mm	42.1~ 41.9mm	0~150mm 游标卡尺	深度尺寸偏差检测	避免在深度尺处留下指纹而引起生锈及测量误差	
			34mm ± 0.1mm	34.1~ 33.9mm	0~150mm 游标卡尺	深度尺寸偏差检测	避免在深度尺处留下指纹而引起生锈及测量误差	
					编制（日期）	审核（日期）	会签（日期）	批准（日期）
标记	处数	更改文件号	签字	日期				

2. 制件的测量阶段

1）检测零件，填写测量记录表（表 7-3）。

表 7-3　导向套测量记录表

序号	检测内容		第 1 次	第 2 次	第 3 次	平均值	结论
1	主要尺寸	ϕ73mm ± 0.08mm					
2		$\phi 33^{+0.03}_{-0.01}$ mm					
3		$\phi 30^{+0.03}_{-0.01}$ mm					
4		$\phi 37^{+0.03}_{-0.01}$ mm					
5		$\phi 43^{+0.03}_{-0.01}$ mm					
6		110mm ± 0.15mm					
7		20mm ± 0.1mm					
8		42mm ± 0.1mm					
9		34mm ± 0.1mm					

2）填写零件检测报告（表 7-4），综合结论分析。

表 7-4　零件检测报告

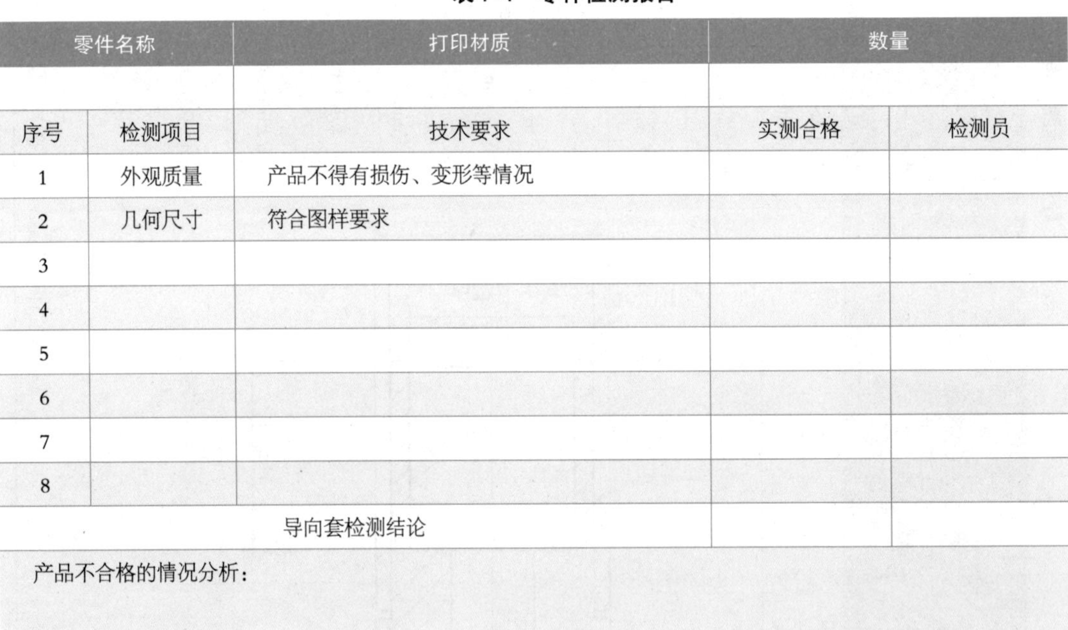

零件名称		打印材质	数量	
序号	检测项目	技术要求	实测合格	检测员
1	外观质量	产品不得有损伤、变形等情况		
2	几何尺寸	符合图样要求		
3				
4				
5				
6				
7				
8				
导向套检测结论				
产品不合格的情况分析：				
检测结论： 检测员：　　　　日期：				

注：实测合格以“√”表示。

3. 检测后整理阶段

（1）游标卡尺保养与维护

1）使用间歇应将测量爪合拢，以免深度尺露在外面而产生变形或折断。

2）放置游标卡尺时应平放，以免尺身弯曲变形。

3）使用完毕后，应将游标卡尺擦拭干净，并放置在专用盒内；如果长时间不用，要涂油保存，防止生锈。

（2）千分尺保养与维护

1）使用千分尺时要轻拿轻放，不使用时须平放在专用盒内。

2）不准用油石、砂纸等硬物摩擦千分尺的测量面。

3）禁止用千分尺测量处于运转状态的物件或高温物件。

4）严禁将千分尺当作卡钳使用或者当作锤子敲击他物。

5）千分尺使用完毕后，需要擦净、上油，并放到专用盒内，防止锈蚀。

6）长时间不使用时，应将千分尺的测量面分开，拧紧锁紧螺钉，以免测量爪长时间接触而生锈。

7）不得将千分尺放在潮湿、温度变化大的环境中。

8）千分尺应按计量器具定期检定计划进行检定，检定合格才能使用。

7.2　制件的精密检测

7.2.1　三坐标测量机概述

1. 三坐标测量机的原理

三坐标测量机（Coordinate Measuring Machine，CMM）是20世纪60年代发展起来的一种新型、高效、多功能的精密测量仪器。它的出现一方面由于数控机床高效率加工，以及越来越多复杂形状零件的加工需要快速、可靠的测量设备与之配套；另一方面由于电子技术、计算机技术、数字控制技术及精密加工技术的发展为三坐标测量机的产生提供了技术基础。

现代三坐标测量机不仅能在计算机控制下完成各种复杂零件的测量，还可以通过与数控机床交换信息，实现在线检测，对加工中零件的质量进行控制，并且可根据测量的数据实现逆向工程。图 7-6 所示为三坐标测量机的代表。

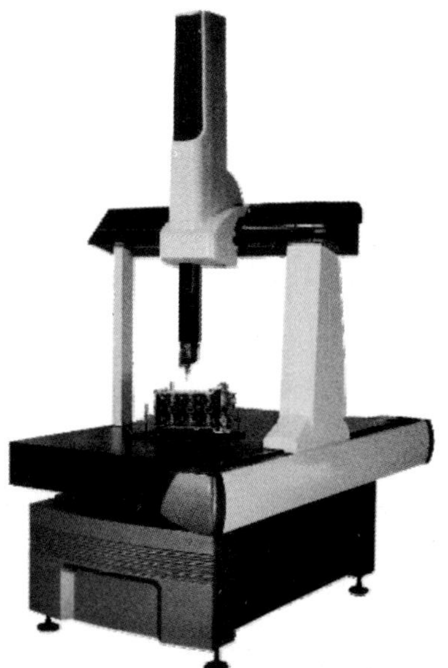

图 7-6　三坐标测量机的代表

坐标测量技术的原理是：任何形状都是由空间点组成的，所有几何量的测量都可以归结为空间点的测量，因此精确进行空间点坐标的采集，是评定任何几何形状的基础。

三坐标测量机的基本原理是将被测零件放入允许的测量空间，精确地测出被测零件表面的点在空间三个坐标位置的数值，将这些点的坐标值经过计算机数据处理，拟合形成测量元素，如圆、球、圆柱、圆锥、曲面等（表 7-5），再经过数学计算的方法得出其几何公差及其他几何量数据。

表 7-5　元素的拟合

图样	零件		
理论元素	实际元素	测量点	拟合元素

2. 坐标测量的几个重要概念

（1）坐标、坐标系和机器坐标系　符合右手定则的三条互相垂直的坐标轴和三轴相交的原点，构成了三维空间坐标系，即笛卡儿坐标系，如图 7-7 所示，空间任意一点投射到三轴就会有三个相应的数值，即三轴的坐标值。有了三轴的坐标值，也就能对应空间点的位置，从而把空间点的位置进行了数字化描述。右手定则保证了坐标系方向的唯一性。

三坐标测量机使用的光栅尺一般是相对光栅，需要一个其他信号（零位信号）确定零位，开机后必须执行回零过程，回零后测量机三轴光栅都从零开始计数，补偿程序被激活，测量机处于正常工作状态，这时测量的点坐标都是相对机器零点而言的。由机器的三个轴向和零点构成的坐标系称为机器坐标系，如图 7-8 所示。一般测量机的零点在左、前、上位置，左右方向为 X 轴，右方为正方向；前后方向为 Y 轴，后方为正方向；上下方向为 Z 轴，上方为正方向。当机器回零后，显示零点的坐标是机器 Z 轴底端中心的坐标：当加载测头以后，显示测针红宝石球心的坐标，如测针总长度为 200mm（含测座、测头等整个探测系统），则红宝石球心的坐标为 X=0，Y=0，Z=−200。

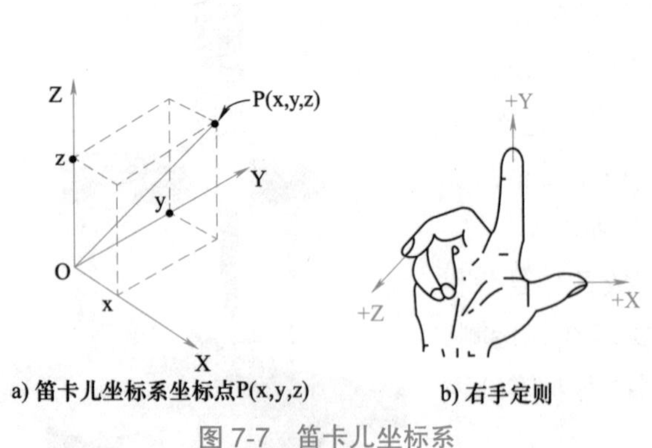

图 7-7　笛卡儿坐标系

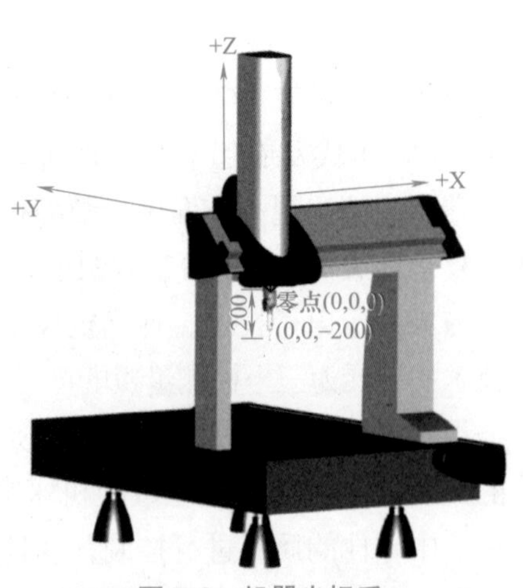

图 7-8　机器坐标系

（2）矢量　测量时为了表示被测元素在空间坐标系中的方向而引入矢量这一概念。当长度为 1mm 的空间矢量投射到空间坐标系的 X、Y、Z 三个坐标轴上时，相对应有三个投影矢量。这三个投影矢量的数值与对应轴分别为 I、J、K。

投影长度计算公式：I=1× 矢量方向与 +X 方向夹角的余弦，J=1× 矢量方向与 +Y 方向夹角的余弦，K=1× 矢量方向与 +Z 方向夹角的余弦，实际计算时通常省略前面的“1×”，因此矢量方向 I、J、K 通常也描述为矢量与相应坐标轴夹角的余弦。当空间矢量相对坐标系的方向发生改变时，其投射在坐标轴上的投影矢量的数值也发生相应的变化，即投影矢量的数值反映了空间矢量在空间坐标系中的方向。

用坐标值 X、Y、Z 来定义位置，矢量 I、J、K 来表示方向，空间中的每个坐标点都表示为（X，Y，Z，I，J，K），其中，I 代表 X 方向的矢量分量；J 代表 Y 方向的矢量分量；K 代表 Z 方向的矢量分量。

（3）测点半径补偿与几何特征拟合　在接触式坐标测量中，一般采用球形探针，当被测轮廓面处于未知的情况下，探针红宝石球与工件表面接触点也是未知的，但因为两者之间是点接触，所以红宝石球心的位置是唯一的。在“球心唯一”的基础上，通过后续的半径补偿获得实际接触点的位置，同时红宝石球的半径和补偿方向将直接影响测量精度。红宝石球半径通过测头校验获得，而补偿方向要通过正确的矢量获得。

点特征直接由红宝石球心坐标经过半径补偿后获得，手动点省略情况下为一维特征，是按照当前坐标系下最近某轴向的方向补偿，因此被测表面必须垂直于坐标系的一个轴向，否则将产生余弦误差。矢量点为三维特征，根据给定的矢量方向进行半径补偿。测点半径补偿和余弦误差如图 7-9 所示。

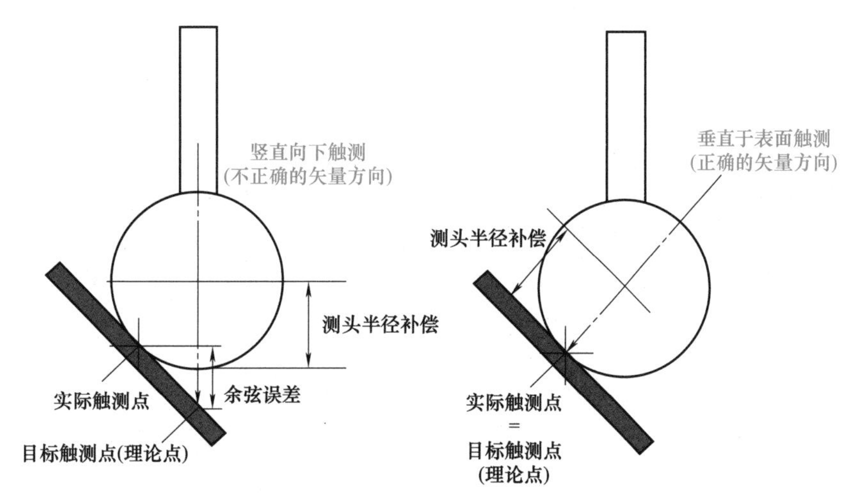

图 7-9　测点半径补偿和余弦误差

每种类型的几何特征都包含位置、方向及其他特有属性，在测量软件中，通常用特征的质心坐标代表特征的位置，用特征的矢量表示特征的方向。质心又称重心或中心，是物体质量或形状的假想中心。如图 7-10 所示，同样的质心位置和矢量方向，加上不同的特征类型属性，可以表示不同的几何特征。

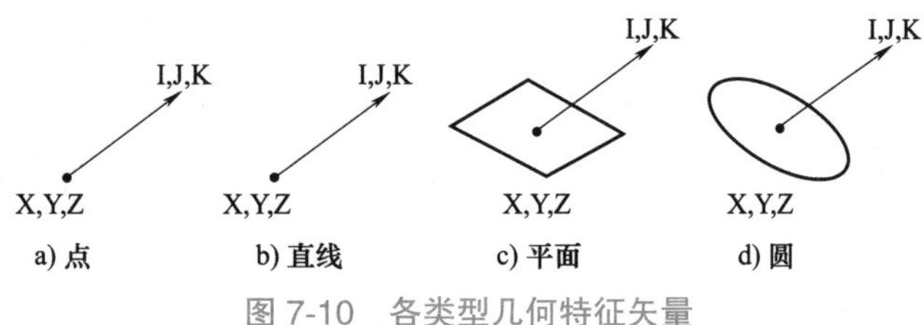

图 7-10　各类型几何特征矢量

点以外的其他几何特征都是在点的基础上，通过拟合计算得到的，但是并不是使用补偿后的测量点直接拟合，而是先使用红宝石球心坐标拟合，然后整体进行半径补偿，这样可以消除测量点补偿的余弦误差。

根据三维特征和二维特征的不同，基本拟合步骤如下：

1）测量需要的点。

2）将测量点投射到工作（投影）平面（仅对直线、圆等二维特征需要先投射再拟合，三维特征跳过此步）。

3）将所有测量点红宝石球心坐标拟合为相应特征。

4）整体向内侧或外侧补偿测头半径，得到实际被测特征。

图 7-11 所示为圆特征的测量和拟合。

因此，余弦误差对单个的测量点影响最大，对二维和三维特征影响较小。空间点是测量误差最大的几何元素。

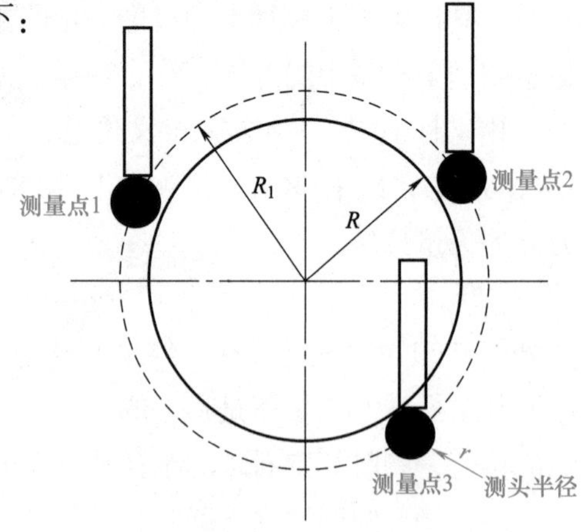

图 7-11 圆特征的测量拟合示意

7.2.2 三坐标测量机检测

图 7-12 为叶轮轴零件图样，根据图样中的尺寸标注，需检测尺寸公差和几何公差，可用三坐标测量机完成该尺寸的检测。

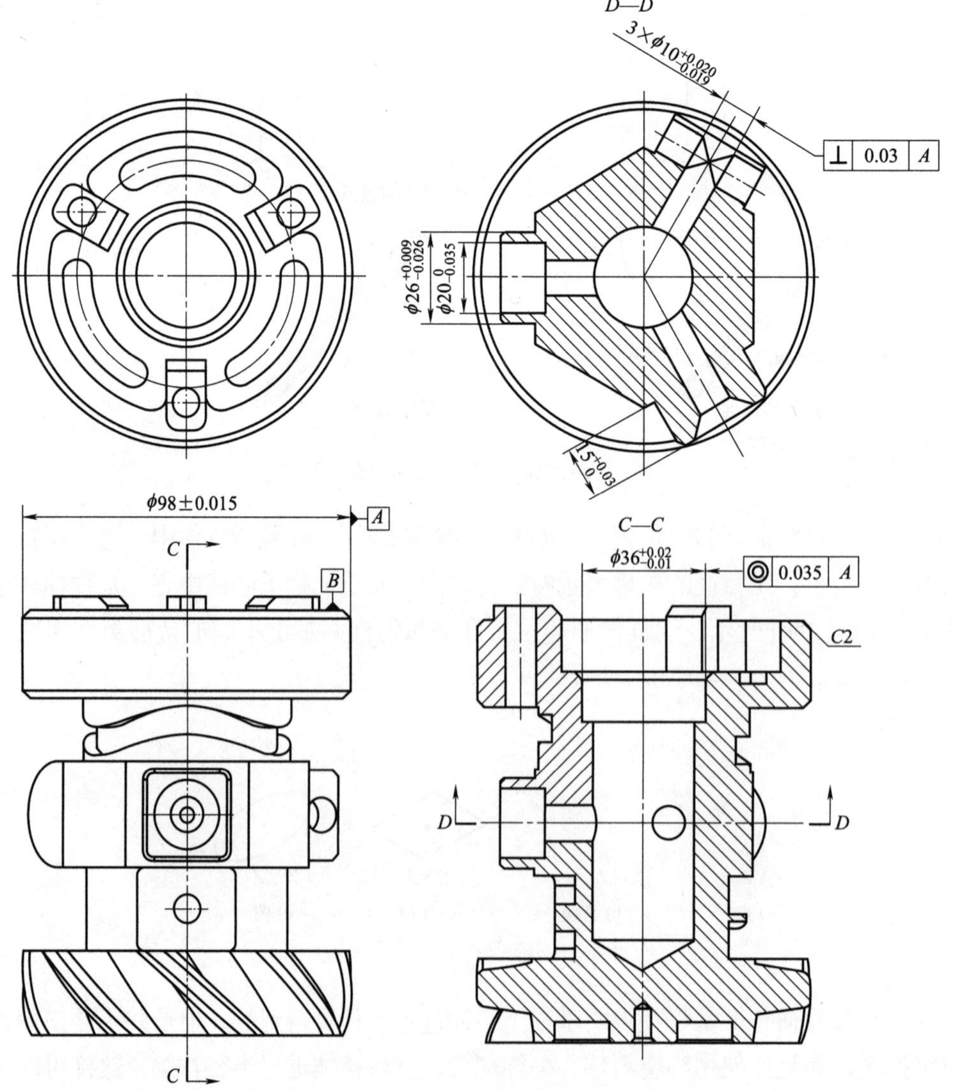

图 7-12 叶轮轴零件图

1. 三坐标测量机检测流程

表 7-6 列出了三坐标测量机的检测流程。

表 7-6　三坐标测量机的检测流程

流程	内容
图样分析	确定基准坐标系 确定检测内容 确定零件装夹位置及测量角度 确定所需测针直径和长度
测针选用与测头校验	测针选用 测头构建 测头校验 查看校验结果
编程测量	坐标系建立 元素测量 元素构造
尺寸评价与输出	尺寸公差评价 几何公差评价 检测报告输出

2. 制件的检测过程

（1）图样分析　如图 7-12 所示，检测内容有同轴度、垂直度等几何公差和距离、直径等尺寸公差，其涉及的测量元素只包含平面、圆、圆柱，所需测量的最小直径为 10mm，因此测针的长度可以选择 30~40mm，直径选择 2~5mm 即可进行测量。

基准坐标系是零件测量及几何公差评价的基础，基准坐标系的确定需考虑工件的装夹位置、检测的方便性、工件的检测姿态等。因此，零件的基准包括基准 *A* 轴线、基准 *B* 平面，可通过基准 *B* 平面找正，取侧面直线旋转，基准 *A* 处的圆心为坐标平移原点，采取面 – 线 – 圆建立零件的基准坐标系。

图 7-13 所示为叶轮轴摆放位置，要完成该零件的尺寸评价，需测量五个角度，即 A0°、B0°，A90°、B–180°，A90°、B–60°，A90°、B60°，A90°、B–120°。

图 7-13　叶轮轴摆放位置

（2）测头校验　校验测头的一般步骤如图 7-14 所示。

1）构建测头。选择“测头”→“构建测头”命令，根据测头的型号，在软件中选择相应型号的测座、测力模块和测针，如图 7-15 所示，单击“添加 / 激活”按钮，完成测头的激活。

图 7-14　校验测头步骤

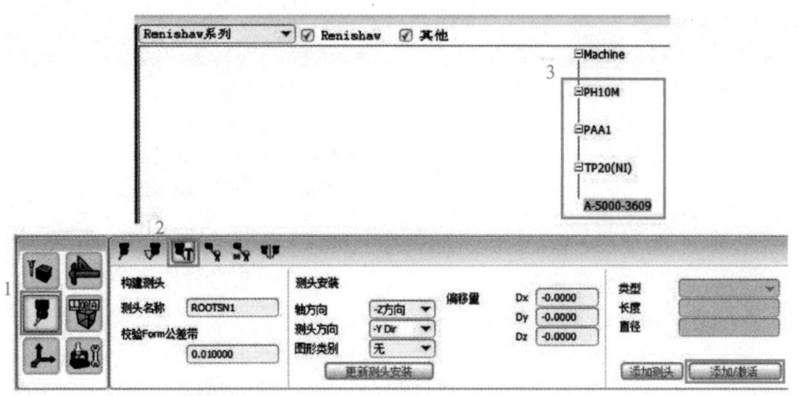

图 7-15　构建测头

2）添加校准的角度。测头 A0°、B0° 为默认角度，测头其他角度需另行添加。如图 7-16 所示，添加测头角度操作步骤如下：

① 选择“测头”→“创建新探头角度”命令。

② 选中需要的角度，例如 A90°、B–180°。

③ 单击“定义”按钮。

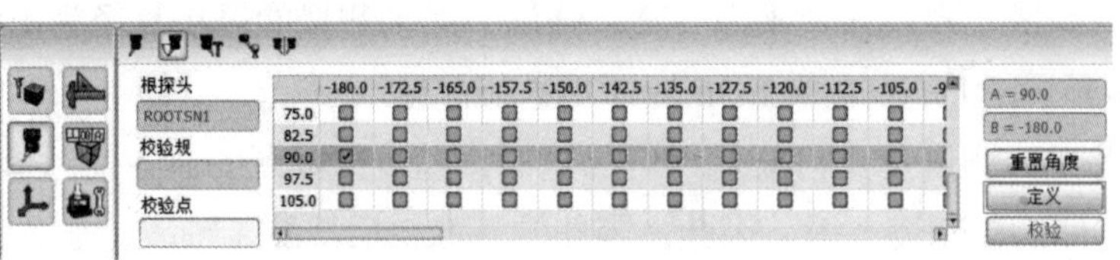

图 7-16　添加角度

3）定义标准球。选择“测头”→“校准测头”→“校验规定义”命令，如图 7-17 所示，根据标准球填入相应的参数，完成球形规的定义。在校验探头设置中，可设置校验程序的接近和回退值。

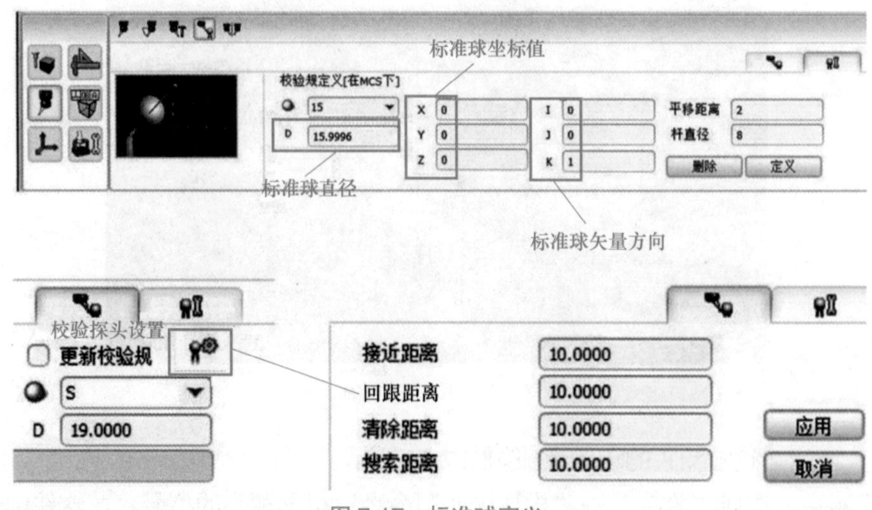

图 7-17　标准球定义

校验各角度测针操作步骤如下：

① 测量机工作台上选择合适位置摆放校验规，在软件中选择“测头”→“校准测头”→“探头校验”命令。

② 选择定义完成的球形规名称，单击“更新校验规”按钮。

③ 用操纵盒手动测量标准球，测量五个点，在标准球的左、右、前、后、上各测量一个点，按“Done”键，在软件中更新标准球位置，如图 7-18a 所示。

4）校验测头。

① 在测头数据区，选择球形规，单击测量点数并下拉，选择校准时所需测量点数，如图 7-18b 所示；用操纵盒将测针移到标准球上方，选中所有测量所需角度，单击鼠标右键选择“校验使用”命令，选择更新位置过后的球形规名称，开始校验。

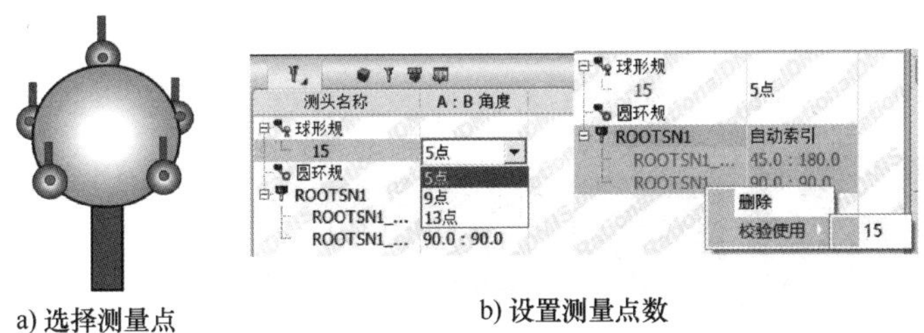

a) 选择测量点　　b) 设置测量点数

图 7-18　校验测头

② 如图 7-19 所示，出现“按继续按钮来校验探头”提示对话框，单击“继续”按钮，校验测头。

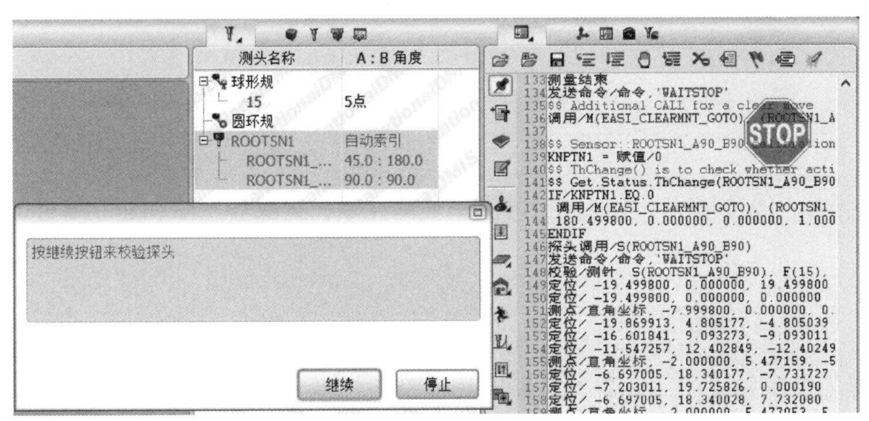

图 7-19　提示对话框

③ 完成校准，如图 7-20 所示。此时测头显示绿色，表示测头校验合格；如显示黑色，表示测头未校验；显示蓝色，表示测头校验不合格，需重新校验；显示红色，表示测头校验过期，需重新校验。

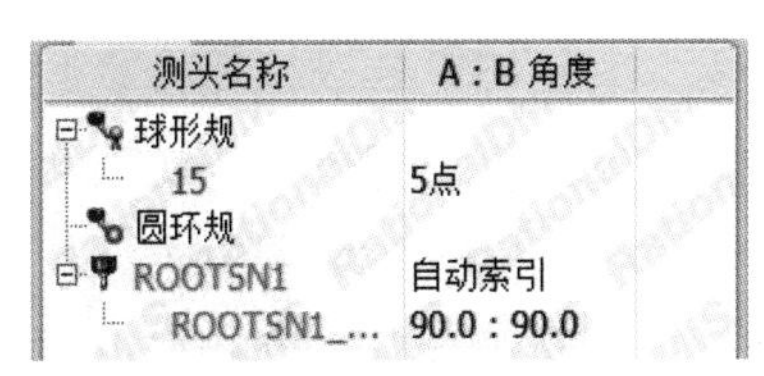

图 7-20　测头校验完成

（3）编程测量　编程测量阶段的主要内容是坐标系的建立和元素测量，由图样分析可建立面 - 线 - 圆坐标系，其实质是采用“3-2-1 法”建立坐标系，通过找正、旋转、平移的方法建立坐标系。“3-2-1 法”最常见的一种形式就是面 - 线 - 点，除此之外，常见的找正元素有平面、圆柱、圆锥；旋转元素有直线、圆柱、圆锥等，可简化为线元素或者构造为线元素的线性元素；平移元素一般为点或者圆等可以简化为点元素的点形元素。

1）建立坐标系。

① 分别设置接近距离和回退距离为5mm，单击“应用”按钮，如图7-21所示。

图 7-21　参数设置

② 基准面测量。如图7-22所示，在软件中选择“测量”→“平面”→“统计图”命令，勾选右下角“选择设置页面”复选框，使用手操器触测被测元素，遵循“快速移动，慢速触测”的原则。

③ 重复操作，测量直线元素和圆元素。

④ 建立坐标系。如图7-23所示，单击操作界面坐标系区中“生成坐标系”按钮，拖放PLN1至+Z方向，拖放LN3至+X方向，拖放CIR1至X原点元素栏，本元素Y值栏中拖放CIR1元素，单击“添加/激活坐标系”按钮，完成坐标系的建立。

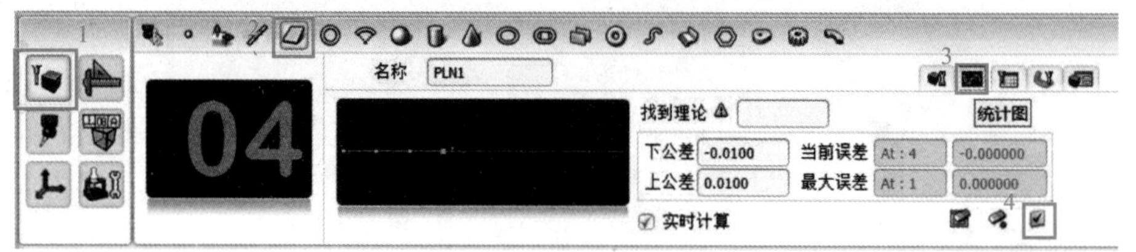

图 7-22　基准面测量

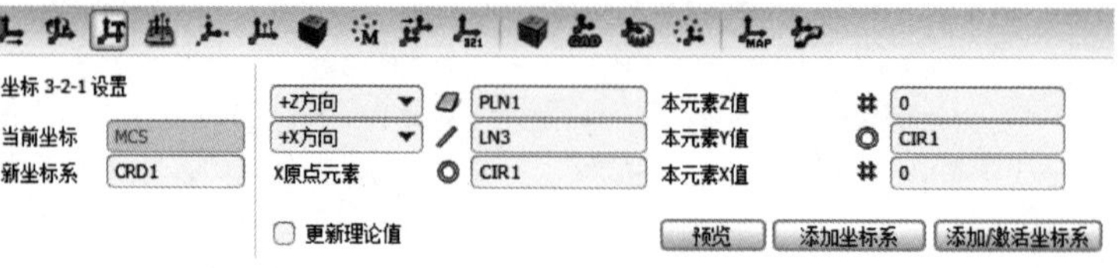

图 7-23　建立坐标系

2）元素测量。通过移动手操器，接触测量被测元素，其操作方法和建立坐标时测量基准面方法一致。

7.2.3　手持式扫描仪概述

手持式激光三维扫描仪，如图7-24所示，通常包括激光、结构光投影器、两个（或者以上）工业相机、用于进行三维数字图像处理的计算单元，以及用于标定上述设备的标定板及标记点等附件。工业相机基于机器视觉原理获得物体的三维数据，利用标记点信息进行数据自动拼接，实现基础的三维扫描和测量功能。手持式三维扫描仪携带方便，使用自由，具有很强的实用性。

手持式激光三维扫描仪采用多条线束激光来获取物体表面的三维点云，操作者手持扫描仪，实时调整扫描仪与被测物体之间的距离和角度，系统自动获取被测对象的三维表面信息。该扫描仪可以方便地携带到工业现场或者生产车间，并根据被扫描物体的大小、形状以及扫描的工作环境来进行高效、精确的扫描。

图 7-24　手持式激光三维扫描仪

1. 设备工作原理

手持式激光三维扫描仪是一种利用双目视觉原理来获得空间三维点云的仪器，工作时借助于粘贴在被扫描工件表面的反光标记点来定位，通过激光发射器发射激光，照射在被扫描工件表面，由两个经过校准的相机来捕捉反射回来的光，经计算得到工件的外形数据。

扫描仪的两个相机之间存在一定角度，两个相机的视野相交形成一个公共视野，在扫描过程中要保证公共视野内存在四个以上定位标记点，同时满足被扫描表面在相机的公共焦距范围内。扫描仪的公共焦距称为基准距，公共焦距范围称为景深。该设备基准距为 300mm，景深为 250mm，分布为 −100~150mm，因此扫描仪工作时距离被扫工件表面距离范围为 200~450mm。距离因素在软件中显示为颜色浮标，如图 7-25 所示。

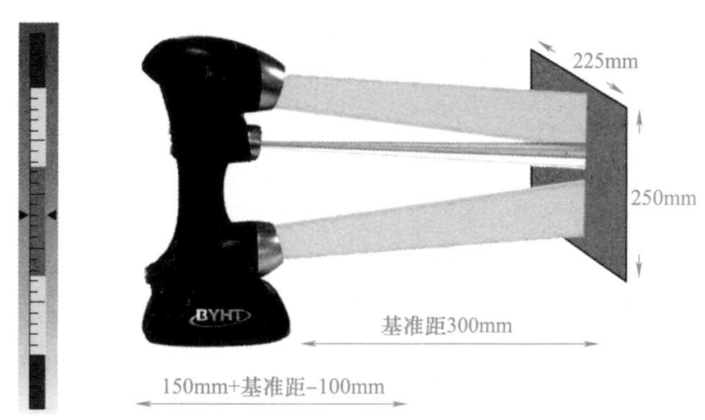

图 7-25　景深和基准距

2. Scan Viewer 软件功能介绍

Scan Viewer 是一款集成了扫描和检测比对功能的扫描软件，软件主页面如图 7-26 所示，主要分为快速菜单栏、应用菜单栏、工具栏、扫描控制面板、状态栏和三维查看器。快速菜单栏包括新建、重置、打开、保存、新增文件等操作；应用菜单栏主要有扫描、探测、编辑、点、网格、特征、对齐、分析、其他等操作；扫描控制面板包含扫描控制（开始 / 停止）和扫描参数设置；状态栏显示现在软件处于的状态以及数据统计；三维查看器显示扫描数据情况。

图 7-26　Scan Viewer 软件主页面

3. 检测报告输出

（1）定义基准　如图 7-27 所示，按照图样所示基准，将理论、实际双数据区元素栏相应元素，拖放至双数据区坐标栏“DAT”处，生成相应的基准。

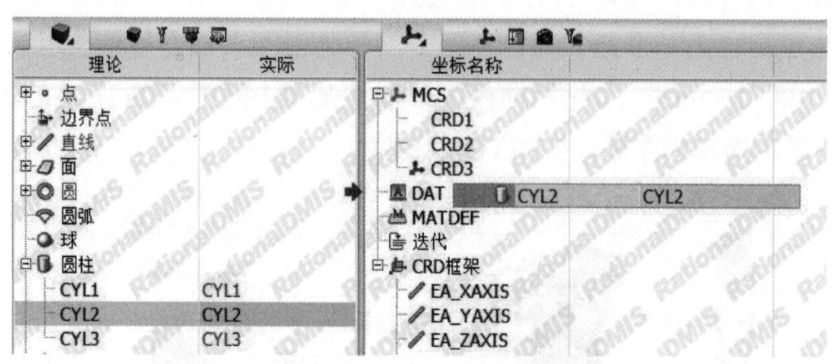

图 7-27　生成基准

（2）评价元素

1）在“公差”页面，单击“距离评价”按钮，如图 7-28 所示。

2）将“PLN2”和“PLN4”的实际元素拖入元素名称栏。

3）修改公差名。

4）确定评价方式。

5）按要求输入上、下公差值，查看理论距离。如果理论距离不对，先取消勾选“使用计算的理论距离”复选框，再输入正确的数值。

6）单击“接受”按钮，完成该尺寸评价。

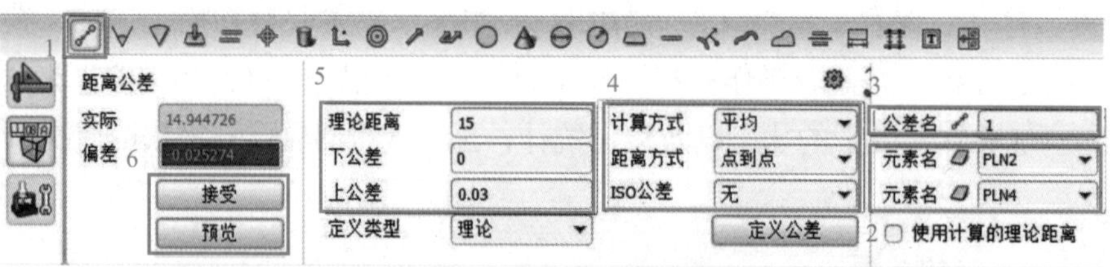

图 7-28　尺寸评价

7）重复操作，评价其余尺寸。

（3）保存报告

1）切换到“输出”页面，如图 7-29 所示，即可查看零件尺寸报告；单击“设置”按钮，在设置页面选择“输出分格”→“报告头”→“报告标题”命令，修改报告标题名称；单击“保存”按钮，即可保存 PDF 文件。

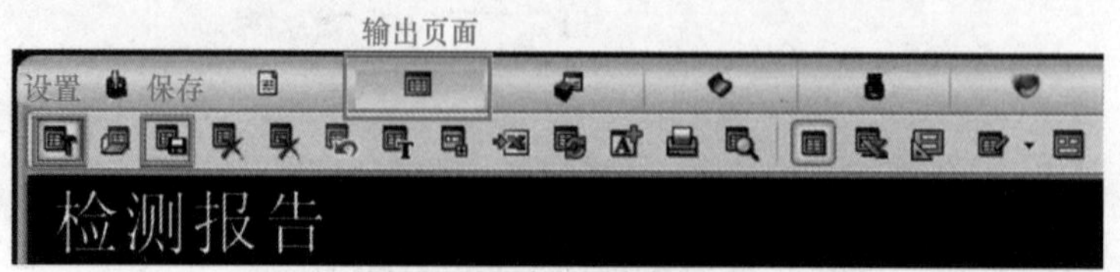

图 7-29　检测报告界面

2）图 7-30 所示为保存的叶轮轴检测报告内容。

叶轮轴检测报告

公司:
操作员:
日期:　2021年3月24日
时间:　20:23:47
工件温度:　20.0C

编号	理论	实际	误差	下公差	上公差	趋势
1　[DEMO Version]　计算元素 = CYL2						CRD3/MM/ANGDEC
	98.000000	98.000000	-0.000000	-0.015000	0.015000	
2　[DEMO Version]　计算元素 = CYL1						CRD3/MM/ANGDEC
	36.000000	36.000000	0.000000	-0.010000	0.020000	
3-1　[DEMO Version]　计算元素 = CYL3						CRD3/MM/ANGDEC
	10.000000	10.000000	0.000000	-0.019000	0.020000	
3-2　[DEMO Version]　计算元素 = CIR2						CRD3/MM/ANGDEC
	10.000000	10.000000	-0.000000	-0.019000	0.020000	
3-3　[DEMO Version]　计算元素 = CIR3						CRD3/MM/ANGDEC
	10.000000	10.000000	0.000000	-0.019000	0.020000	

图 7-30　叶轮轴检测报告

7.2.4　分析比对检测

1. 产品分析

图 7-31 所示为电话机听筒模型，根据图 7-32 所示图样，完成图中所示电话机听筒的尺寸评价。

图 7-31　电话机听筒

（1）结构分析　该模型结构特征简单。

（2）外观　由于电话机听筒无特殊材质，反光程度不高，所以扫描之前不需要做特殊处理，可直接进行扫描。

（3）技术要求分析　本次任务主要分析电话机听筒的体偏差与部分尺寸测量。

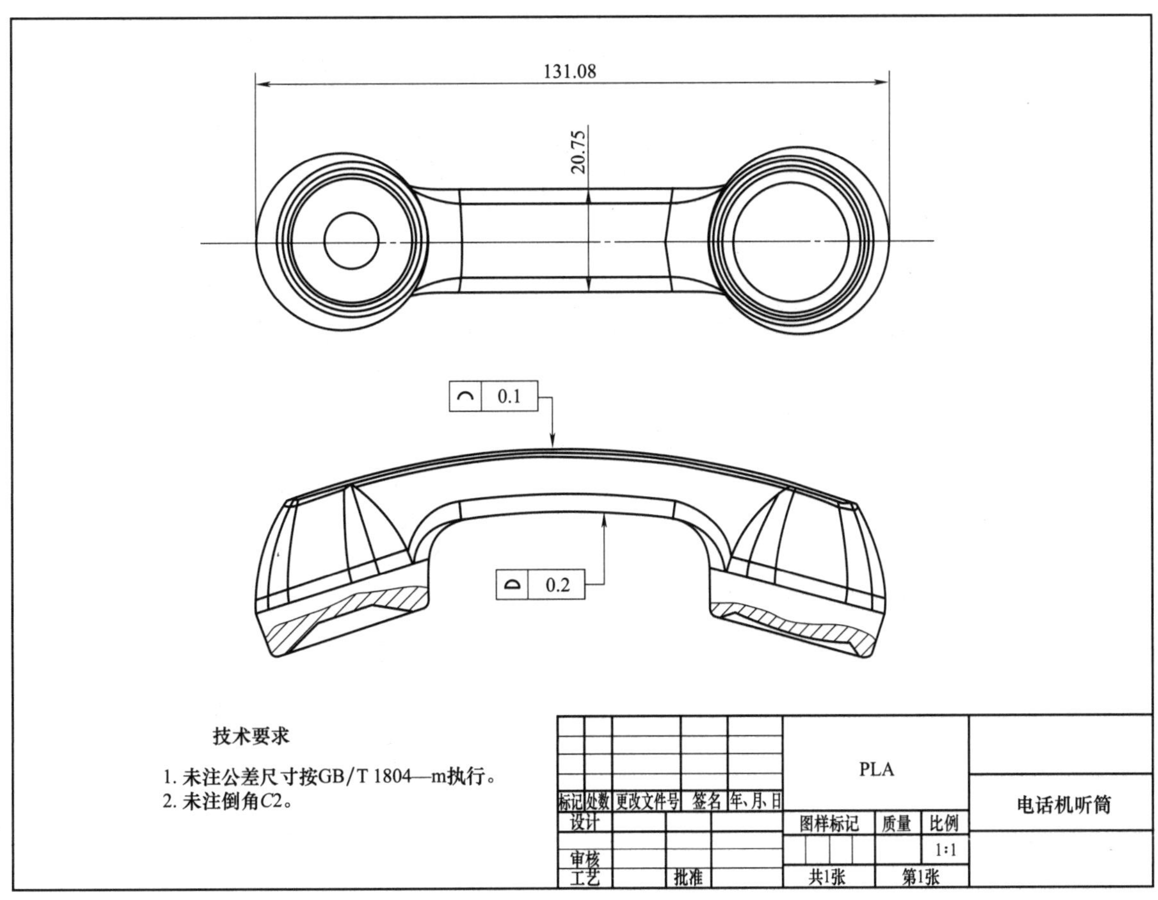

图 7-32　电话机听筒图样

2. 扫描数据采集

（1）扫描前的准备工作

1）标记点粘贴，如图 7-33 所示。将标记点随机贴在电话机听筒上，由于模型特征面积较小，所以使用 1.43mm 标记点；粘贴标记点的间距为 30~100mm，不宜超过 100mm；粘贴标记点要注意边界距离，标记点须距离边缘 2mm 以上，便于后期数据修补处理。

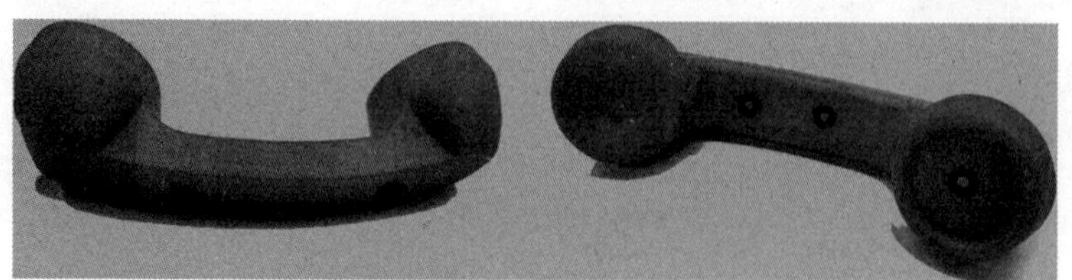

图 7-33　粘贴标记点

2）设备标定。在扫描之前，先将扫描设备校准好，以提高扫描数据质量和精度，如图 7-34 所示。

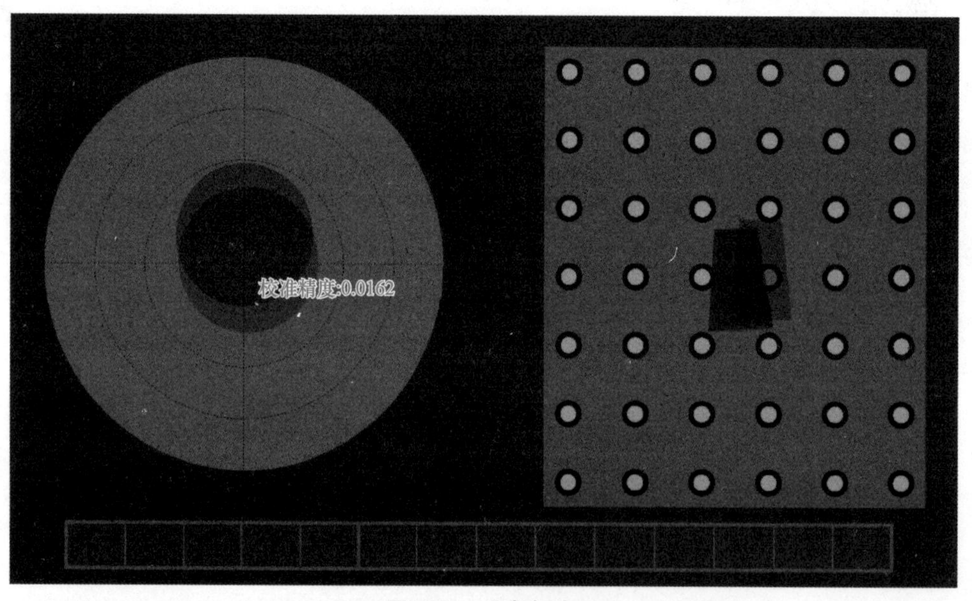

图 7-34　设备标定

（2）扫描步骤　由于电话机听筒粘贴了两种不同的标记点，扫描标记点前需对扫描参数进行设置，如图 7-35 所示，在“扫描”工具栏→“扫描”区域→“高级参数设置”区域中勾选“1.43mm”和“3mm”复选框，单击“应用”按钮。

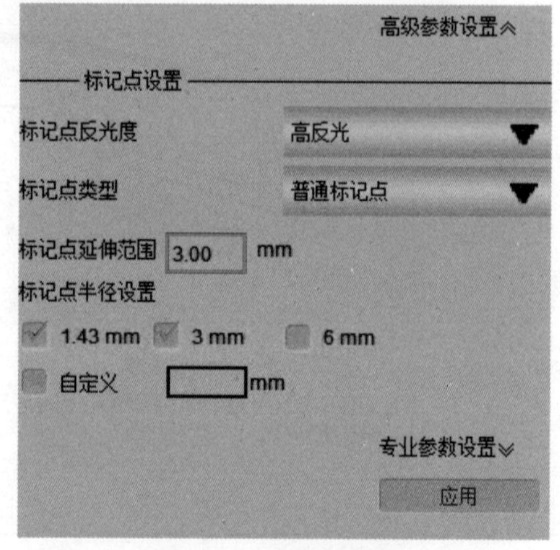

图 7-35　标记点设置

扫描电话机听筒的激光面片（点云）之前，需要进行扫描参数的设置，包括解析度（点间距）、激光曝光设置、扫描控制和扫描物体类型选择等。操作步骤如下。

1）扫描参数设置。如图 7-36 所示，在“扫描”工具栏→“扫描”区域中进行扫描参数的设置。扫描解析度设置为 0.2mm，曝光参数设置为 2.0ms。

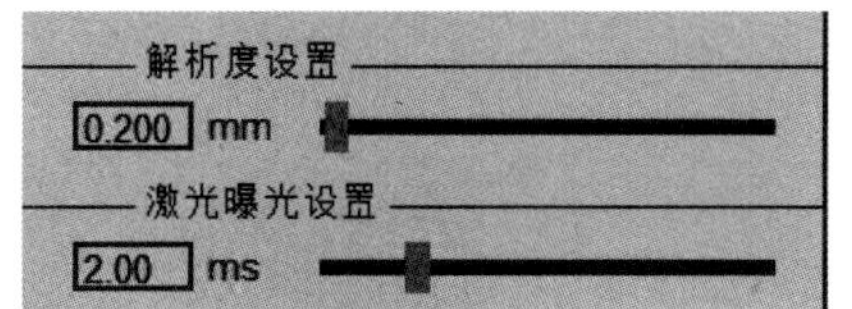

图 7-36　扫描参数设置

2）扫描标记点。如图 7-37 所示，在“扫描”工具栏→“扫描”区域→“扫描控制”栏中选中“标记点”单选按钮，单击“开始”按钮进行标记点扫描。

将零件放置在转盘上，将扫描仪倾斜 45° 对准工件，按下扫描仪上的激光开关键，开始扫描标记点。图 7-38 所示为扫描标记点时的场景。

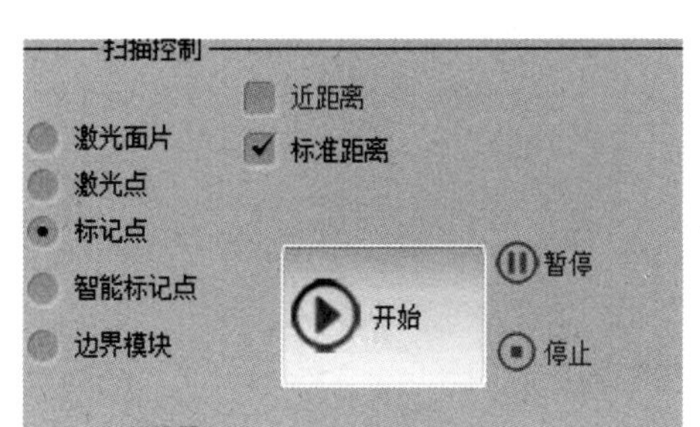

图 7-37　设置扫描标记点

图 7-38　扫描标记点时的场景

标记点扫描完毕，按下扫描仪上的激光开关键关闭光源，单击 Scan Viewer 扫描软件中的“停止”按钮，选择“优化”命令，进行标记点优化；框选底平面上的标记点，单击“背景标记点”中的“设置”按钮，单击“确定”按钮设置背景，可使此平面及平面以下数据不会被识别，如图 7-39 所示。

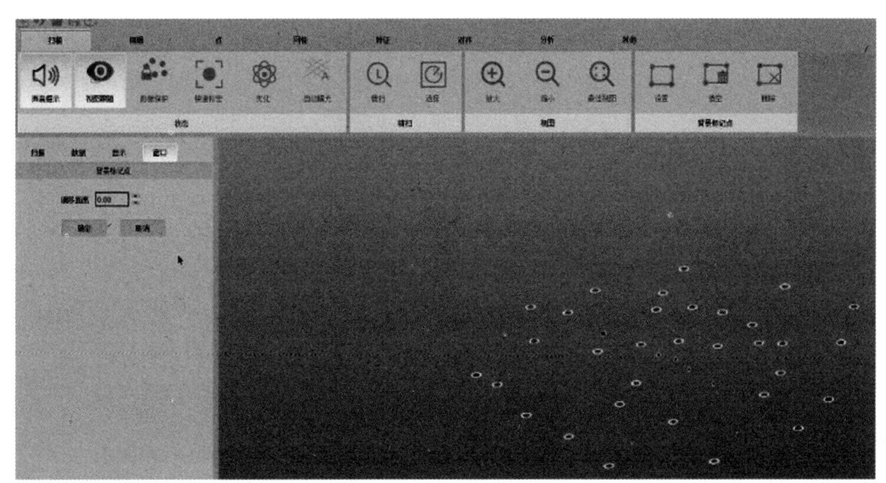
图 7-39　设置背景点

3）测量数据采集。在扫描控制面板中选中“激光面片”单选按钮，然后单击“开始”按钮，如图 7-40 所示，进入多条激光（红色）模式，按下手持激光扫描仪上的扫描开关键，开始扫描。

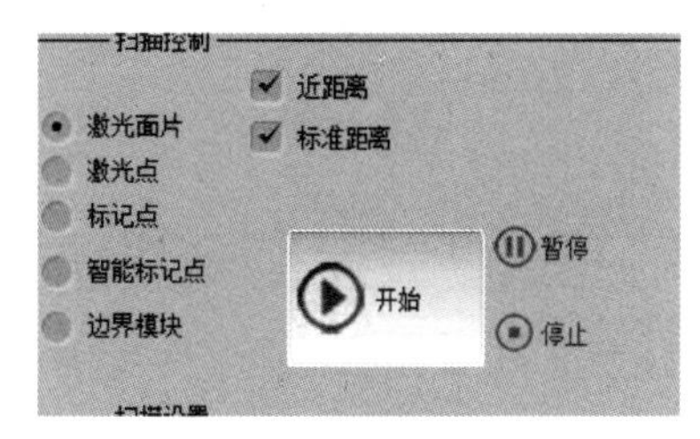

图 7-40　设置激光面片扫描

将扫描仪倾斜 45° 对着工件，距离为 300mm 左右，按下扫描仪上的扫描开关键开始扫描，如图 7-41 所示。在扫描过程中可以按下扫描仪上的视窗放大键，Scan Viewer 扫描软件视图会相应的放大，便于观察细节。扫描过程中可以平缓转动转盘，辅助扫描。当遇到深槽等不易扫描的部位时，可以双击扫描仪上的扫描开关键，切换到单条激光线模式。

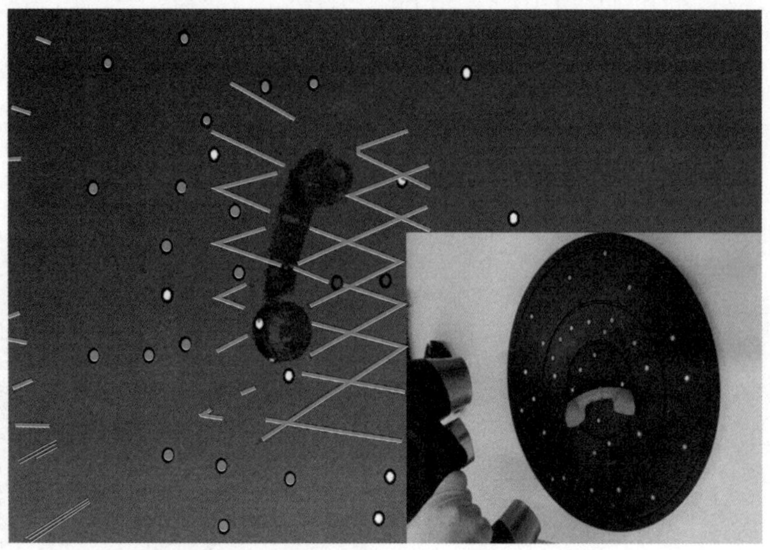

图 7-41　激光面片扫描

4）第二次扫描。选择“新增”功能对工件背面进行扫描。单击“新增”按钮，如图 7-42 所示，出现提示框“当前扫描对象并非上一次扫描对象，若继续扫描则会清除之前所有临时数据，是否继续？”，单击“是”按钮，翻转工件，对工件背面进行扫描。

重复上面操作步骤，重新进行标记点扫描，设置背景，进行激光面片扫描，得到数据如图 7-43 所示。

图 7-42　新增扫描

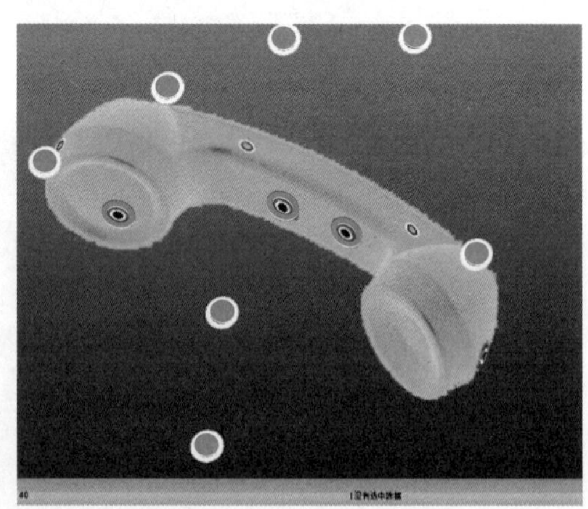

图 7-43　背面扫描

5）扫描数据处理。激光点扫描完全后，需要对数据进行处理，包括非连接项、网格化等一系列的数据处理操作。

如图 7-44 所示，在“扫描”工具栏→“数据”区域→“数据管理”栏中，选择“新项目 1”选项，切换至第一组数据进行数据处理。

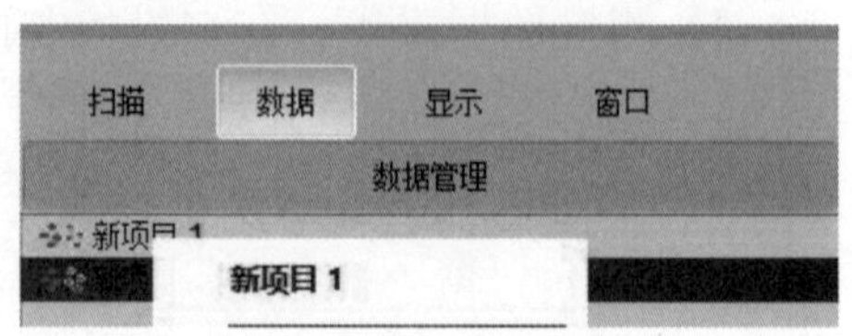

图 7-44　切换数据

① 删除非连接项。扫描工件过程中难免会扫到一些目标工件之外的数据，可以在扫描完成后对这部分数据进行删除。在“点”工具栏→“激光点”区域中，单击“非连接项”按钮，再单

击软件上的“删除”按钮或按〈Delete〉键，如图 7-45 所示。重复操作，将“新项目 1”和“新项目 2”的非连接项删除。

图 7-45　删除非连接项

② 数据拼接。如图 7-46 所示，将“新项目 1”设置为 Test 数据，“新项目 2”设置为 Reference 数据。如图 7-47 所示，在“点”工具栏→“注册”区域中，单击“标记点拼接”按钮，选中“Test 数据”中的标记点，单击“应用”和“确定”按钮，完成数据拼接。

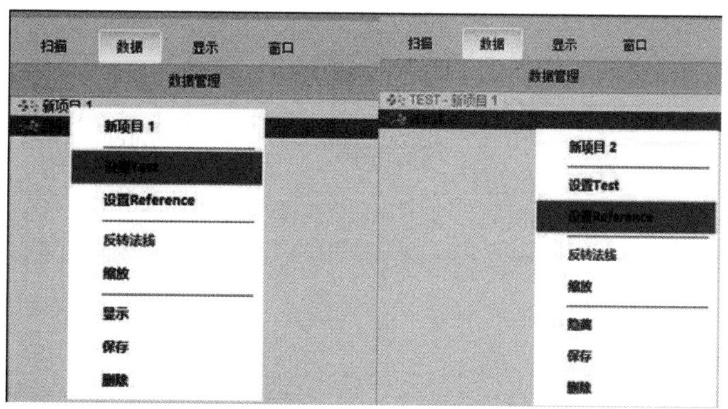

图 7-46　新项目设置

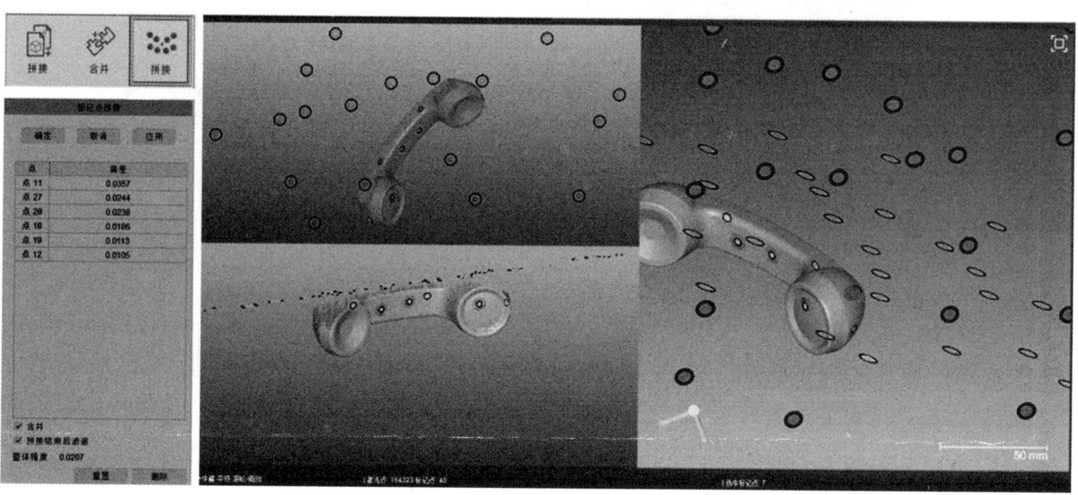

图 7-47　数据拼接

③ 数据网格化。在“点”工具栏→“激光点”区域中，单击“网格化”按钮，进行网格化参数设置，如图 7-48 所示。

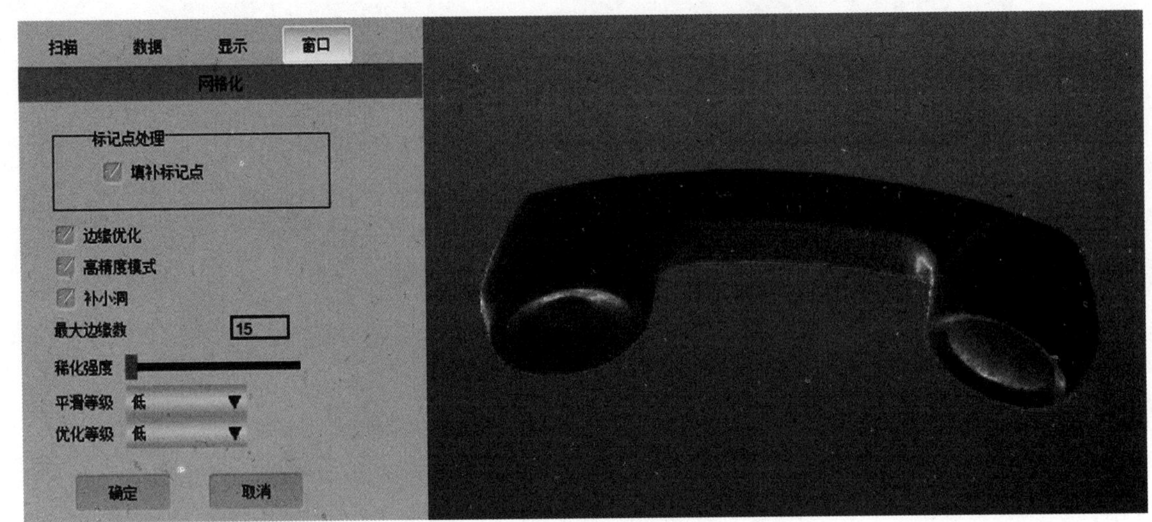

图 7-48 网格化参数数据

6）保存数据。单击页面左上角“保存”按钮，如图 7-49 所示，选择“网格文件”（*.STL 格式）保存到文件夹目录。

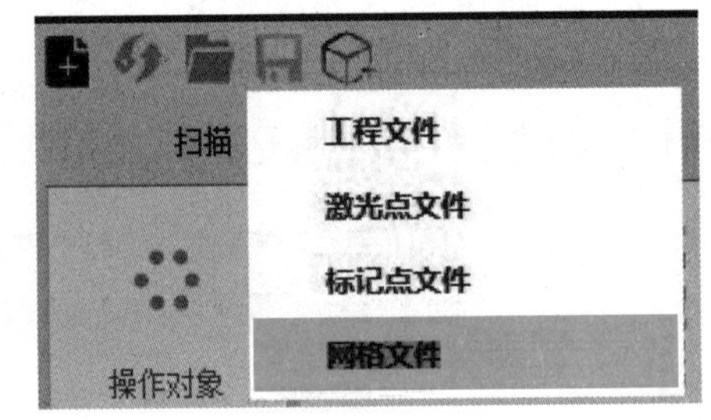

图 7-49 保存数据

3. 电话机听筒数据分析

图 7-50 所示为电话机听筒的扫描数据与参考数据。

（1）导入扫描数据和参考数据 如图 7-51 所示，单击软件页面左上角“导入”按钮，弹出“导入”对话框，找到放置扫描数据与参考数据的文件夹目录，选中扫描数据和参考数据（即电话机听筒—扫描数据、电话机听筒—CAD 数模），单击“仅导入”按钮，完成数据导入，也可以单个文件分别导入。

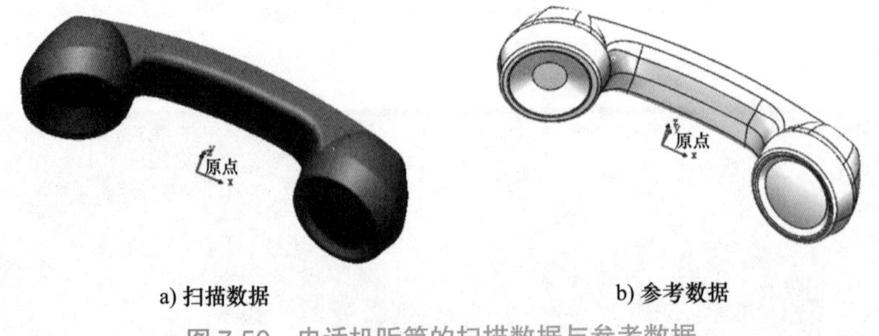

图 7-50 电话机听筒的扫描数据与参考数据

（2）数据对齐

1）初始对齐。初始对齐工具将用于对齐测量数据和参考数据。初始对齐工具可以智能地把测量数据移动到参考数据合适的位置。

如图 7-52 所示，在“初始”→“对齐”区域中，单击“初始对齐”按钮，或者选择“插入”→“对齐”→“初始对齐”命令。

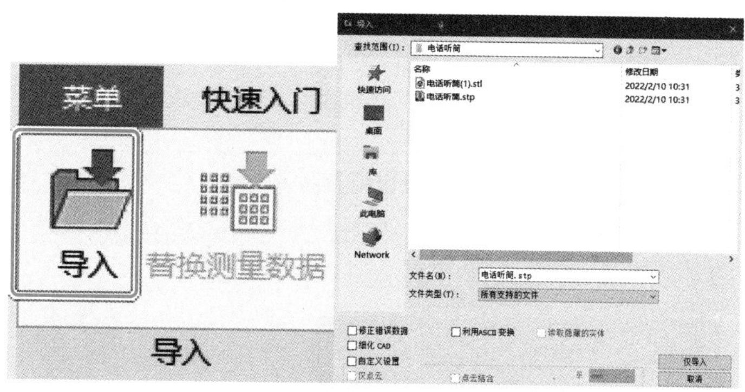

图 7-51　导入扫描数据和参考数据

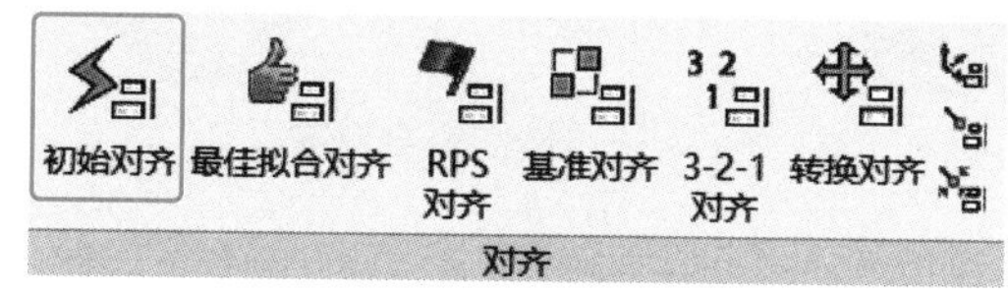

图 7-52　初始对齐

图 7-53　选中“快”单选按钮

如图 7-53 所示，选中“快”单选按钮进行初始对齐。“精确”选项是利用特征识别提高对齐精度。

单击“确定”按钮☑，检测测量数据是否已经对齐到参考数据上。图 7-54 所示为初始对齐后的页面。

2）最佳拟合对齐。如图 7-55 所示，在“初始”→“对齐”区域中，单击“最佳拟合对齐”按钮，或者选择“插入”→“对齐”→“最佳拟合对齐”命令。

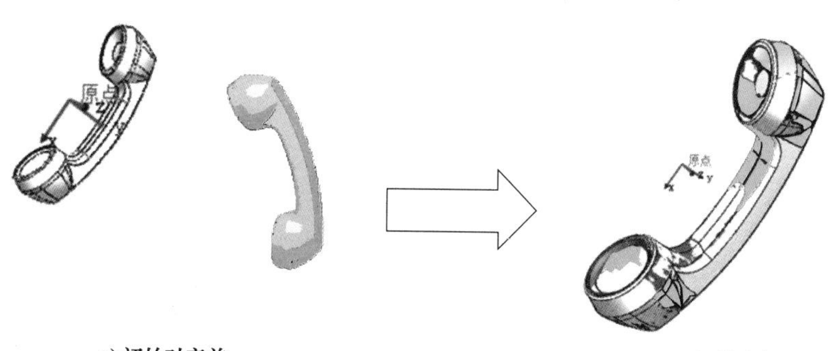

a) 初始对齐前　　b) 初始对齐后

图 7-54　初始对齐后的页面

注意：“最佳拟合对齐”功能与“基准对齐”功能不能共用，需根据需求选择最合适的对齐方式。使用“最佳拟合对齐”功能，使测量数据与参考数据对齐到最佳状态，可选择将测量数据与整个部件或仅与所选面对齐。在使用“最佳拟合对齐”功能前，必须首先预对齐数据。

如图 7-56 所示，单击“确定”按钮☑，完成最佳拟合对齐。

图 7-55 最佳拟合对齐功能

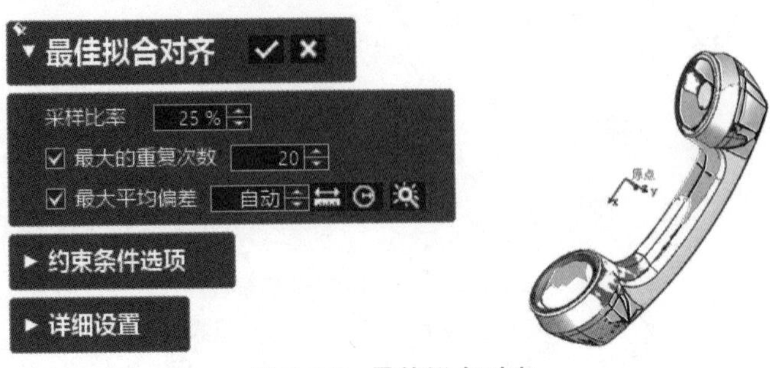

图 7-56 最佳拟合对齐

（3）3D 比较与评价 3D 比较工具用于计算和显示参考数据和测量数据之间的整体偏差。

1）如图 7-57 所示，在“初始”→“比较”区域中，单击“3D 比较”按钮，或者选择“插入”→“比较”→“3D 比较”命令。

2）选择“外表”作为方法，并选择“最短”选项作为投影方向，如图 7-58 所示，这种方法可计算参考数据和测量数据之间的最小距离。

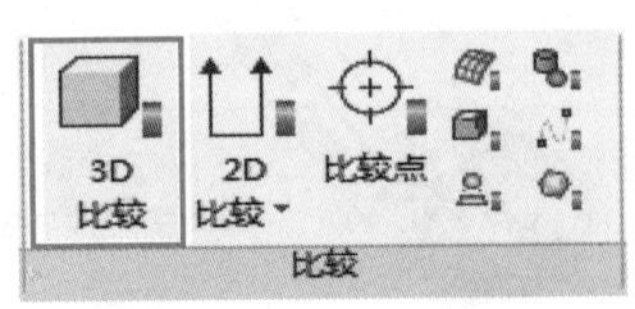

图 7-57 3D 比较命令

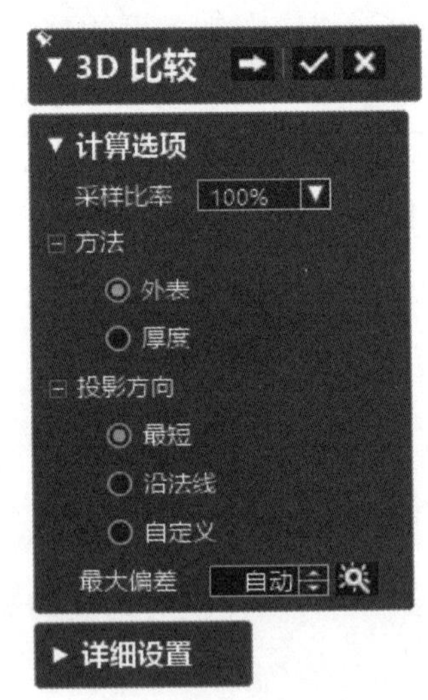

图 7-58 3D 比较参数

3）单击下一步按钮 ➡，如图 7-59 所示。测量数据将自动隐藏，可以清楚地看见色图。自动计算和显示参考数据和测量数据之间的形状偏差，在“显示选项”中选中“色图”单选按钮，在“颜色面板选项”中将“最大范围”修改为 1mm 按〈Enter〉键，“最小范围”会自动同步修改，勾选“使用指定公差”复选框，并将参数设置为 ±0.1mm，单击“确定”按钮 ☑ 完成 3D 比较。

4）检测预览。如图 7-60 所示，蓝色区域表示测量数据在参考数据的下面或后面，黄色到红色区域表示测量数据在参考数据的上面。

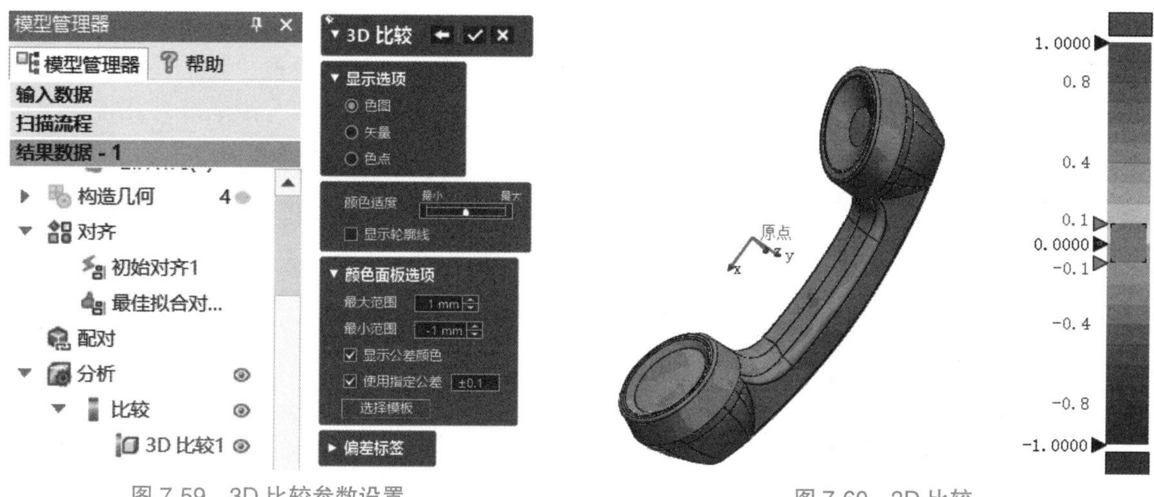

图 7-59　3D 比较参数设置　　　图 7-60　3D 比较

（4）尺寸测量　长度尺寸：测量所选目标实体之间的长度尺寸。

单击“尺寸”选项卡，单击“3D”按钮，模型保持处于测量 3D 尺寸状态中，单击“球”按钮，选择图 7-61 所示元素，单击“确定”按钮 ☑ 完成球的创建。另一侧球元素以相同方法创建，结果如图 7-62 所示。

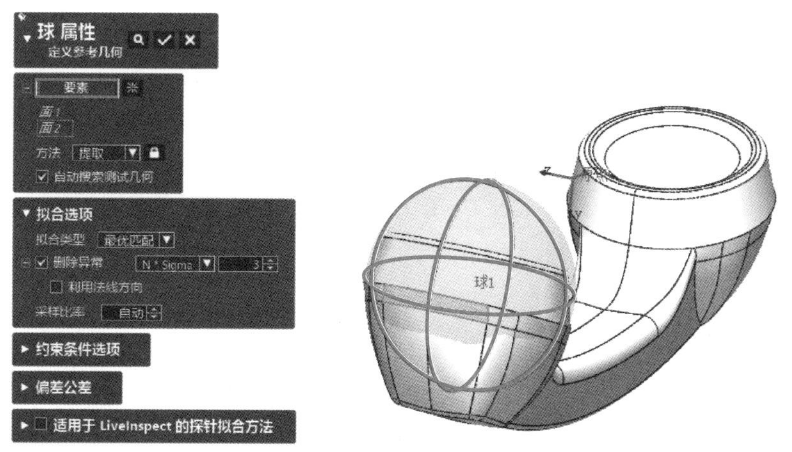

图 7-61　创建球元素

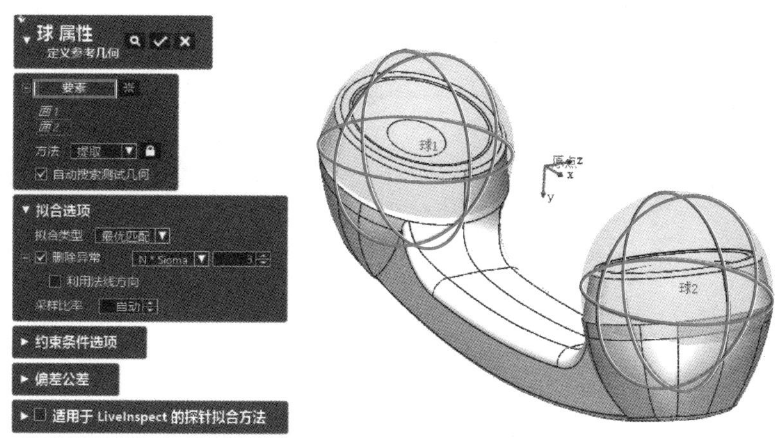

图 7-62　创建另一侧球元素

单击“尺寸”选项卡，单击“3D”按钮，模型保持处于测量3D尺寸状态中，单击“长度尺寸”按钮，选择“对象”选项，选择图7-63所示的球1和球2后，设置“公差”为“±0.2”，“参照”为“131.08mm”，勾选“对齐”复选框，选择X轴，“圆弧条件”中的参数均选中“最大”单选按钮。单击“确定”按钮 ☑ 完成长度尺寸测量。当选择圆或圆弧，默认选择圆心，可在“圆弧条件”中更改选择“中心”“最小”“最大”。如选择之后没有出现“圆弧条件”，勾选“对齐”复选框便可出现。

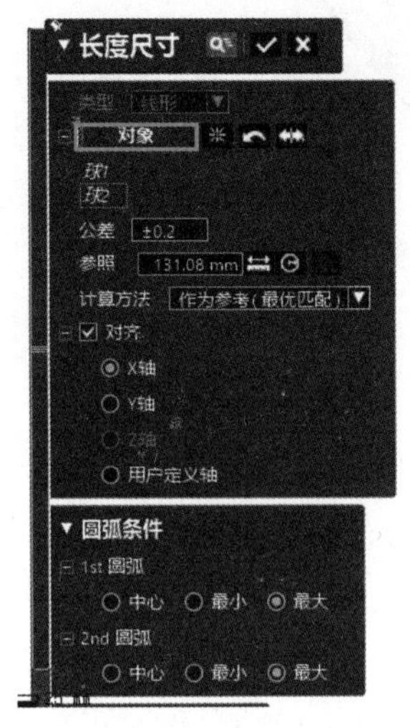

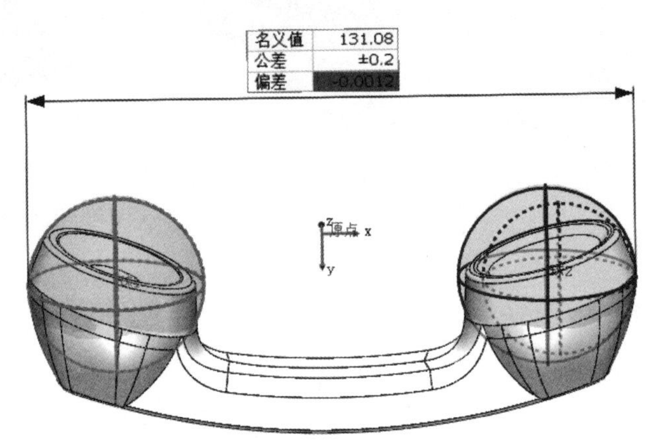

图7-63　长度尺寸测量

单击“尺寸”选项卡，单击“3D”按钮，模型保持处于测量3D尺寸状态中，单击“圆柱”按钮，选择图7-64所示元素，在“约束条件选项”中勾选“固定轴”复选框，选中“使用指定方向”单选按钮，单击“用户定义”“X”，单击“确定”按钮 ☑ 完成圆柱元素的创建。另一侧圆柱元素以相同方法创建，结果如图7-65所示。

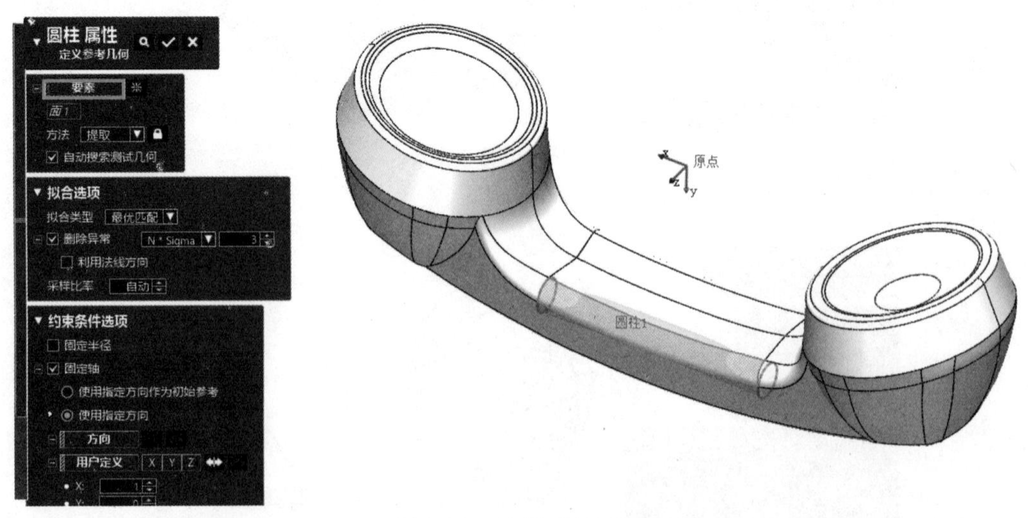

图7-64　创建圆柱元素

使用“长度尺寸”命令，选择图7-66所示高亮显示的两个圆柱元素对象，设置公差、参照尺寸数值，“圆弧条件”为“最大”，单击“确定”按钮 ☑ 完成长度尺寸测量。

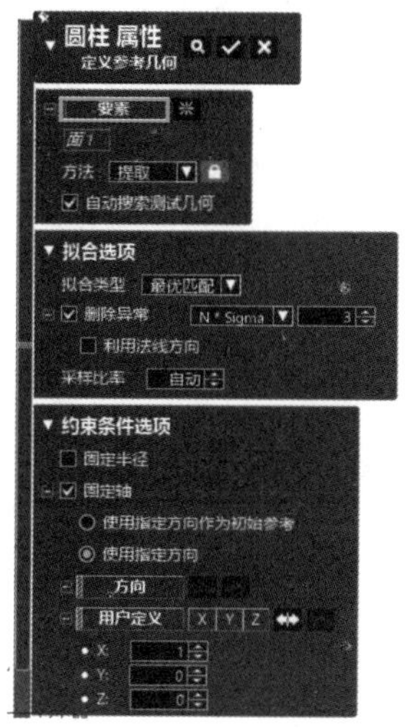
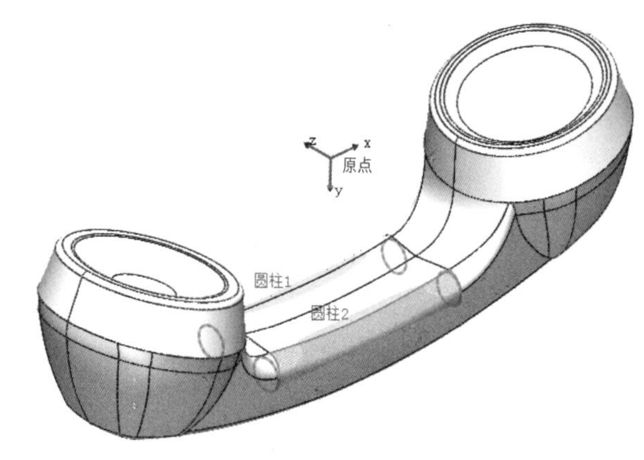

图 7-65　创建另一侧圆柱元素

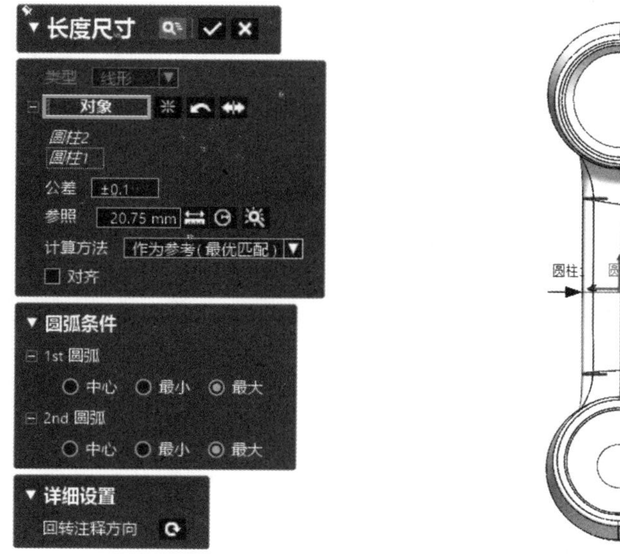

图 7-66　长度尺寸测量

（5）几何尺寸评价

1）面轮廓度评价。如图 7-67 所示，单击“面轮廓度”按钮，选择“对象”选项后，将“公差”设置为“0.2mm”，单击“确定”按钮 ☑ 完成面轮廓度评价。

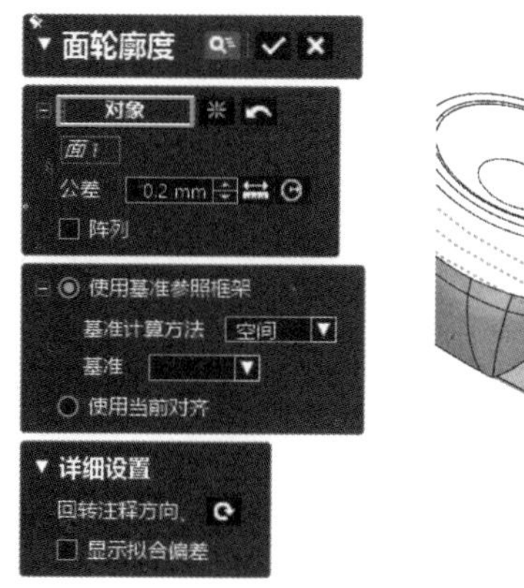
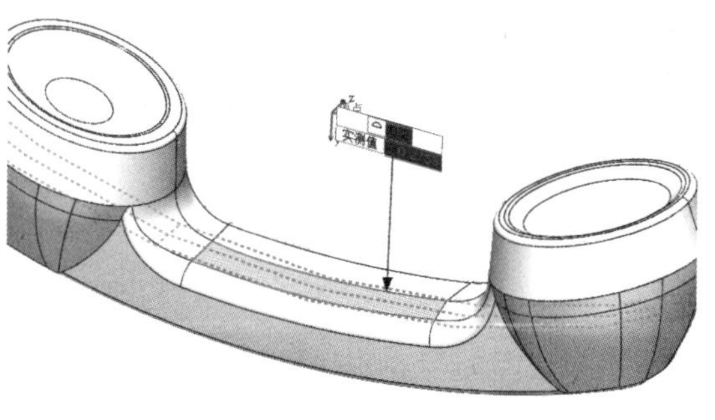

图 7-67　面轮廓度评价

2）线轮廓度评价。单击“尺寸”选项卡，单击“3D”按钮，模型保持处于测量3D尺寸状态中，单击“圆柱”按钮，选择图7-68所示元素，在“约束条件选项”中勾选“固定轴”复选框，选中“使用指定方向”单选按钮，单击“用户定义”“Z”，单击“确定”按钮 ☑ 完成圆柱元素的创建。

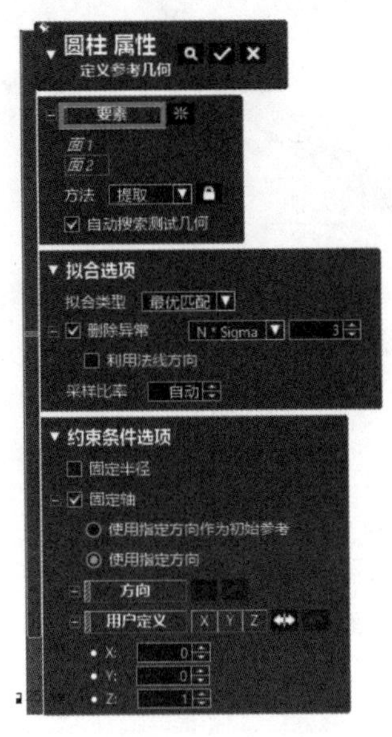

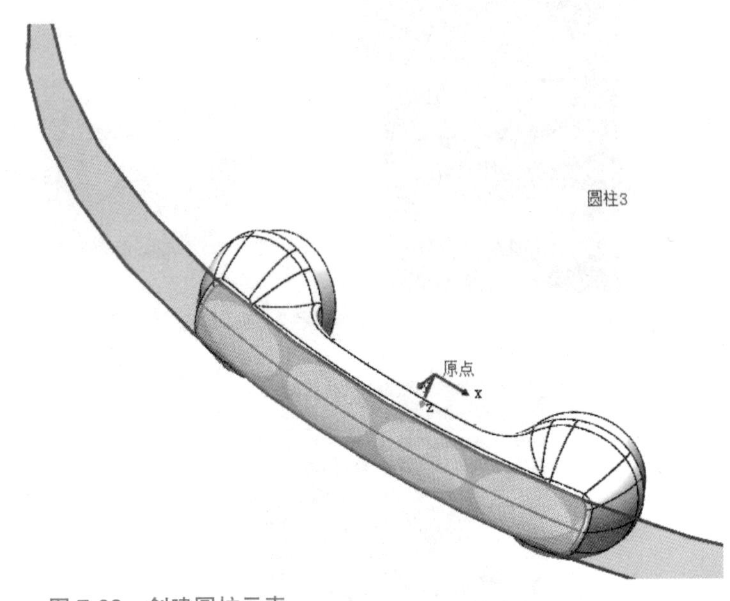

图 7-68　创建圆柱元素

如图7-69所示，单击“线轮廓度”按钮，选择“对象”选项后，设置“公差”为“0.1mm”，单击“确定”按钮☑，完成线轮廓度评价。

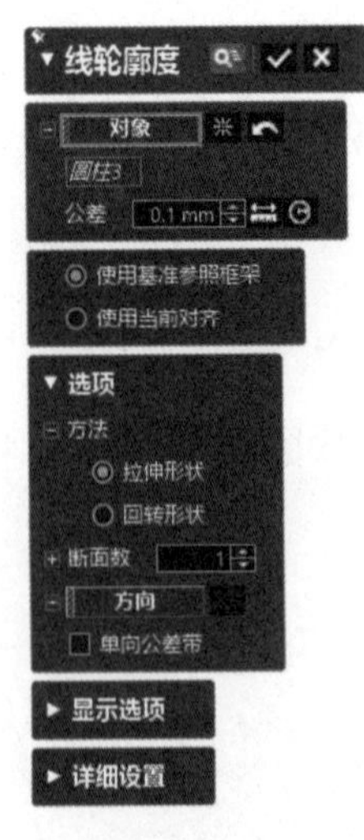

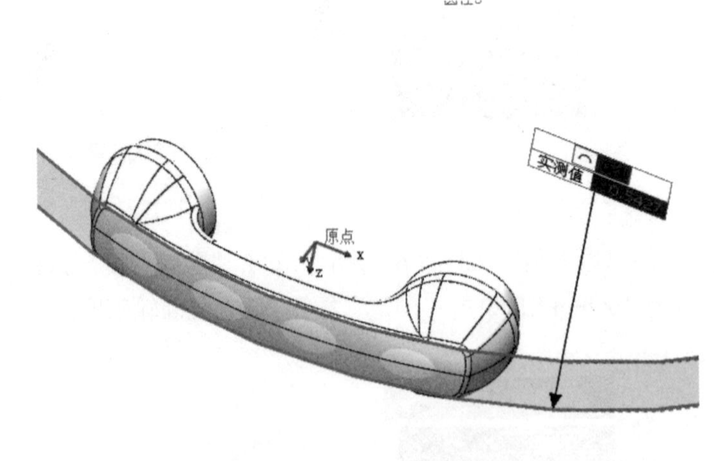

图 7-69　线轮廓度评价

（6）报告生成与保存

1）在软件页面左侧选择“3D比较”选项，如图7-70所示，比较后发现显示的视角不是需要的视角，将视图摆整后，单击左下角“更新视点”按钮。

2）将需要更改显示视图的输出报告进行更改显示图后，在“初始”→“报告”中，单击“生成报告”按钮，如图7-71所示。

图 7-70　更新视点

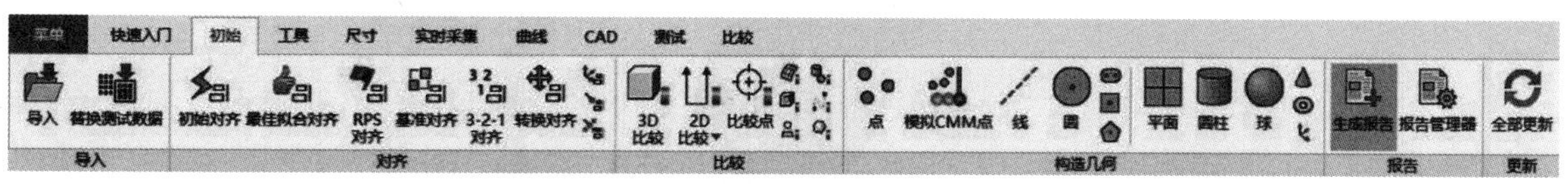

图 7-71　生成报告

3）如图 7-72 所示，弹出“报告创建”对话框，单击“生成”按钮。

图 7-72　创建报告

4）自动生成之前所操作的检测数据报告，如图 7-73 所示。

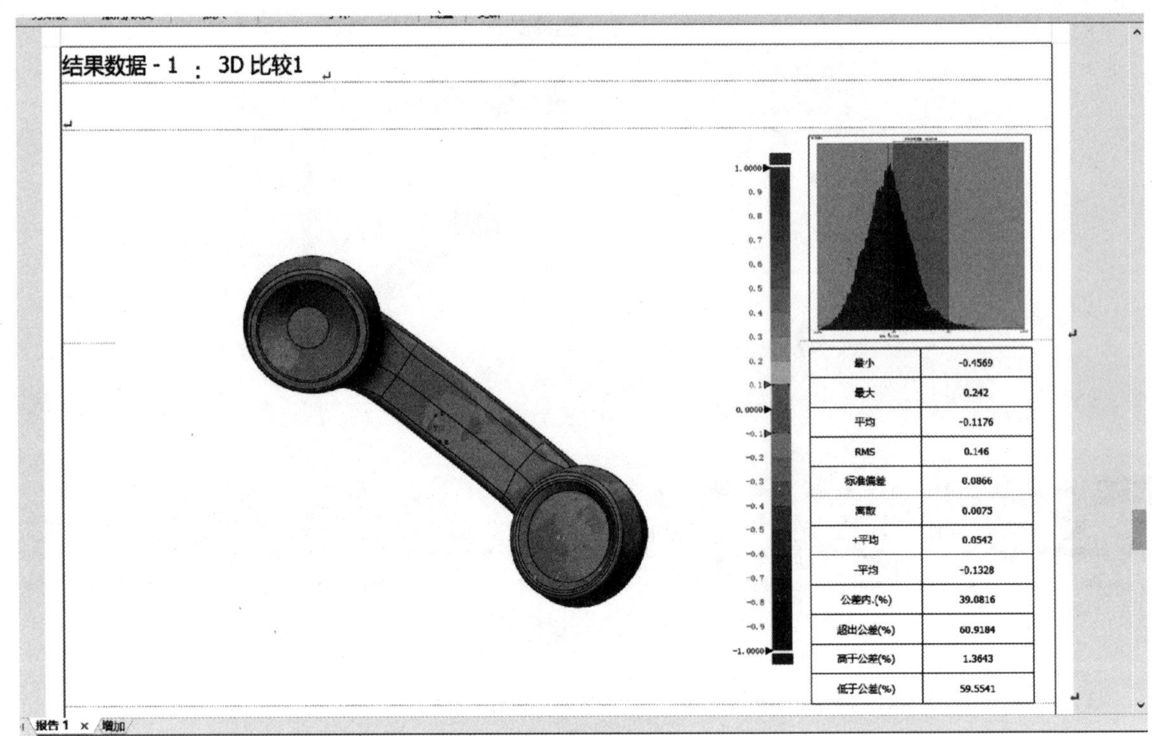

图 7-73　检测数据报告

在“文件”选项卡“默认”组下，单击“PDF”按钮，如图 7-74 所示，将生成的报告以 PDF 格式输出。选择保存到指定文件夹目录，单击“保存”按钮。

图 7-74　保存检测数据报告

7.3　制件的表面粗糙度检测

7.3.1　制件的表面基本概念

为使制件满足功能要求，对其表面轮廓不仅要控制尺寸、形状和位置要求，还应满足表面结构要求。

表面结构要求包括零件表面的表面结构参数、加工工艺、表面纹理及方向、加工余量、取样长度等。表面结构参数包括：表面粗糙度参数、波纹度参数和原始轮廓参数等，其中表面粗糙度参数是最常用的表面结构要求。表面结构是指经过机械加工后的零件表面留有的许多高低不平的凸峰和凹谷。

7.3.2　表面粗糙度检测方法

1. 基于表面粗糙度比较样块的使用方法

图 7-75 所示为表面粗糙度比较样块，基于表面粗糙度比较样块的使用方法主要分为以下两类。

（1）视觉法　将被检验表面与表面粗糙度比较样块的工作面放在一起，用肉眼从各个方向观察比较，根据两个表面反射光线的强弱和色彩，判断被检验表面的表面粗糙度相当于表面粗糙度比较样块上的哪一块，这块样块的表面粗糙度值就是被检验表面的表面粗糙度值。

（2）触觉法　用手指或指甲触摸被检验表面和表面粗糙度比较样块的工作面，凭手对二者触摸时的感觉进行比较，来判断两表面的表面粗糙度值。如果被检验表面和某样块表面的触摸手感大体一致，则说明两表面的表面粗糙度值相同，取样块的表面粗糙度值作为被检验表面的表面粗糙度值。

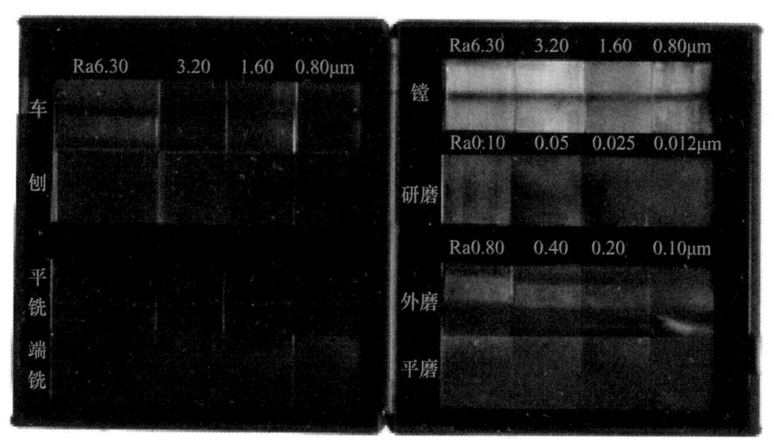

图 7-75　表面粗糙度比较样块

2. 基于表面粗糙度测量仪的使用方法

图 7-76 所示为表面粗糙度测量仪。

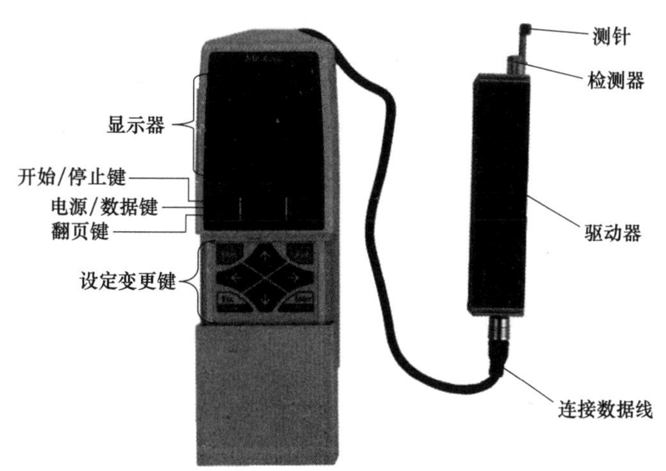

图 7-76　表面粗糙度测量仪

1）表面粗糙度仪上各按键的功能如图 7-77 所示。

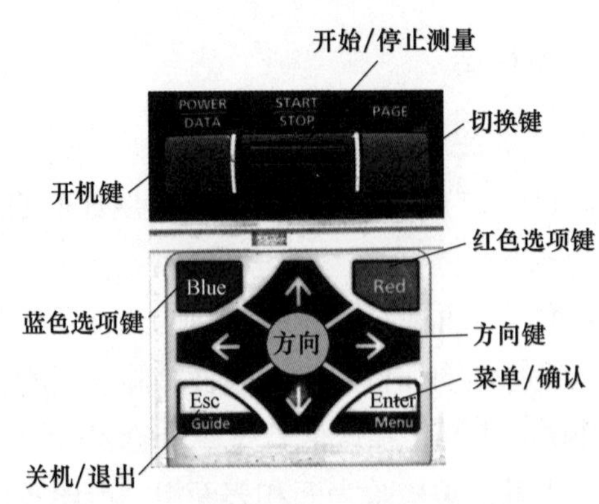

图 7-77　表面粗糙度仪上各按键的功能

2）检查仪器各部件连接是否正常。

3）仪器校正。

4）更改测量条件。

① 按〈Menu〉键，使用方向键选择测量条件，按〈Enter〉键确认。

② 按〈Enter〉键进入设定页面。

③ 测量条件中有多个选项，可选择方向键，并按〈Enter〉键确认。

④ 标准类别有：JIS——日本标准（94'01'），ISO——国际标准（1997），ANSI——美国标准，DIN——德国标准，Free——自由标准。

⑤ 曲线类别有：P——轮廓曲线，R——粗糙度曲线。

⑥ 参数类别有多种参数供用户选择，常用参数为 *Ra*、*Rz*。

⑦ 取样长度（l_c）：取样长度（l_c）的选择需要根据所测工件具体情况来确定。例如某标准片表面粗糙度值为 *Ra* 2.97μm，因为 2.97μm 在 2.0~10μm 之间，所以 l_c 选择 2.5mm。注：l_s 会随着 l_c 的改变而自动改变，一般无须更改。

⑧ 取样数：评价长度中包含几个取样长度，取样数可根据用户工件大小来进行更改（默认为五段）。

⑨ 前送后送：因为驱动器电动机在开始测量和结束测量的一段时间内并不做匀速直线运动，所以会造成测量误差，添加的前送后送参数不计入测量从而提高测量精度。

5）测量。

① 正确设定测量物参照表面，然后按〈START/STOP〉键，开始测量。

② 在主页面上按〈PAGE〉键，显示参数计算结果、评价曲线、BAC/ADC 图表和测量条件列表。

6）关机。

① 长按〈Esc〉键。

② 关机后测针处于伸出状态，不方便保存。此时可以使测针退回并缩进驱动器中，达到保护测针的效果。

③ 具体操作是在关机状态下同时按〈Start+Power〉键，检测器与测针会自动缩回驱动器。

3. 表面粗糙度测量仪使用注意事项

1）使用时应严格避免设备发生碰撞和剧烈振动，不能在重尘、潮湿、油污、强磁等环境中使用表面粗糙度仪。

2）电池电压不足时应及时充电。工作的同时允许插入电源适配器，但如果此时正在测量表面粗糙度值较小的样件，则可能将会影响测量精度。如果充电数小时后，电压仍然不足或电量显示充满后使用很短时间又出现电压不足，则需更换电池。

3）因为表面粗糙度仪为精密仪器，拆装操作不慎就可能损坏仪器，所以建议仪器尽量集中使用，以减少拆装次数。

4）严禁用表面粗糙度测量仪测量毛坯等表面较粗糙的零件，避免测针剧烈磨损。

4. 表面粗糙度的评定参数

表面粗糙度是指加工表面上所具有的较小间距和峰谷所组成的微观几何形状，如图 7-78 所示，其评定参数主要包括轮廓算术平均偏差 *Ra* 和轮廓最大高度 *Rz*，其中 *Ra* 值为最常用的评定参数，如图 7-79 所示。

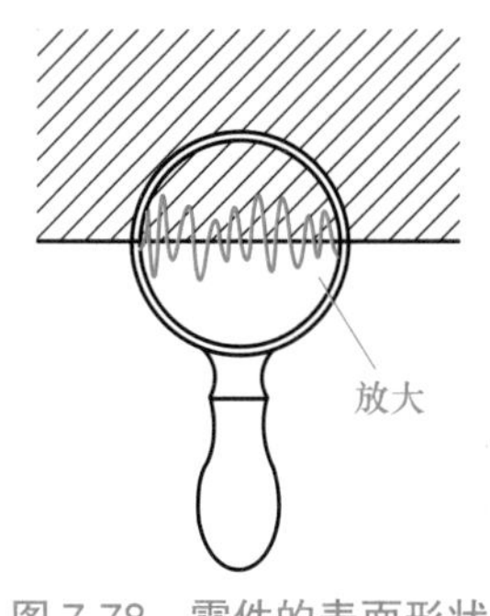

图 7-78　零件的表面形状

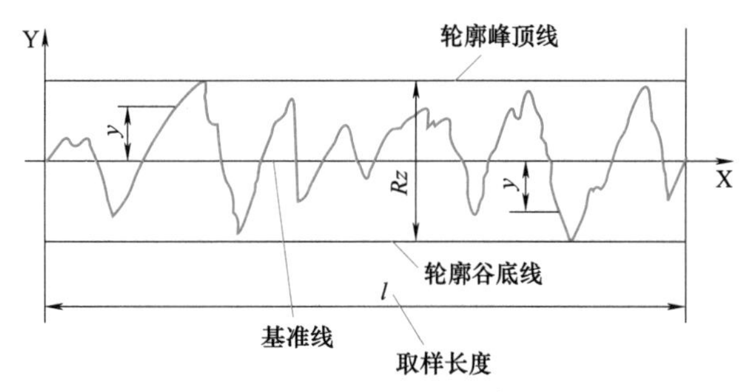

图 7-79　粗糙度评定参数

（1）取样长度（l_r）　判别表面粗糙度特征而规定的一段基准线长度称为取样长度。

（2）评定长度（l_n）　评定长度是指在评定表面粗糙度时所必须的一段长度，它可以包括一个或几个取样长度。一般情况下，按标准推荐取 $l_n=5l_r$。若被测表面均匀性好，可选用小于 $5l_r$ 的评定长度；反之，应选用大于 $5l_r$ 的评定长度。

（3）轮廓算术平均偏差 *Ra*　在取样长度内，轮廓偏距绝对值的算术平均值称为轮廓算术平均偏差。$Ra=\frac{1}{n}\sum_{i=1}^{n}|y_i|$（*Ra* 为轮廓算术平均偏差，单位为 μm；$y_i$ 为第 i 个轮廓偏差，单位为 μm）。

（4）轮廓最大高度 *Rz*　在取样长度内，轮廓峰顶线与轮廓谷底线之间的距离称为轮廓最大高度。

5. 表面结构图形符号

表 7-7 列出了表面结构图形符号。

表 7-7　表面结构图形符号

符号名称	符号	含义
基本图形符号	√	由两条不等长的与标注表面成 60° 夹角的直线构成，仅用于简化代号标注，没有补充说明时不能单独使用
扩展图形符号	（带短横的√）	在基本图形符号上加一短横，表示指定表面用去除材料的方法获得，如通过机械加工获得的表面
	（带圆圈的√）	在基本图形符号上加一圆圈，表示指定表面用非去除材料的方法获得

（续）

符号名称	符号	含义
完整图形符号		当要求标注表面结构特征的补充信息时，应在图形符号的长边上加一横线

6. 极限值判断规则

完工零件的表面按检验规范测得轮廓参数值后，需与图样上给定的极限值进行比较，以判定其是否合格。极限值判断规则有以下两种。

（1）16% 规则　运用本规则时，当从被检表面测得的全部参数值中，超过极限值的个数不多于总个数的 16% 时，该表面是合格的。

（2）最大规则　运用本规则时，从被检的整个表面上测得的参数值中一个也不应超过给定的极限值。

16% 规则是表面粗糙度轮廓技术要求标注中的默认规则，即当参数代号后未注写“max”字样时，均默认为应用 16% 规则（例如 Ra 0.8）；反之，则应用最大规则（例如 Ra_{max} 0.8）。

7.3.3　制件的表面粗糙度检测

图 7-1 所示为导向套的零件图样，本节以导向套为例主要介绍表面粗糙度的检测方法。

1. 检测前准备阶段

（1）表面粗糙度测量校准　图 7-80 所示为表面粗糙度测量仪的校准，具体操作步骤如下。

1）按〈Menu/Enter〉键进入校正测量状态。

2）按〈Red〉键进入次目录。

3）按〈Enter〉键进入标准值。

4）用方向键调整数值为标准样片上的“2.97”，然后按〈Enter〉键和〈Esc〉键。

5）将表面粗糙度标准样片置于测针下方，保证测量时测针和刀纹呈 90° 夹角。

6）按下〈Start〉键开始校正测量。

7）得出实测值，按〈Red〉键使实测值与标准值进行校正。

8）按〈Esc〉键进入测量页面，测量标准样片，验证校正结果。

9）校正测量结束。

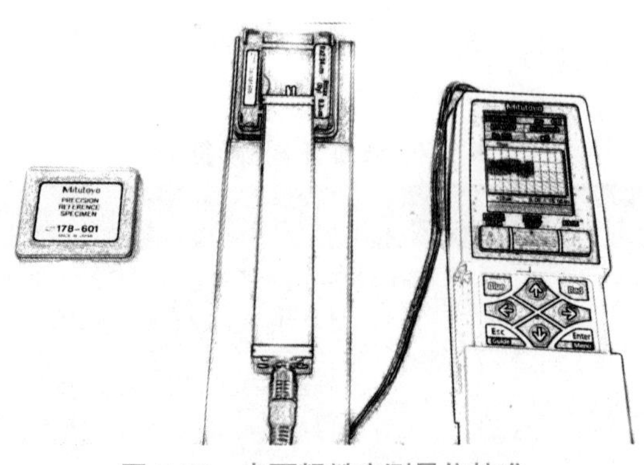

图 7-80　表面粗糙度测量仪校准

（2）导向套检测方案（表 7-8）

表 7-8　导向套检测方案

<table>
<tr><td colspan="3" rowspan="2">检测卡片</td><td>产品型号</td><td colspan="2"></td><td>零件图号</td><td colspan="2"></td></tr>
<tr><td>产品名称</td><td colspan="2"></td><td>零件名称</td><td colspan="2"></td></tr>
<tr><td>工序号</td><td>工序名称</td><td>车间</td><td rowspan="2">检测项目</td><td colspan="2" rowspan="2">检测手段</td><td colspan="3" rowspan="2">检测方案</td></tr>
<tr><td></td><td></td><td></td></tr>
<tr><td colspan="3" rowspan="4">110±0.15
20±0.1
Ra 1.6
Ra 0.4
Ra 0.4
Ra 0.4
$\phi73\pm0.08$
$\phi33^{+0.03}_{-0.01}$
$\phi30^{+0.03}_{-0.01}$
$\phi37^{+0.03}_{-0.01}$
$\phi43^{+0.03}_{-0.01}$
42±0.1
34±0.1</td><td>$Ra1.6\mu m$</td><td colspan="2">表面粗糙度测量仪</td><td colspan="3">将检测器固定在高度尺上，零件摆正，测针放到被测量面上，检测器与纹路成 90° 进行测量</td></tr>
<tr><td>$Ra0.4\mu m$</td><td colspan="2">表面粗糙度测量仪</td><td colspan="3">将检测器固定在高度尺上，零件摆正，测针放到被测量面上，检测器与纹路成 90° 进行测量</td></tr>
<tr><td>$Ra0.4\mu m$</td><td colspan="2">表面粗糙度测量仪</td><td colspan="3">将检测器固定在高度尺上，零件摆正，测针放到被测量面上，检测器与纹路成 90° 进行测量</td></tr>
<tr><td>$Ra0.4\mu m$</td><td colspan="2">表面粗糙度测量仪</td><td colspan="3">将检测器固定在高度尺上，零件摆正，测针放到被测量面上，检测器与纹路成 90° 进行测量</td></tr>
<tr><td></td><td></td><td></td><td></td><td></td><td>编制（日期）</td><td>审核（日期）</td><td>会签（日期）</td><td>批准（日期）</td></tr>
<tr><td></td><td></td><td></td><td></td><td></td><td rowspan="2"></td><td rowspan="2"></td><td rowspan="2"></td><td rowspan="2"></td></tr>
<tr><td>标记</td><td>处数</td><td>更改文件号</td><td>签字</td><td>日期</td></tr>
</table>

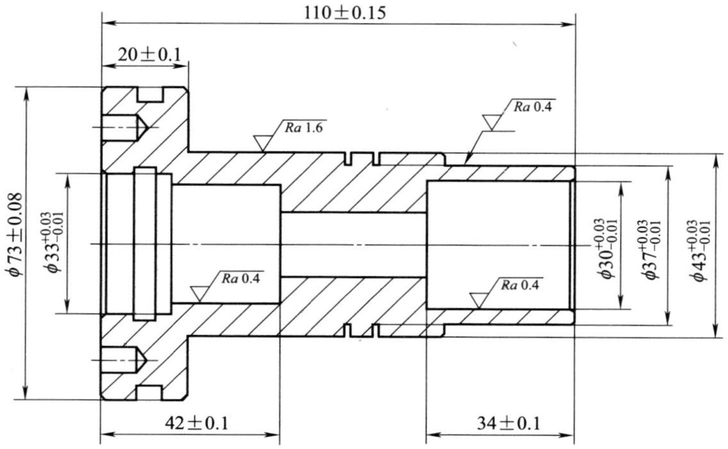

2. 制件的测量阶段

1）检测零件，填写测量记录表（表 7-9）。

表 7-9　导向套测量记录表

序号	检测内容		第 1 次	第 2 次	第 3 次	平均值	结论
1	表面粗糙度	*Ra*1.6μm					
2		*Ra*0.4μm					
3		*Ra*0.4μm					
4		*Ra*0.4μm					

2）填写零件检测报告（表 7-10），综合结论分析。

表 7-10　零件检测报告

零件名称		打印材质	数量	
序号	检测项目	技术要求	实测合格	检测员
1	表面粗糙度	符合图样要求		
2	外观质量	产品不得有损伤、变形等情况		
3	几何尺寸	符合图样要求		
4				
导向套检测结论				
产品不合格的情况分析：				
检测结论： 检测员：　　日期：				

注：实测合格以“√”表示。

3. 检测后整理阶段

（1）表面粗糙度比较样块保养与维护

1）使用前应先检查表面粗糙度比较样块表面是否存在锈蚀、划伤、缺损或者明显的磨损，同时应检查被测表面上是否存在铁屑、毛刺和油污等。

2）若表面粗糙度比较样块表面存在污垢，则使用前应对表面粗糙度比较样块进行清洗。

3）表面粗糙度比较样块不用时需涂防锈油，长期不用的表面粗糙度比较样块要周期性地进行清洗、重涂防锈油。

4）避免表面粗糙度比较样块所处环境温度发生突变，环境温度的突变容易使表面粗糙度比较样块表面凝聚雾点，从而导致生锈。

（2）表面粗糙度测量仪保养与维护

1）测量完毕，应将表面粗糙度测量仪及其附件放置在箱内保存。

2）长时间（如 2~3 周）不使用仪器时，应退回检测器，关闭内置电池开关避免碰撞、剧烈振动、重尘、潮湿、油污、强磁场情况。

3）擦拭表面粗糙度测量仪时需用柔软的干布，可使用乙醇和无尘布清洁仪器，勿使用带有腐蚀性的清洁剂。

4. 制件的测量阶段

1）装配件缝隙检测，如图 7-81 所示。

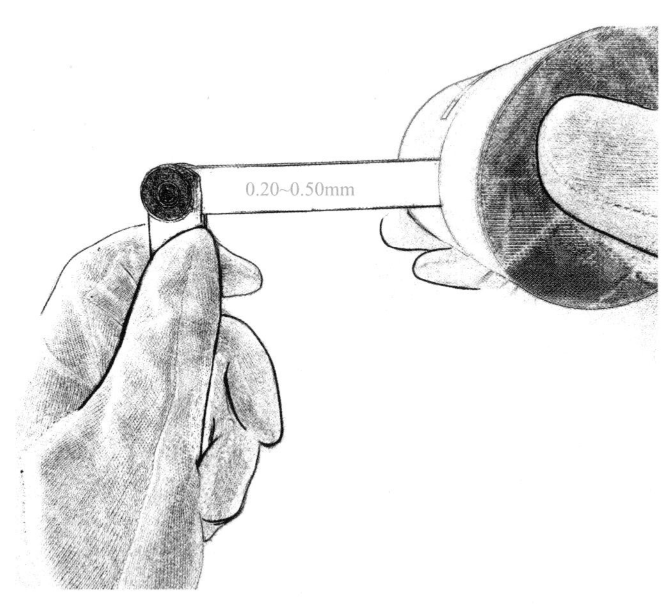

图 7-81　缝隙检测

2）装配件总长检测，如图 7-82 所示。

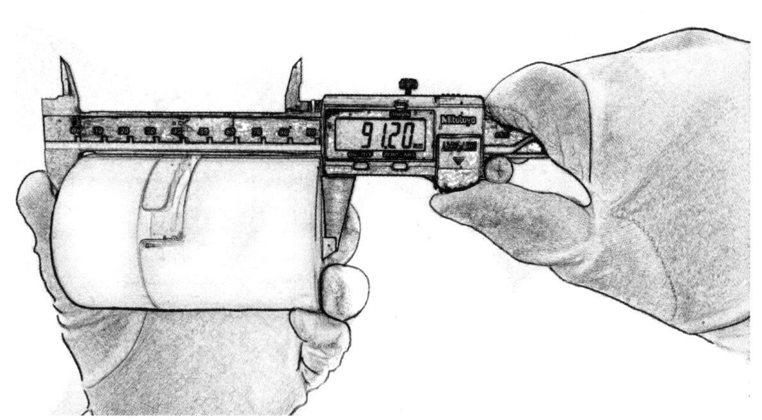

图 7-82　总长检测

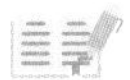

3）检测零件，填写测量记录表（表 7-11）。

表 7-11　装配件测量记录表

序号	检测内容		第 1 次	第 2 次	第 3 次	平均值	结论
1	主要尺寸	0.5mm					
2		90.5mm					

4）填写零件检测报告　（表 7-12），综合结论分析。

表 7-12　零件检测报告

零件名称		打印材质	数量	
序号	检测项目	技术要求	实测合格	检测员
1	装配尺寸	符合图样要求		
2	外观质量	产品不得有损伤、变形等情况		
3	几何尺寸	符合图样要求		
4	表面粗糙度	符合图样要求		
装配件检测结论				
产品不合格的情况分析：				
检测结论： 检测员：　　日期：				

注：实测合格以“√”表示。

7.4　装配件的尺寸检测

图 7-83 所示为旋转装配件图样，本节以该产品为例主要介绍装配件的尺寸检测方法。

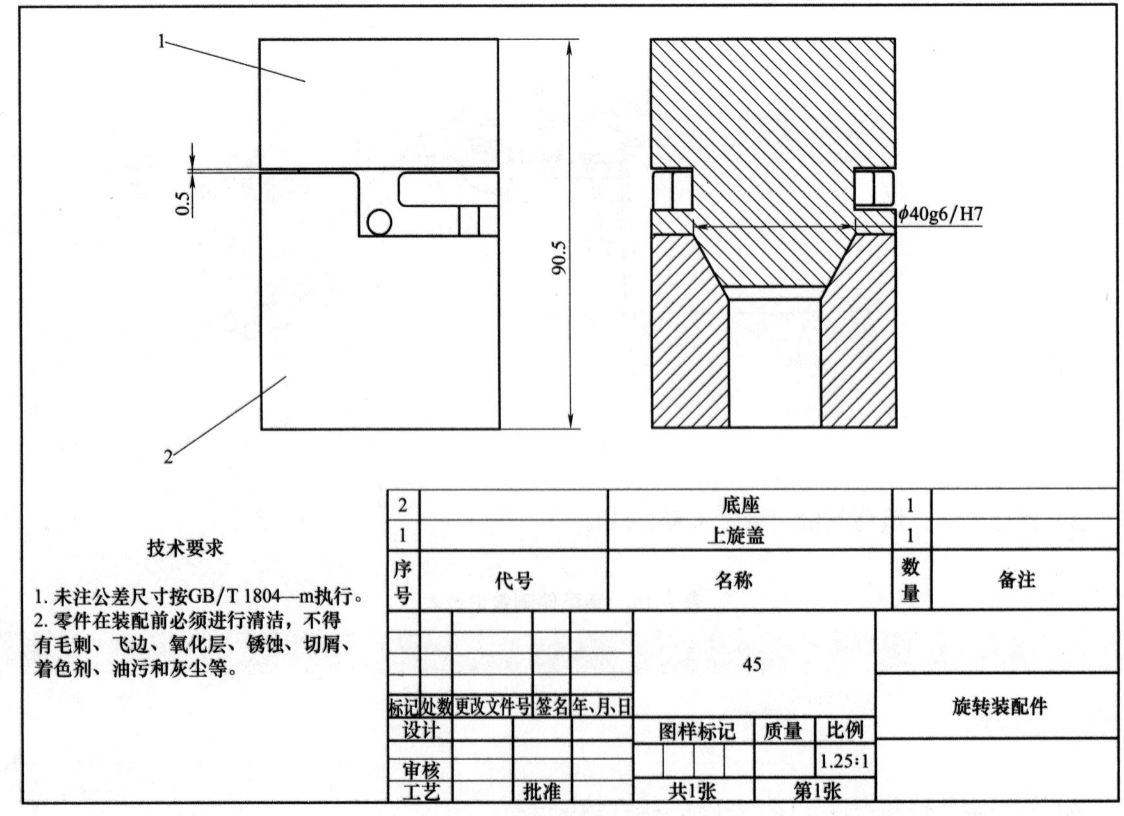

图 7-83　旋转装配件

7.4.1　检测前准备阶段——填写检测方案

填写表 7-13 所列内容。

表 7-13　装配件检测方案

<table>
<tr><td colspan="3" rowspan="2">检测卡片</td><td>产品型号</td><td colspan="2"></td><td>零件图号</td><td colspan="2"></td></tr>
<tr><td>产品名称</td><td colspan="2"></td><td>零件名称</td><td colspan="2"></td></tr>
<tr><td>工序号</td><td>工序名称</td><td>车间</td><td rowspan="2">检测项目</td><td rowspan="2">技术要求</td><td rowspan="2">检测工具</td><td rowspan="2">检测方案</td><td colspan="2" rowspan="2">检测操作要求</td></tr>
<tr><td></td><td></td><td></td></tr>
<tr><td colspan="3" rowspan="2"> 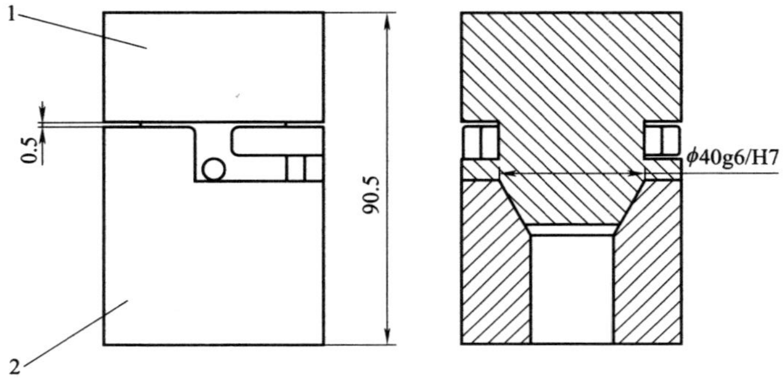1
2
0.5
90.5
ϕ40g6/H7</td><td>0.5mm</td><td>0.2~0.8mm</td><td>塞尺</td><td>缝隙检测</td><td colspan="2">避免在塞尺处留下指纹而引起生锈及测量误差</td></tr>
<tr><td>90.5mm</td><td>90.2~90.8mm</td><td>0~150mm
游标卡尺</td><td>长度尺寸偏差检测</td><td colspan="2">避免在外量测爪处留下指纹而引起生锈及测量误差</td></tr>
<tr><td></td><td></td><td></td><td></td><td></td><td>编制（日期）</td><td>审核（日期）</td><td>会签（日期）</td><td>批准（日期）</td></tr>
<tr><td></td><td></td><td></td><td></td><td></td><td rowspan="2"></td><td rowspan="2"></td><td rowspan="2"></td><td rowspan="2"></td></tr>
<tr><td>标记</td><td>处数</td><td>更改文件号</td><td>签字</td><td>日期</td></tr>
</table>

7.4.2 检测后整理阶段——塞尺保养与维护

1）塞尺使用完毕，应将其擦拭干净，并薄涂一层工业凡士林，然后将塞尺折回到保护套内，以防止其锈蚀、弯曲和变形。

2）存放时，不能将塞尺置于重物之下，以免损坏塞尺。

3）塞尺精度需定期进行检定。

检测是产品生产的最后一道防线，是决定产品是否合格的决定性手段，是保证产品质量的关键性因素。检测不仅可以判断产品质量是否合格，还可以收集质量数据，并对数据进行统计和分析，为质量改进提供依据。本章介绍了常用的手工量具、三坐标测量机、手持式扫描仪等多种检测工具和仪器，也介绍了尺寸公差、几何公差、曲面偏差、表面粗糙度及配合尺寸等多种尺寸的测量方法。

课后练习与思考

1. 简述游标卡尺的读数原理。
2. 简述三坐标测量机的检测原理。
3. 利用手中现有的产品，使用三维扫描工具扫描数据并进行分析比对。
4. 什么是取样长度？为什么评定表面粗糙度时必须确定一个合理的取样长度？

第 8 章　制件质量与力学性能检测

【学习目标】

知识目标：（1）掌握制件质量与力学性能的基本概念。

（2）掌握制件外观检测和密度检测的原理和方法。

（3）了解制件内部结构的无损检测原理和方法。

（4）理解硬度、显微硬度、力学性能的检测原理和方法。

技能目标：（1）能够完成制件精度检测。

（2）能够利用排水法检测制件密度。

（3）能借助相应的硬度仪完成制件硬度和显微硬度的测试。

（4）能选用合适的力学性能测试方法完成制件的力学性能测试。

素养目标：（1）培养学生的实践能力和创新能力。

（2）具有科学严谨的治学态度和精益求精的工匠精神。

【考核要求】

通过学习本章内容，能够对制件的外观质量和力学性能进行检测，能正确使用力学性能检测工具和检验装备，能对制件进行强度和硬度检测。

8.1　制件质量检测

8.1.1　制件精度检测

1. 增材制造制件特性

增材制造制件有其特有的性质，主要包括表面特性、几何特性、机械特性和其他特性，如密度、耐热性以及理化特性等。3D 打印完成后需要对打印制件进行相应的检测。其中表面特性主要是指制件的外观质量、表面粗糙度以及颜色等。制件精度检测主要是检测制件的制造精度是否复合预期要求，检测项目包括制件的几何特征，如尺寸、长度以及几何公差等，主要考查模型的三维综合成形精度和动态成形精度。

2. 精度检测标准和方法

（1）精度检测标准及设备　增材制造制件的精度检测方法由于其制备工艺与传统工艺的不同，有相应的测试要求。本书所介绍的测试方法主要依据国家标准 GB/T 39329—2020《增材制造 测试方法 标准测试件精度检验》。

一般可通过多种检测仪器或设备进行检测，测量仪器应具有 0.02mm 分度值或更高的分辨率。推荐使用游标卡尺、三坐标测量机、千分尺以及三维扫描仪对制件进行测试。

（2）精度检测方法　在进行测试之前需要对支撑结构以及制件的表面进行处理。支撑的使用应该不影响测量结果，一般在测试标准件时应避免使用支撑结构或者使用不会影响结果的支撑，在支撑不影响测量的情况下可不去支撑，以减少对测量过程或者精度的影响。制件表面如有打印残留的粉末、氧化皮或者液态材料，应该将这些残留的物质去除或清理干净，再进行相应的测量。

下面以典型的测试标准件鼓形件为例说明测量精度的方法。鼓形测试件的结构如图 8-1 所示。鼓形件的尺寸规格见表 8-1。在进行测试时可以根据设备成形空间对测试标准件的尺寸进行等比例的放大或者缩小。

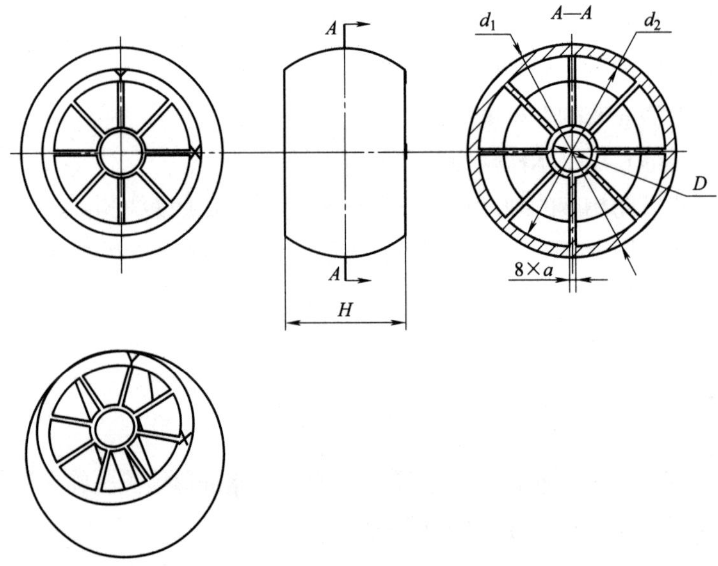

图 8-1　鼓形测试件结构

表 8-1　鼓形件尺寸规格

特征	尺寸规格 /mm		
	1:2	1:1	2:1
球壳外径 d_1	ϕ25	ϕ50	ϕ100
球壳内径 d_2	ϕ22.5	ϕ45	ϕ90
筋厚 a	0.6	1.2	2.4
孔径 D	ϕ5	ϕ10	ϕ20
高度 H	15	30	60

在图 8-2 所示鼓形件测量位置中的四个径向截面，每个径向截面分别选取相邻间隔为 30°~35° 的三个角度位置测量球径。

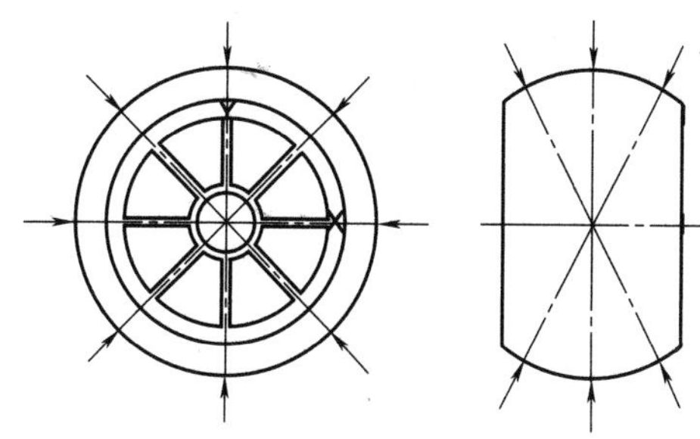

图 8-2　鼓形件测量位置

3. 数据统计分析

将测量结果统计后，可以根据测量值与设计值计算出偏差值，将出现的频次按照表 8-2 所列数值进行统计，表中偏差分段可以根据设备的成形能力设定。

表 8-2　偏差频次统计表

偏差	>−0.16mm~−0.14mm	>−0.14mm~−0.12mm	>−0.12mm~−0.10mm	>−0.10mm~−0.08mm	>−0.08mm~−0.06mm	>−0.06mm~−0.04mm	>−0.04mm~−0.02mm	>−0.02mm~0mm
频次								
偏差	>0mm~0.02mm	>0.02mm~0.04mm	>0.04mm~0.06mm	>0.06mm~0.08mm	>0.08mm~0.10mm	>0.10mm~0.12mm	>0.12mm~0.14mm	>0.14mm~0.16mm
频次								

接下来是绘制误差分布图，如图 8-3 所示，以偏差值为横坐标，频次为纵坐标。分析误差分布图可以得出测试件实际测量尺寸的离散程度。

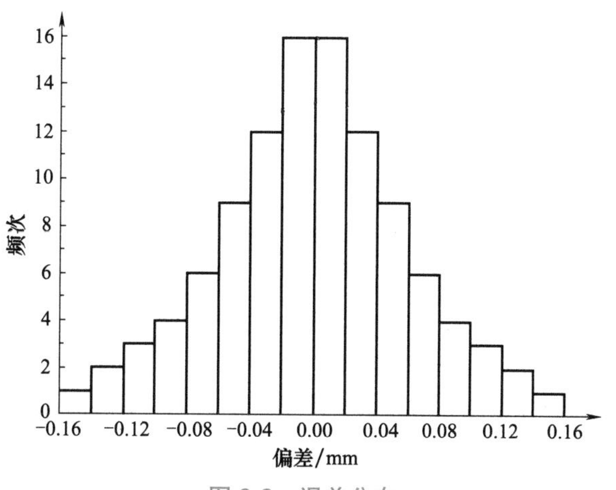

图 8-3　误差分布

还可以进行标准误差分析。测量结果分别依据式（8-1）和式（8-2）计算出标准差。通过标准差比较测试件球径尺寸的一致性，标准差越小，尺寸一致性越好。通过比较标准误差判断测试件实际测量尺寸与设计尺寸的符合程度，标准误差越小，成形精度越高。

$$\mathrm{SD}=\frac{\sqrt{\sum_{i=1}^{n}(X_i-\overline{X})^2}}{n} \tag{8-1}$$

$$SE=\frac{\sqrt{\sum_{i=1}^{n}(X_i-X_0)^2}}{n} \tag{8-2}$$

式中　SD——标准差（standard deviation）（mm）；

X_i——测试件的测量尺寸（mm）；

$\overline{X}$——测试件测量尺寸的平均值（mm）；

n——测量尺寸数量；

SE——标准误差（standard error）（mm）；

X_0——测试件的设计尺寸（mm）。

8.1.2　无损检测

无损检测也称无损探伤，是指在不破坏制件尺寸及结构完整性的前提下，探查内部缺陷并判断其种类、大小、形状及存在位置的一种方法。该技术适用于具有复杂几何形状以及成本昂贵的零件，能够满足增材制造部件的独特检验要求。无损检测的方法不仅可用于材料内部缺陷的检测与表征，还可实现材料的密度、弹性参数、孔隙率、残余应力分布以及其内部各种非连续性等方面的无损测试与表征。整个过程可实现快速、无损、原位的检测。

在制备过程中使用无损检测来实时监控增材制造制件中残余应力的分布，可以防止其翘曲和开裂；在产品的研发阶段，使用无损检测结合数字计算机技术，可以为制件提供相应的密度、弹性参数、孔隙率，指导产品研发工艺的提高与升级，为制备出更高质量的增材制造制件起到指导作用，对缩短材料的研发与生产周期和成本有积极意义。

在无损检测中，工业CT检测可以对制件进行表面和内部的检测，包括表面的粗糙度、尺寸精度及内部缺陷。超声检测和渗透检测仅仅是针对制件的表面。工业CT检测技术精度高，可呈现三维断层扫描图像，结果直观，适用于复杂构件中的中小型结构件的无损检测等精细的零件。工业CT技术在检测制件内部孔隙率和裂纹等方面具有独特的优势。

1. 工业CT工作原理

电子计算机体层摄影（Computed Tomography，CT）是近十年来发展迅速的电子计算机和X射线相结合的一项新颖的诊断新技术。其原理是基于从多个投影数据应用计算机重建图像的一种方法。

工业CT机一般由射线源、机械扫描系统、探测器系统、计算机系统和屏蔽设施等部分组成。

（1）射线源　提供CT扫描成像的能量线束用以穿透试件，根据射线在试件内的衰减情况实现以各点的衰减系数表征的CT图像重建。与射线源紧密相关的前直准器用以将射线源发出的锥形射线束处理成扇形射束。后直准器用以屏蔽散射信号，改进接收数据质量。射线源常用X射线机和直线加速器，统称电子辐射发生器。X射线机的峰值射线能量和强度都是可调的，实际应用的峰值射线能量范围为10~450KeV；直线加速器的峰值射线能量一般不可调，实际应用的峰值射线能量范围为1~16MeV，更高的能量虽可以达到，但目前仅用于实验。

（2）机械扫描系统　实现CT扫描时试件的旋转或者平移，以及射线源－试件－探测器空间位置的调整，它包括机械实现部分及电器控制系统。

（3）探测器系统　用来测量穿过试件的射线信号，经放大和模数转换后送进计算机进行图像重建。CT机一般使用成百上千个探测器，排列成线状。探测器数量越多，每次采样的点数也就

越多，有利于缩短扫描时间、提高图像分辨率。

（4）计算机系统　用于扫描过程控制和参数调整，完成图像重建、显示及处理等。

（5）屏蔽设施　用于射线安全防护，一般小型设备自带屏蔽设施，大型设备则必须在现场安装屏蔽设施。

2. 工业 CT 图像特点

工业 CT 图像是由一定数目由黑到白不同灰度的像素按矩阵排列所构成。这些像素反映的是相应体素的 X 射线吸收系数。不同 CT 装置所得图像的像素大小及数目不同。大小可以是 1.0mm × 1.0mm，0.5mm × 0.5mm；数目可以是 256 × 256，即 65536 个，或 512 × 512，即 262144 个。显然，像素越小，数目越多，构成图像越细致，即空间分辨力（Spatial Resolution）高。CT 图像的空间分辨力不如 X 射线图像高。但是与 X 射线图像相比，CT 的密度分辨力高，即有高的密度分辨力。

8.2　制件力学性能检测

制件的力学性能主要是指硬度、拉伸性能、冲击性能、弯曲性能、压缩性能等。

8.2.1　硬度测试

硬度是评定金属材料力学性能最常用的指标之一。硬度的实质是材料抵抗另一较硬材料压入的能力。硬度检测是评价金属力学性能最迅速、经济、简单的一种试验方法。硬度检测的主要目的就是测定材料的适用性或材料为使用目的所进行的特殊硬化或软化处理的效果。

1. 硬度的概念

硬度是指材料抵抗表面局部弹塑性变形的能力。硬度不是金属材料独立的力学性能，其硬度值不是一个单纯的物理量，没有明确的物理意义，是人为规定在特定实验条件下的性能指标。它代表着一定压头和力的作用条件下所反映出的弹性、塑性、强度、韧性等一系列不同物理量的综合性能指标。

2. 硬度的测试方法

金属硬度检测主要有两类试验方法。一类是静态试验方法，这类方法试验力的施加是缓慢而无冲击的。硬度的测定主要决定于压痕的深度、压痕投影面积或压痕凹印面积的大小。静态试验方法包括布氏硬度、洛氏硬度、维氏硬度、韦氏硬度、巴氏硬度等。其中布氏硬度、洛氏硬度、维氏硬度三种试验方法是应用最广的，它们是金属硬度检测的主要试验方法。另一类试验方法是动态试验法，这类方法试验力的施加是动态的和冲击性的，主要包括肖氏和里氏硬度试验法。动态试验法主要用于大型的，不可移动工件的硬度检测。

3. 硬度测试原理

（1）布氏硬度　布氏硬度适用于各种退火状态下的钢材、铸铁和有色金属硬度的检测。

1）测试原理。布氏硬度法采用直径为 D 的硬质合金球压头，加载力（P）后压入试样表面，如图 8-4 所示，保持一定时间后，卸除试验力，根据压头单位表面积上所受的载荷大小或者查表确定布氏硬度值，其符号为 HBW。

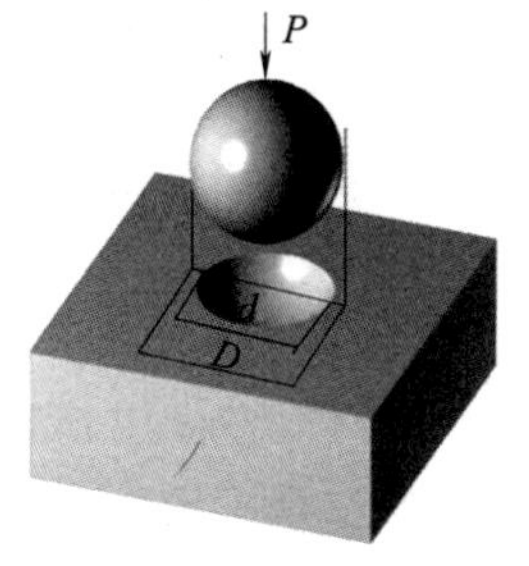

图 8-4　布氏硬度测试原理

布氏硬度计算公式为

$$HBW=常数\times 试验力/压痕面积 \tag{8-3}$$

$$HBW=\frac{P}{A}=0.102\frac{2P}{\pi D(D-\sqrt{D^2-d^2})}$$

其中，HBW 为布氏硬度值；P 为试验力（N）；D 为压头直径（mm）；d 为互相垂直方向测得的压痕直径 d_1、d_2 的平均值（mm）。

2）布氏硬度表示方法。一般使用硬度值 HBW/ 球直径 / 试验力 / 保持时间的顺序来表达，如 600HBW1/30/20 表示用直径为 1mm 的硬质合金球在 294.2N 试验力下保持 20s 测定的布氏硬度值为 600。

3）布氏硬度计结构。布氏硬度计 HB-3000 基本结构如图 8-5 所示，主要包括指示灯、压头、工作台、立柱、丝杠、手轮、载荷砝码、压紧螺钉、时间定位器、开关等。

图 8-5　HB-3000 布氏硬度计

4）布氏硬度计操作方法。测试时试验力的选择应保证压痕直径为 0.24D~0.6D，具体应根据不同材料选择。以 HB-3000 为例说明布氏硬度测试的基本步骤。测试时，首先将试样放在工作台上，沿顺时针方向转动手轮，使压头压向试样表面，直至手轮对下面的螺旋产生相对运动（打滑），此时试样已初加载 98.07N。加载主载荷，当绿色指示灯亮时，迅速拧紧压紧螺钉，使圆盘转动，按照加载时间保持载荷后，硬度计开始卸载，卸载完毕后自动停止。最后沿逆时针方向转动手轮下降工作台，取下试样用读数显微镜测出压痕直径 d，查表或者计算得出 HBW 值。

（2）洛氏硬度　洛氏硬度主要用于金属热处理后的产品检验。

1）测试原理。洛氏硬度实验是将压头分两个步骤压入试样表面，经规定的保持时间后，卸除主试验力，测量在初始试验力下的残余压痕深度 h，根据 h 值及常数 N 和 S，计算洛氏硬度值，其计算公式为

$$洛氏硬度值=N-h/S \tag{8-4}$$

其中，N 为给定标尺的硬度数；S 为给定标尺的单位（mm）；h 为卸除主试验力后在初始试验力下的压痕残余深度。一般情况下，硬度计可以直接读出洛氏硬度值。

2）常用洛氏硬度标尺及使用范围。常用的洛氏硬度标尺主要有 HRA、HRB、HRC，其试验范围和适用范围见表 8-3。

表 8-3　常用洛氏硬度标尺的试验范围和适用范围

标尺	硬度值符号	压头	总负荷 /kgf（N）	测量范围
A	HRA	金刚石圆锥	60（558.4）	20~88HRA
B	HRB	直径为 1.5875mm 的球	100（980.7）	20~100HRB
C	HRC	金刚石圆锥	150（1471.1）	20~70HRC

注：使用钢球压头的标尺，硬度符号后面加“S”；使用硬质合金球压头的标尺，硬度符号后面加“W”。

4. 增材制造制件硬度试样制备要求

增材制件硬度试样状态根据所采取的试验方法可以参照不同的标准。其中布氏硬度的试样状态应符合国家标准 GB/T 231.1—2018 中的规定；洛氏硬度的试样状态应符合国家标准 GB/T

230.1—2018 中的规定；维氏硬度的试样状态应符合国家标准 GB/T 4340.1—2009 中的规定。

5. 增材制造制件硬度试验要求及方法

表面硬度可在洛氏硬度、维氏硬度中任选一种方法，按照国家标准 GB/T 230.1—2018 或是 GB/T 4340.1—2009 规定，选择合适的压头、试验力进行实验。芯部硬度可在布氏硬度、洛氏硬度、维氏硬度中任选一种方法，按照国家标准 GB/T 231.1—2018、GB/T 230.1—2018 或者 GB/T 4340.1—2009 规定，选择合适的压头、试验力进行实验。考虑到不同部位的适用性，以及增材制造成形缺陷的敏感性，优先采用维氏硬度测试方法。

8.2.2　显微硬度测试

1. 显微硬度概念

显微硬度是在材料显微尺度范围内测定的硬度，一般压力载荷小于 9.8N（1kgf）。显微硬度常用于测定各种相、涂层显微组织结构、碳化物、氮化物、极小零件表面硬度、硬化层深度测定、相变、合金化学成分不均匀性等。在金属增材制造制件中，可以测试制件的显微硬度作为评判制件质量的参考标准。

2. 显微硬度的测试原理

显微硬度的测试原理是使用压痕单位面积上承受的载荷大小来表示的，一般用 HV 表示。

测量显微硬度的压头形式有两种，一种是金刚石正四棱锥压头，相邻两面之间的夹角为 136°，如图 8-6 所示。通过这种压头测得的显微硬度称为显微维氏硬度。其计算公式为

$$显微维氏硬度值=0.1891F/d^2 \qquad (8\text{-}5)$$

其中，F 为载荷（N）；d 为压痕对角线长度（mm）。

另一种金刚石克努普（Knoop）压头（努氏压头），它的压痕长对角线与短对角线的长度之比为 7∶1，其结构形式如图 8-7 所示。显微努氏硬度值的计算公式为

$$显微努氏硬度值=1.451F/d^2 \qquad (8\text{-}6)$$

其中，F 为载荷（N）；d 为压痕对角线长度（mm）。

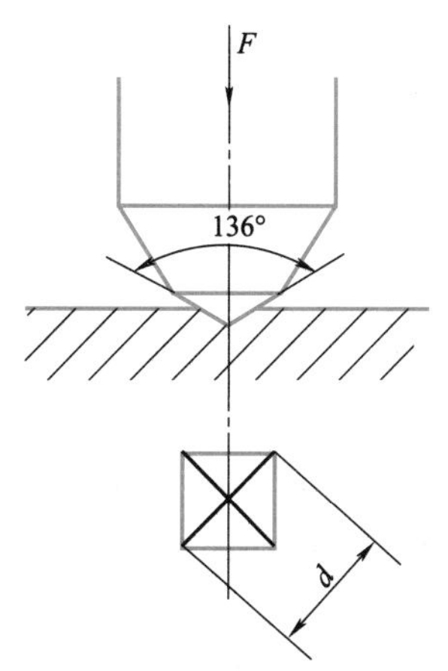

图 8-6　金刚石正四棱锥压头

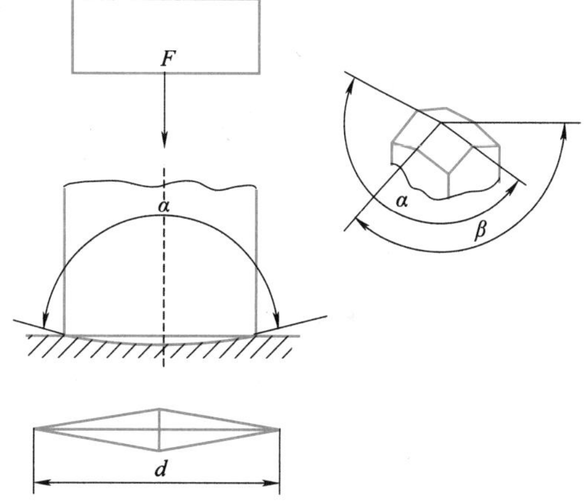

图 8-7　克努普金刚石压头

3. 硬度值测试及表示方法

硬度值测试时一般测试 3~5 个点，测试结果取其算数平均值。硬度值的书写及表示方法如下：如 550HV0.1 表示用 0.1kgf（0.9807N）的试验力，保压时间为 5~15s（标准时间），其显微硬度值为 550；550HV0.1/30 表示 0.1kgf（0.9807N）的试验力，保压时间为 30s，其显微硬度值为 550。

4. 显微硬度计的结构及使用方法

（1）显微硬度计基本结构　显微硬度计由显微镜和硬度计两部分组成。显微镜用来观察显微组织，确定测试部位，测定压痕对角线长度；硬度测试装置则是将一定的载荷加在压头上，压入所确定的测试部位。图 8-8 所示为 HV-1000 显微硬度计的结构。

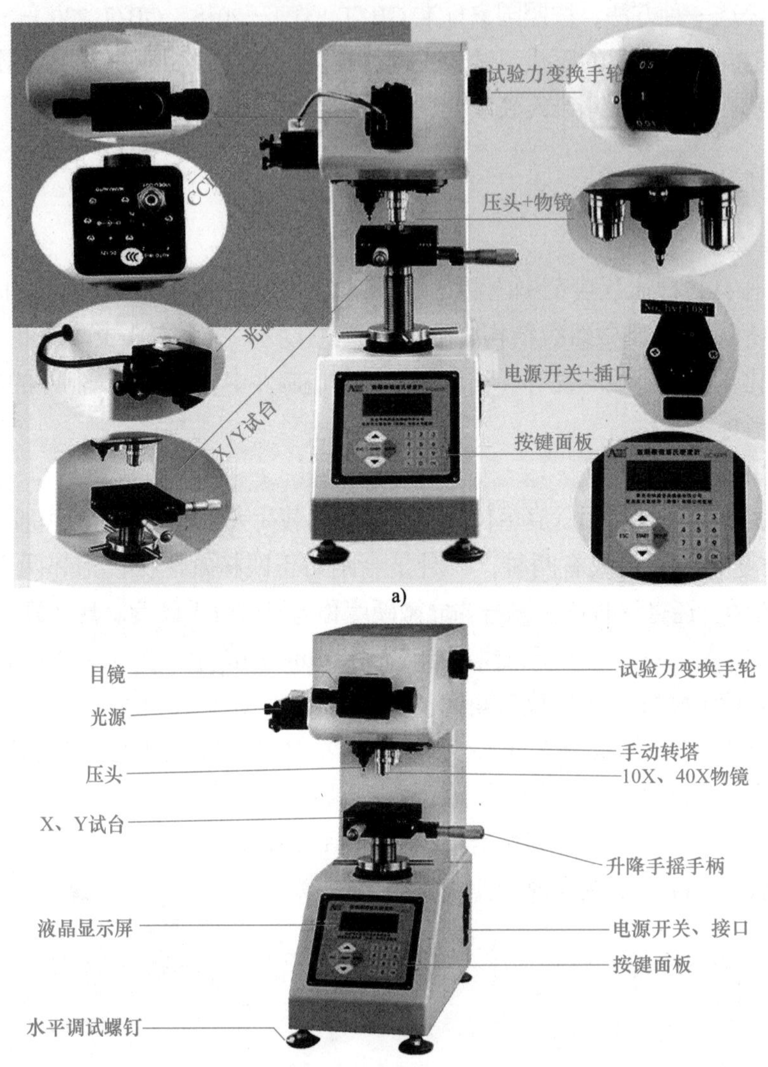

图 8-8　HV-1000 显微硬度计的结构

（2）显微硬度计使用方法　不同类型的显微硬度计操作方法不同，实际操作应按照相应类型的显微硬度计操作规程进行操作。

1）检测前准备。检测使用的硬度计和压头应符合国家标准 GB/T 4340.2—2012 的规定。试样表面应保持平整光洁，试样或者检测层厚度至少为压痕对角线长度的 1.5 倍。试样较小或者呈不规则时，应将试样镶嵌或者使用专用夹具夹持后进行测量。

2）检测方法。在更换压头后要将接触部位擦拭干净，换后使用一定硬度的钢样测试几次，直到连续两次测试数值完全一样为止，以保证硬度计处于正常运行状态。试验力的选择应根据试样硬度、厚度、大小等情况进行选择，可参照国家标准 GB/T 4340.1—2009 执行。进行显微维氏硬度测试时试验力加载时间为 10~15s，压头下降的速度不大于 0.2mm/s。压痕中心至试样边缘的距离根据材料不同而不同，一般钢、铜及铜合金试样至少为压痕对角线长度的 2.5 倍；轻金属及合金至少为压痕对角线长度的 3 倍。两相邻压痕中心之间的距离是：一般钢、铜及铜合金试样至少为压痕对角线长度的 3 倍；轻金属及合金试样至少为压痕对角线长度的 6 倍。当试验面上出现压痕形状不规则或者畸形时其结果无效。

8.2.3　拉伸性能测试

静拉伸试验是一种较简单的力学性能试验，能够清楚地反映出材料受力后所发生的弹性、塑性与断裂三个变形阶段的基本特性。拉伸试验对所测试制件的力学性能指标的测量稳定、可靠，而且理论计算方便，因此将拉伸试验方法列为力学性能试验中最基本和最重要的试验项目。

1. 拉伸试验机及结构

拉伸试验机一般由机身、加载机构、测力机构、载荷伸长记录装置和夹持机构五部分组成。其中，加载机构和测力机构是试验机的关键部位，这两部分的灵敏度及精度能正确反映试验机的质量。

2. 拉伸试样

所用试样的形状、尺寸、取样位置和方向、表面粗糙度等因素对其性能测试结果都有一定影响。为了使金属材料拉伸实验的结果具有符合性与可比性，国家制定了统一标准。

（1）金属增材制造制件拉伸试样　对于金属增材制造制件，当制件允许破坏且有足够的机械加工余量时，可对制件本体加工取样。试样的切取位置和方向应按照相关产品标准的要求，如未具体规定可按照国家标准 GB/T 2975—2018 的要求执行，但切取试样和机加工试样不应改变材料的力学性能；本体取样的试样类型和尺寸，应按照力学性能实验方法标准的规定进行选择。

金属增材制造试样类型和尺寸应符合国家标准 GB/T 228.1—2021《金属材料拉 伸试验 第 1 部分：室温实验方法》中的试样要求。若产品标准无具体规定时，优先采用符合国家标准 GB/T 228.1—2021 中规定的 ϕ5mm 或 ϕ10mm 圆形截面拉伸试样。金属增材制造制件随炉样品制备要求如图 8-9 所示。

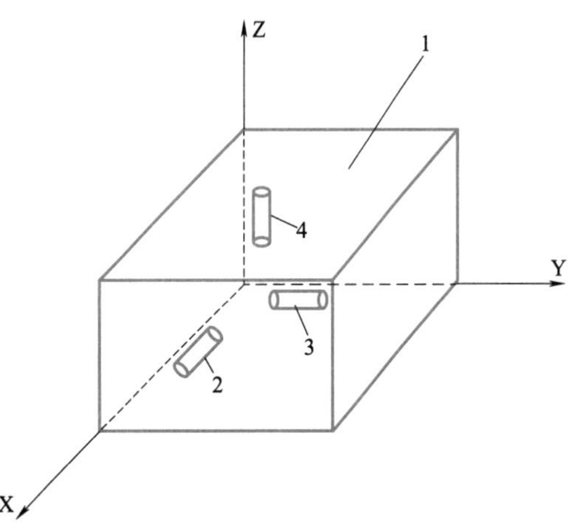

图 8-9　金属增材制造制件随炉样品制备要求

1—包围盒　2—X 方向　3—Y 方向　4—Z 方向

标准圆形截面拉伸试样由夹持、过渡和平行部分三部分构成。试样两端较粗段为夹持部分，其形状和尺寸可依试验室现有使用试验机夹头情况而定；试样两夹持段之间的均匀部分为实验测试的平行部分；夹持与平行两部分之间为过渡部分，通常用圆弧进行光滑连接，以减少应力集中。图 8-10 所示为拉伸标准试样结构。其中，d_0 是指平行长度的原始直径，r 是指圆弧过渡段的半径，L_0 是指原始标距，L_c 指平行段长度，L_t 指试样总长度。

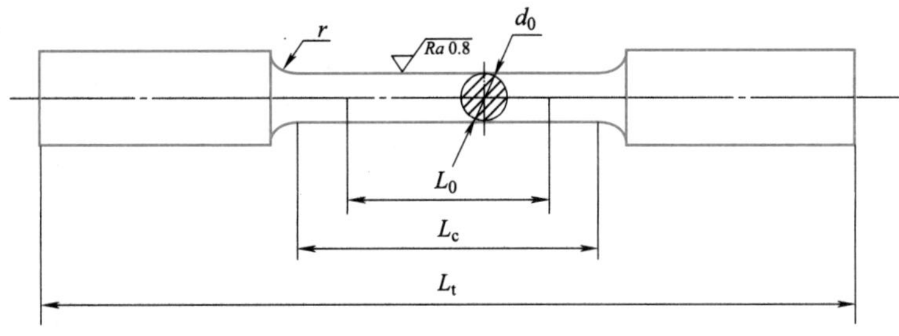

图 8-10　拉伸标准试样结构

拉伸试样分为比例和非比例标距两种。比例试样是按公式 $L_0=K\sqrt{S_0}$ 计算确定的试样，其中，系数 K 通常为 5.65 或 11.3，前者称为短试样，后者称为长试样。短试样的标距 $L_0=5.65\sqrt{S_0}$ 或 $L_0=5d$，长试样的标距为 $L_0=11.3\sqrt{S_0}$ 或 $L_0=10d$，一般都采用短比例标距试样。

（2）熔融沉积成形拉伸试样　熔融沉积成形拉伸试样形状和尺寸宜采用直接打印成形的拉伸Ⅰ型——哑铃型试样，如图 8-11 所示，或者采用机械加工成形的拉伸Ⅱ型——矩形试样，如图 8-12 所示。拉伸Ⅰ型试样各项参数含义见表 8-4，拉伸Ⅱ型试样各项参数含义见表 8-5。试样应无扭曲，相邻平面应相互垂直，表面和边缘应无明显划痕、空洞、毛刺和凹陷，打印痕所形成的凹痕深度宜小于 0.1mm。

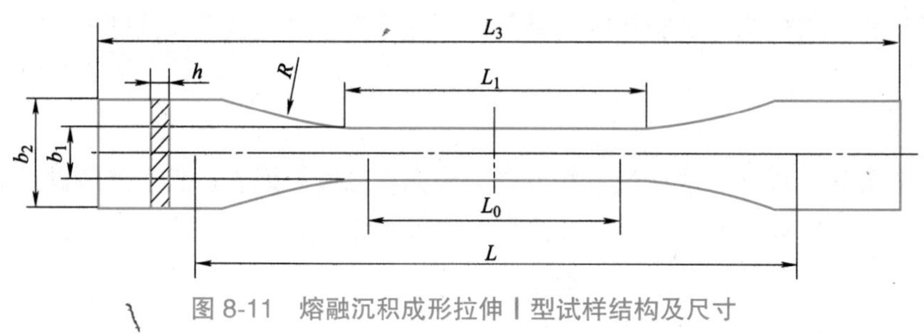

图 8-11　熔融沉积成形拉伸Ⅰ型试样结构及尺寸

表 8-4　拉伸Ⅰ型试样参数含义

代号	含义	优选尺寸 /mm
L_3	总长度	≥ 160
L_2	狭窄平行部分长度	60 ± 0.5
L_0	标距	50 ± 0.5
L	夹具间的初始距离	120 ± 1
h	厚度	4~10
b_1	狭窄部分宽度	10 ± 0.2
b_2	端部宽度	20 ± 0.2
R	过渡处曲率半径	≥ 60

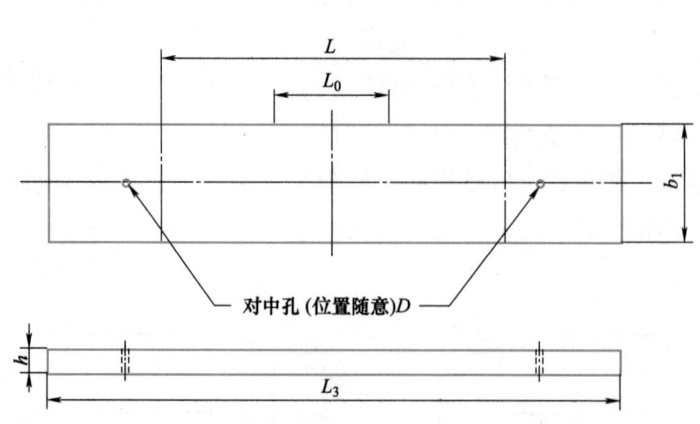

图 8-12　熔融沉积成形拉伸Ⅱ型试样结构及尺寸

3. 拉伸性能指标

本试验主要测定材料的 R_{eH}、R_{eL}、A 和 Z 等性能指标。根据国家标准 GB/T 228.1—2021《金属材料　拉伸试验　第 1 部分：室温实验方法》测定性能指标。上述性能指标的测定方法如下。

表 8-5　拉伸 Ⅱ 型试样参数含义

代号	含义	优选尺寸 /mm
L_3	总长度	≥ 250
L_0	标距	50 ± 0.5
L	夹具间的初始距离	150 ± 1
h	厚度	4~10
b_1	宽度	25 ± 0.5 或者 50 ± 0.5
D	对中孔直径	3 ± 0.25

（1）屈服强度　金属材料呈屈服现象时，在试验期间达到塑性变形而力不增加的应力点，应区分上屈服强度和下屈服强度。

1）上屈服强度（R_{eH}）：试样发生屈服而力首次下降前的最大应力，即 $R_{eH}=F_{eH}/S_0$。

2）下屈服强度（R_{eL}）：在屈服期间，不计初始瞬时效应时的最小应力，即 $R_{eL}=F_{eL}/S_0$。

其值可借助于试验机测力度盘的指针或拉伸曲线来确定。

（2）规定塑性延伸强度（R_p）　试样在加载过程中，对于无明显物理屈服现象的材料，标准部分的塑性变形达到规定比例（以 % 表示）的应力。例如 $R_{p0.2}$ 表示规定塑性延伸率为 0.2% 时的应力。

（3）规定残余延伸强度（R_r）　试样在卸载后，其标准部分的残留伸长达到规定比例时的应力。例如 $R_{r0.2}$ 表示规定残余延伸率为 0.2%时的应力。

（4）规定总延伸强度（R_t）　试样标准部分的总伸长（弹性伸长加塑性伸长）达到规定比例时的应力，例如 $R_{t0.5}$ 表示规定总延伸率为 0.5%时的应力。

（5）抗拉强度 R_m　抗拉强度又称强度极限，将试样加载至断裂，自测力度盘或拉伸曲线上读出试样拉断前的最大载荷 F_m 与原始截面积 S_0 的比值，即抗拉强度 $R_m=F_m/S_0$。它代表最大均匀变形的抗力；对于无缩颈的脆性材料，它表示材料的断裂抗力。

（6）断后伸长率（A）

1）断后伸长率 A 与断面收缩率 Z 表示断裂前金属塑性变形的能力。

2）断后伸长率 A 是试样拉断后标距长度的增量 L_u-L_0 与原标距长度 L_0 的百分比，即

$$A=\frac{L_u-L_0}{L_0}\times 100\% \tag{8-7}$$

其中，A 表示断后伸长率；L_u 表示试样断后长度；L_0 表示试样原始标距。

（7）断面收缩率（Z）　断面收缩率 Z 表示试样横截面在试验前后的相对减缩量，其计算公式为

$$Z=\frac{S_0-S_u}{S_0}\times 100\% \tag{8-8}$$

其中，Z 表示断面收缩率；S_u 表示试样断后横截面积；S_0 表示试样原始横截面积。

8.2.4　冲击性能测试

1. 冲击试验的概念

冲击载荷是指载荷在与承载构件接触的瞬时内速度发生急剧变化的情况。在冲击载荷作用下，若材料尚处于弹性阶段，其力学性能与静载荷下基本相同，如在这种情况下，钢材的弹性模

量 E 和泊松比 μ 等都无明显变化。但在冲击载荷作用下，材料进入塑性阶段后，则其力学性能却与静载荷下的有显著不同，如塑性良好的材料在冲击载荷下，会呈现脆化倾向，发生突然断裂。由于冲击问题的理论分析较为复杂，所以在工程实际中经常以试验手段检验材料的抗冲击性能。冲击试验对金属材料使用中至关重要的脆性倾向问题和金属材料冶金质量、内部缺陷情况极为敏感，是检查金属材料脆性倾向和冶金质量非常方便的办法。

2. 冲击试验制备

（1）冲击试样　金属增材制造试样制备通用要求按照国家标准 GB/T 39254—2020 的规定。试样类型和尺寸应符合国家标准 GB/T 229—2020 中的规定，无特殊要求时优先采用标准尺寸冲击试样，试样为 55mm × 10mm × 10mm（长 × 宽 × 高）方形试样，有 U 形缺口试样和 V 形缺口试样，如图 8-13 所示。

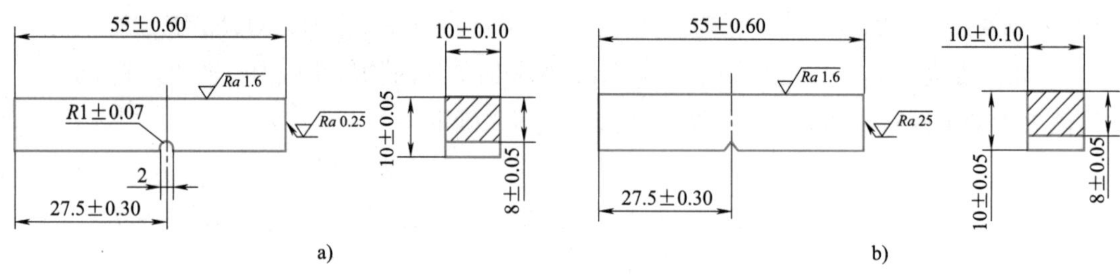

图 8-13　冲击试样结构示意

熔融沉积成形增材制造冲击试样可采用图 8-14 所示形式。冲击Ⅰ型——无缺口正向方板如图 8-14a 所示，冲击Ⅱ型——无缺口侧向方板如图 8-14b 所示，冲击Ⅲ型——单缺口侧向方板如图 8-14c 所示。当成形层与冲击方向平行时，宜选择冲击Ⅱ型试样。当研究表面效应（因层间剪切产生破坏或环境对表面产生影响）时，应选择冲击Ⅰ型试样。

其中缺口底部剩余宽度 b_N（图 8-14c）取值为 b_N=8.0mm ± 0.2mm。

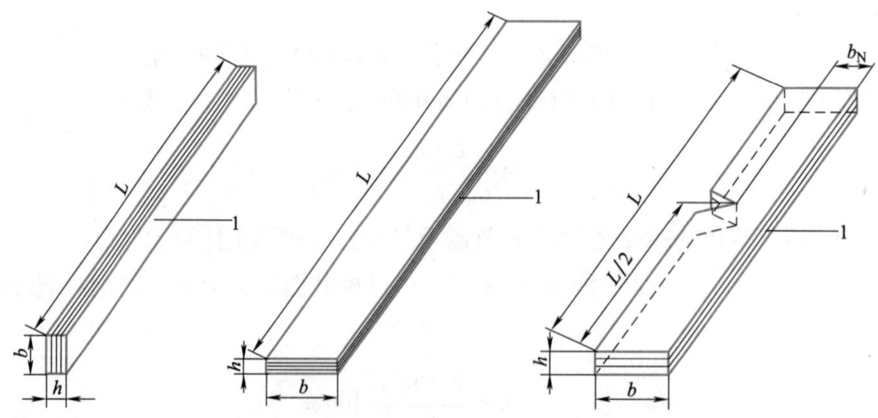

a) 冲击Ⅰ型无缺口正向方板试样　b) 冲击Ⅱ型无缺口侧向方板试样　c) 冲击Ⅲ型单缺口侧向方板试样

图 8-14　熔融沉积成形增材制造冲击试样形式

缺口形状有三种类型，如图 8-15 所示，优先选用 A 型缺口。如果 A 型缺口试样在试验中不破坏，应采用 C 型缺口试样。需要试验零件的缺口灵敏度信息时，应对 A 型、B 型和 C 型缺口的试样均进行试验。

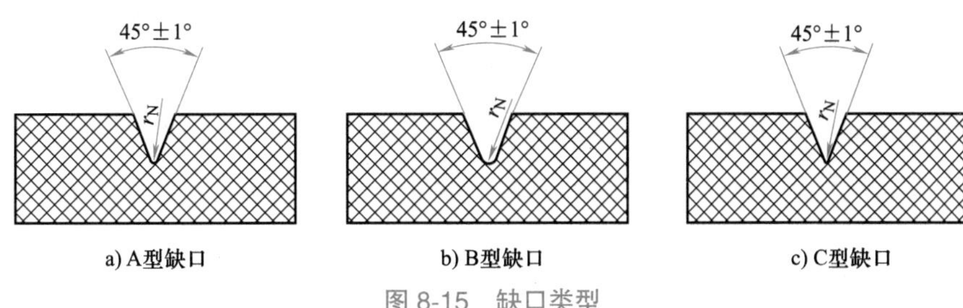

图 8-15　缺口类型

其中，

r_N 为 A 型缺口底部半径，r_N=0.25mm ± 0.05mm。

r_N 为 B 型缺口底部半径，r_N=1.00mm ± 0.05mm。

r_N 为 C 型缺口底部半径，r_N=0.10mm ± 0.02mm。

（2）冲击试验温度　室温一般为 10~35℃；低温试验温度在 10℃以下；高温试验温度高于 35℃。

（3）试验原理　材料在冲击载荷作用下，产生塑性变形和断裂过程吸收能量的能力，定义为材料的冲击韧性。用试验方法测定材料的冲击韧性时，是把材料制成标准试样，置于能实施打击能量的冲击试验机上进行的，并用折断试样的冲击吸收能量来衡量。

按照不同的试验温度、试样受力方式、试验打击能量等来区分，冲击试验的类型繁多，不下十余种。下面介绍常温简支梁式、大能量一次性冲击试验，依据国家标准 GB/T 229—2007《金属材料　夏比摆锤冲击试验方法》。

冲击试验机由摆锤、机身、支座、度盘、指针等部分组成。冲击实验原理如图 8-16 所示。试验时，将带有缺口的受弯试样安放于试验机的支座，举起摆锤使它自由下落将试样冲断。若摆锤重力为 G，冲击中摆锤的质心高度由 H_0 变为 H，势能的变化为 $G(H_0-H)$，它等于冲断试样所消耗的功 W，即冲击中试样所吸收的能量为

$$K=W=G(H_0-H) \tag{8-9}$$

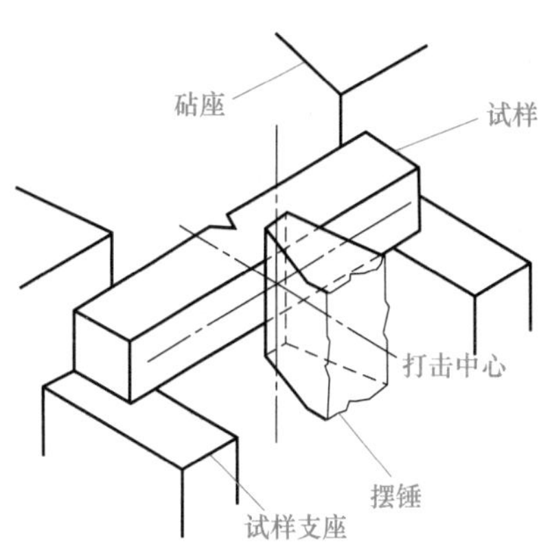

图 8-16　冲击试验示意图

设摆锤质心至摆轴的长度为 l（称为摆长），摆锤的起始下落角为 α，击断试样后最大扬起的角度为 β，式（8-6）又可写为

$$K=Gl(\cos\beta-\cos\alpha) \tag{8-10}$$

α 一般设计成固定值，为适应不同打击能量的需要，冲击试验机都配备两种以上不同质量的摆锤，β 则随材料抗冲击能力的不同而变化，如事先用 β 最大可能变化的角度（0°~α）计算出 K 值并制成度盘，K 值便可由指针位置从度盘上读出。K 值的单位为 J，K 值越大，表面材料的抗冲击性能越好。K 值是一个综合性参数，不能直接用于设计，可以作为冲击构件选择材料的重要指标。

（4）冲击试验操作步骤

1）检查试样的形状、尺寸及缺口质量是否符合标准的要求。

2）选择合适的摆锤，冲击试验机一般在摆锤最大打击能量的 10%~90% 内使用。

3）空打试验机。举起摆锤，试验机上不放置试样，把指针（即从动针）拨至最大冲击能量刻度处（数显冲击机调零），然后释放摆锤空打，指针偏离零刻度的示值（即回零差）不应超过最

小分度值的 1/4。若回零差较大，应调整主动针位置，直到空打从动针指零。

4）用专用对中块，按图 8-12 所示位置使试样贴紧支座安放，缺口处于受拉面，并使缺口对称面位于两支座对称面上，其极限偏差不应大于 0.5mm。

5）将摆锤举高挂稳后，把从动针拨至最大刻度处（极其重要），然后使摆锤下落冲断试样。待摆锤回落最低位置时进行制动。记录从动针在度盘上的指标值试样（或数显装置的显示值），即为冲断试样所消耗的能量。

8.2.5　弯曲性能测试

1. 基本概念

弯曲性能指材料承受弯曲载荷时的力学性能。

弯曲试验检验材料在受弯曲载荷作用下的性能，许多机器零件（如脆性材料制作的刀具、横梁、车轴等）是在弯曲载荷下工作的，主要用于测定脆性和低塑性材料（如铸铁、高碳钢、工具钢等）的抗弯强度并能反映塑性指标的挠度；弯曲试验还可用来检查材料的表面质量。试验一般在室温下进行。

2. 弯曲试验原理

将一定形状和尺寸的试样放置于一定跨距为 L 的支座上，并施加一集中载荷，使试样产生弯曲应力和变形。弯曲试验分为三点弯曲和四点弯曲，三点弯曲是最常用的试验方法。

3. 弯曲试样及试验装置

弯曲试样的横截面形状可以为圆形、方形、矩形和多边形，但应参照相关产品标准或技术协议的规定；室温下可用锯削、铣削、刨削等加工方法截取，试样受试部位不允许有任何压痕和伤痕，棱边必须锉圆，其半径不应大于试样厚度的 1/10。

弯曲试验通常在万能材料试验机或压力机上进行；常用的弯曲装置有支辊式、V 形模具式、虎钳式、板式等。

4. 性能指标

（1）抗弯强度　试样弯曲至断裂前达到的、按弹性弯曲应力公式计算得到的最大弯曲应力，用符号 σ_{bb} 表示：

$$\sigma_{bb}=M_b/W$$

其中，M_b 为断裂时的弯矩。

灰铸铁的抗弯性能优于抗拉性能。

（2）断裂挠度 f_{bb}　将试样对称地安放在弯曲试验装置上，挠度计装在试样中间的测量位置上，对试样连续施加弯曲力，直至试样断裂，测量试样断裂瞬间跨距中点的挠度。

8.2.6　压缩性能测试

1. 基本概念

压缩试验是测定材料在轴向静压力作用下的力学性能的试验，是材料力学性能试验的基本方法之一，主要用于测定金属材料在室温下单向压缩的屈服点和脆性材料的抗压强度。压缩性能是指材料在压应力作用下抵抗变形和破坏的能力。

（1）压缩屈服强度　当金属材料呈现屈服现象时，试样在试验过程中达到力不再增加而继续变形时所对应的压缩应力。

（2）上压缩屈服强度　试样发生屈服而力首次下降前的最高压缩应力。

（3）下压缩屈服强度　屈服期间不计瞬时效应时的最低压缩应力。

（4）抗拉强度　对于脆性材料，试样压至破坏过程中的最大压缩应力。

（5）压缩弹性模量　试验过程中，轴向压应力与轴向应变呈线性比例关系范围内两者的比值。

2. 压缩试样

压缩试样通常为圆柱状，横截面有圆形和方形两种。对于增材制造制件压缩试样的制备应符合国家标准 GB/T 39254—2020 的规定。试样类型和尺寸应符合国家标准 GB/T 7314—2017 的规定，当产品无具体规定时，优先采用圆柱体或正方形柱体试样。

3. 试验设备及压缩试验要求

根据试验机上、下压板工作表面的平行度及偏心压缩情况，决定是否选用力导向装置或者调平垫块。如采用矩形试样，应考虑约束装置的使用。试样受压时，两端面与试验机压头间的摩擦力会约束试样的横向变形，且试样越短，影响越大；但试样太长容易产生纵向弯曲而失稳。试验方法按照国家标准 GB/T 7314—2017 的规定进行。

总之，制件质量与力学性能检测是增材制造工艺链中最后一个环节，也是较为重要的一个环节。通过相应的检测可以反馈出制订的增材制造工艺是否合理。制件的质量检测主要包括精度检测、内部无损检测等，制件的力学性能检测主要借助于相应的检测设备完成硬度测试、拉伸性能、冲击性能、弯曲性能以及压缩性能等测试。

课后练习与思考

1. 制件的质量检测主要包括哪些内容?
2. 硬度测试的主要步骤是什么?
3. 拉伸性能测试的主要步骤是什么? 有哪些重要的拉伸力学性能指标?
4. 拉伸试验和压缩试验分别可以测试材料的哪些相应性能?

参考文献

[1] 郝敬宾，王延庆. 面向增材制造的逆向工程技术 [M]. 北京：国防工业出版社，2021.

[2] 潘露，王迪，马跃峰，等. 增材制造结构优化设计与工艺仿真 [M]. 北京：化学工业出版社，2022.

[3] 史亦韦，杨平华. 增材制造材料与零件无损检测技术 [M]. 北京：国防工业出版社，2021.

[4] 闫春泽，史玉升，魏青松，等. 激光选区烧结 3D 打印技术 [M]. 武汉：华中科技大学出版社，2019.

[5] 蔡启茂，王东. 3D 打印后处理技术 [M]. 北京：高等教育出版社，2019.

[6] 卢秉恒. 增材制造技术——现状与未来 [J]. 中国机械工程，2020，31（1）：19-23.

[7] 王华明，张述泉，王向明. 大型钛合金结构件激光直接制造的进展与挑战 [J]. 中国激光，2009，36（12）：3204-3209.

[8] 林鑫，黄卫东. 高性能金属构件的激光增材制造 [J]. 中国科学：信息科学，2015，45（9）：1111-1126.

[9] 田宗军，顾冬冬，沈理达，等. 激光增材制造技术在航空航天领域的应用与发展 [J]. 航空制造技术，2015（11）：38-42.

[10] 张安峰，李涤尘，梁少端，等. 高性能金属零件激光增材制造技术研究进展 [J]. 航空制造技术，2016，（22）：16-22.

[11] 王霄，王东生，高雪松，等. 轻合金构件激光增材制造研究现状及其发展 [J]. 应用激光，2016，36（4）：478-483.

[12] 朱继宏，周涵，王创，等. 面向增材制造的拓扑优化技术发展现状与未来 [J]. 航空制造技术，2020，63（10）：24-38.

[13] 张文奇，朱海红，胡志恒，等. AlSi10Mg 的激光选区熔化成形研究 [J]. 金属学报，2017，53（8）：918-926.

[14] 王迪，陈晓敏，杨永强，等. 基于激光选区熔化的功能零件结构设计优化及制造关键技术研究 [J]. 机械工程学报，2018，54（17）：165-172.

[15] 潘露，刘麒慧，王亮. 选区激光熔化制备 316L 不锈钢镂空件实验研究 [J]. 锻压技术，2018，43（9）：103-107.